"十二五"职业教育国家规划教材

经全国职业教育教材审定委员会审定

21世纪高职高专电子信息类规划教材

现代通信

技术及应用（第3版）

孙青华 主编

李怀军 黄红艳 孙群中 编著

U0212948

Electronic

Information

人民邮电出版社

北 京

图书在版编目（CIP）数据

现代通信技术及应用 / 孙青华主编. -- 3版. -- 北
京：人民邮电出版社，2014.9（2023.6重印）
21世纪高职高专电子信息类规划教材
ISBN 978-7-115-35992-6

Ⅰ．①现… Ⅱ．①孙… Ⅲ．①通信技术－高等职业教
育－教材 Ⅳ．①TN91

中国版本图书馆CIP数据核字(2014)第142965号

内 容 提 要

本书吸收了国际上先进的职业教育思想，注重创新精神和实践能力的培养，贴近学生的实际学习生活和社会生活，形成智慧开启型情境教学模式。

本书主要讲述通信系统的概念、基本原理和关键技术。全面地介绍各类通信系统的技术特点、基本原理及主要应用。全书共 11 章。第 1 章和第 2 章从电信系统的基本概念入手，概括介绍了电信系统的整体架构；第 3 章以电话通信为例，介绍典型通信系统的通信过程及相关技术；第 4 章到第 8 章详细介绍数据通信、移动通信、光纤通信、微波及卫星通信、接入网的基本原理及关键技术；第 9 章介绍三网融合与下一代网络；第 10 章和第 11 章介绍物联网及移动互联网等通信技术的新发展。

本书可作为通信工程、网络工程等专业高职高专教材或管理信息系统、电子信息专业本科生教材，也可作为通信系统、网络工程的工程技术人员的参考书。

◆ 主　　编　孙青华

　　编　著　李怀军　黄红艳　孙群中

　　责任编辑　滑　玉

　　责任印制　彭志环　焦志炜

◆ 人民邮电出版社出版发行　　北京市丰台区成寿寺路 11 号

　　邮编　100164　电子邮件　315@ptpress.com.cn

　　网址　http://www.ptpress.com.cn

　　北京市艺辉印刷有限公司印刷

◆ 开本：787×1092　1/16

　　印张：18.5　　　　　　　　　2014年9月第3版

　　字数：464千字　　　　　　　2023年6月北京第22次印刷

定价：45.00 元

读者服务热线：(010)81055256　印装质量热线：(010)81055316
反盗版热线：(010)81055315

前　言

　　人类社会离不开信息的交流——通信。随着科学技术的发展，世界经济趋于全球化，人类社会正进入一个新的历史时期——信息化时代。由通信技术、电子技术、计算机和信息服务业构成的信息产业，已成为信息化社会的基础。随着生产的发展，新的通信技术和方式不断地被开发、创新和完善，正向数字化、宽带化、综合化、智能化和个人化方向发展。通信技术的革命将改变人们的生活、工作和相互交往的方式。

　　电信技术发展很快，本书在内容广泛、实用和讲解通俗的基础上，尽量选用最新的资料。

学习本书所需要的准备

　　学习本书需要具备电子技术的基础知识，对电子信息技术有一定了解的读者都会在本书中得到有益的知识。

本书的风格与结构

　　我们力图将本书编排成为一本通信技术的学习指南，内容包括了各类通信系统的概念、技术特点、系统结构、基本原理及应用。本书含有大量的图表、数据、例证和插图，以达到讲解深入浅出。通信技术涉及内容比较复杂，而且不少技术有前后的关联性，本书尽可能用形象的图表及实例来解释和描述，为读者建立清晰而完整的体系框架（见下图）。

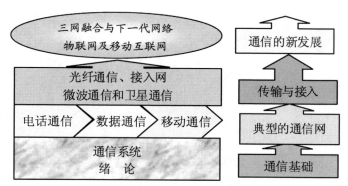

本书各章节的关系图

　　本书在每章的开始处明确本章的学习重点及难点，引导读者深入学习。

　　为配合"教学做"一体的教学形式，本书结合每章教学内容，设计了教学情境，使教学与实践有机结合在一起。

　　在本书的编写过程中我的同事和朋友给我很多影响和帮助。特别感谢石家庄邮电职业技术学院赵裕臣老师的支持与建议，衷心地感谢我的导师梁雄健教授的指导。

本书第 1 章、第 2 章、第 3 章、第 6 章、第 11 章由石家庄邮电职业技术学院黄红艳老师编著；第 7 章、第 8 章和第 9 章由石家庄邮电职业技术学院孙群中老师编著；第 4 章和第 5 章由石家庄邮电职业技术学院孙青华老师编著。第 10 章由河北省通信管理局李怀军编著；全书由孙青华统稿。

　　由于编者水平有限，书中难免存在一些缺点和欠妥之处，恳切希望广大读者批评指正。

孙青华

目 录

第一篇
总　论

第 1 章
认识通信

本章教学说明
- 重点学习电信的基本概念
- 简要介绍现代通信技术的发展趋势
- 概要介绍电信业务的分类

本章内容
- 通信的基本概念
- 电信技术的发展
- 通信网络介绍
- 电信业务分类

本章重点、难点
- 电信的定义
- 简单通信过程
- 通信网络的分类
- 电信网络发展趋势
- 电信业务分类

本章学习目的和要求
- 掌握电信的定义
- 掌握消息、信息和信息量的概念
- 掌握点对点通信系统的基本模型
- 了解通信的发展史及发展趋势
- 熟悉通信网络的分类
- 了解电信业务的主要类型

本章实做要求及教学情境
- 查询国际知名电信企业情况
- 考察电信营业厅的业务类型
- 考察各电信运营商业务套餐，充分了解电信业务种类

本章建议学时数：6 学时

1.1　通信的基本概念

- 信息、信号和信息量的概念
- 电信的定义
- 点对点的简单通信过程

1.1.1　什么是通信

通俗地讲，通信就是人们在日常生活中相互之间传递信息的过程。在古代，人们通过驿站、飞鸽传书、烽火报警、符号、身体语言、眼神、触碰等方式进行信息传递。在如今的信息社会用各种电子产品和网络交换信息，都应该属于通信的范畴。通信，指人与人或人与自然之间通过某种行为或媒质进行的信息交流与传递，从广义上指需要信息的双方或多方无论采用何种方法，使用何种媒质，将信息从某方准确安全传送到另一方。人类社会是建立在信息交流的基础上的，所以人们总是离不开信息的传递。通信是人—人、人—机器、机器—机器之间进行信息的传递与交换。

1．信息和信息量

在日常用语中，把关于人或事物情况的报道称为消息，常常把消息中有意义的内容称为信息。而消息被认为是信息的物质表示方式，如果收信人对传给他的消息事前一无所知，则这样的消息对收信者来说，会包括较多的信息。反之，收信者事前已知，那么消息就无任何信息可言。因此，信息可理解为消息中的不确定部分，也可理解为，只有消息中不确定的内容才构成信息。所以，信息量就是对消息中这种不确定性的度量，一个消息的可能性愈小，其信息愈多；而消息的可能性愈大，则其信息愈少。事件出现的概率小，不确定性越多，信息量就大，反之则少。

信息产业包括电信、计算机和广播电视等。信息的表现形式有：数据、文本、声音、图像，这四种形态可以相互转化，例如，照片被传送到计算机，就把图像转化成了数据。

2．信号

信号是运载消息的工具，信息的物理载体。从广义上讲，它包含光信号、声信号和电信号等。例如，古代人利用点燃烽火台而产生的滚滚狼烟，向远方军队传递敌人入侵的消息，这属于光信号；当我们说话时，声波传递到他人的耳朵，使他人了解我们的意图，这属于声信号；遨游太空的各种无线电波、四通八达的电话网中的电流等，都可以用来向远方表达各种消息，这属电信号。人们通过对光、声、电信号进行接收，才知道对方要表达的消息。在通信系统中信号以电（或光）的形式进行处理和传输，电信号最常用的形式是电流信号或电压信号。

3．信号类型

信号基本上可分为两大类：模拟信号和数字信号。如果信号的幅度随时间作连续的、随机的变化，称为模拟信号。模拟信号的特性如图 1-1 所示。话音信号就属于模拟信号。如果信号的幅度随时间的变化只具有离散的、有限的状态，称为数字信号。与模拟信号相反，数字信号的参量取值是离散变化的，其示例如图 1-2 所示。

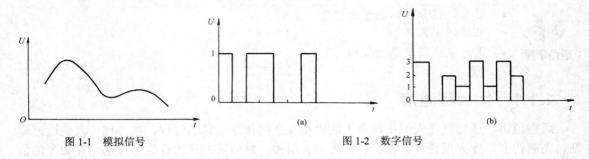

图 1-1　模拟信号　　　　　　　　　　　　　　图 1-2　数字信号

4．电信的定义

当人类掌握电的知识后，开始研究利用电来实现远距离通信的方法。1837 年，发明了莫尔斯电报，开始了电信通信。电信具有迅速、准确、可靠等特点，且几乎不受时间、地点、空间、距离的限制，得到了飞速发展和广泛应用。

国际电信联盟对电信的定义：利用导线、无线电、光学或其他电磁系统进行的、对于符号、信号、文字、图像、声音或任何性质信息的传输、发送或接收。按照这个定义，凡是发信者利用任何电磁系统，包括有线电信系统、无线电信系统、光学通信系统以及其他电磁系统，采用任何表示形式，包括符号、文字、声音、图像以及由这些形式组合而成的各种可视、可听或可用的信号，向一个或多个接收者发送信息的过程，都称为电信。它不仅包括电报、电话等传统电信媒体，也包括光纤通信、数据通信、卫星通信等现代电信媒体，不仅包括上述双向传送信息的媒体，也包括广播、电视等单向信息传播媒体。

5．国际电信联盟

国际电信联盟（International Telecommunication Union，ITU）是联合国的一个专门机构，简称国际电联，下设无线电通信部门、电信标准化部门、电信发展部门。国际电联的历史可以追溯到 1865 年 5 月 17 日，其总部现设在日内瓦。每年的 5 月 17 日定为世界电信和信息社会日。中国于 1920 年加入国际电联。

1.1.2　简单通信系统模型

通信系统是通信需要的一切技术设备和传输媒质的总体，其功能是对原始信号进行转换、处理和传输。最简单的点对点的通信系统的结构模型如图 1-3 所示，从总体上看，通信系统包括信源、发送设备、信道、接收设备和信宿 5 部分。

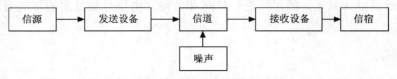

图 1-3　简单通信系统模型

（1）信源：即信息源，是发出信息的基本设施。根据发出的信息的不同，可以是电话机、传真机、计算机等。

（2）信宿：即受信者，是信息传输的终点设施，负责将信息转换为相应的消息。

（3）信道：即信息的传输通道。按传输媒质的不同可分为无线信道和有线信道；按传输信号形式的不同可分为模拟信道和数字信道。

（4）发送设备：将信源产生的信号转换成适合在信道中传输的信号，然后将信号发射出去。

（5）接收设备：与发送设备的作用相反，它是将信道传输中带有噪声和干扰的信号转换为信宿可识别的信息形式交给信宿。

噪声是客观存在的干扰。

1.1.3　模拟通信系统

传输模拟信号的通信系统叫模拟通信系统，其组成基本模型如图 1-4 所示。

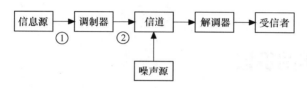

图 1-4　模拟通信系统模型

首先将发送端的连续消息变成原始电信号（完成第一次变换）；接着，将原始电信号经调制器变换成其频带适合信道传输的信号，得到已调信号（完成第二次变换）；在接收端经解调器解调及还原成原始消息两次反变换，最终得到发端发送的连续消息。

模拟通信系统传输连续的模拟信号；占用带宽少，如在电话通信中，每路话音信号带宽仅为 4kHz；在信号的传输过程中，噪声叠加于信号之上，并随传输距离的增加而加强，在接收端很难将信号和噪声分离，系统的抗干扰能力较弱且不适于长距离信号传输。

1.1.4　数字通信系统

传输数字信号的通信系统叫数字通信系统。若信源发出的是模拟信号或者信宿不可以直接接收数字信号，则需在信源和信宿部分增加模数转换和数模转换部分，其组成基本模型如图 1-5 所示。

如果信源发出的是模拟信号，经信源编码器后，由模拟信号变为数字信号。再经过信道编码器，使信号变换为利于在信道中传输的信号，经过调制后进入信道以数字信号形式传输，在接收端进行反变换恢复出原始信号。

数字通信系统传输离散的数字信号；传输有限状态的数字信号，在接收端通过取样、判决来恢复原始信号，还可以通过纠错编码来进一步提高抗干扰能力。通过再生中继消除噪声积累，实现远距离高质量传输；便于对数字信息进行处理并进行统一化编码，实现综合业务数字化；采用复杂的非线性、长周期码序列对信号加密，安全性强；数字通信设备向着集成化、智能化、微型化、低功耗和低成本化发展。数字通信取得同模拟通信同样质量的话音传输需占用 16～64kbit/s 的带宽。

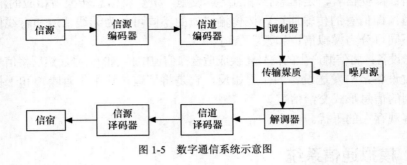

图 1-5　数字通信系统示意图

　模拟通信系统和数字通信系统组成上有什么区别，数字通信系统有什么特点？

归纳思考

1.2　电信技术的发展

1.2.1　电信技术发展史

随着生产的发展，新的通信技术和方式不断地被开发、创新和完善，影响通信发展的重要事件见表 1-1。

表 1-1　　　　　　　　　　　　　影响通信发展的重要事件

重要事件	时间	主要贡献者
电报技术	1837	莫尔斯
电话技术	1876	贝尔
无线电通信技术（微波、卫星通信）	1896	马可尼、波波夫
数据传输理论	1928	奈奎斯特
脉冲编码调制（PCM）	1937	里夫斯
数字通信理论（信噪比-传输速率）	1948	香农
蜂窝移动通信系统	1978	贝尔实验室
光纤通信	1966	高锟

1.　电报技术

1837 年，莫尔斯人工电报诞生，这种设备简单，机动灵活，但速率低。1858 年，惠司登发明快速自动电报机，提高了电路利用率。随着科技的发展，当今电报设备已发展到电子电传机汉字终端和智能终端。而电报的转接方式已发展为程控自动转报，在传输方面已开发了多路音频电报和时分多路复用，大大提高了电路的利用率。

2．电话技术

1876 年，美国科学家贝尔发明了电话机。1878 年，在美国设立了最早的商用电话机，开通了 20 个用户的市内交换所，使用磁石交换机。1880 年，美国许多城市间架设电话线，开通了长途电话。早期电话机较粗糙，会话清晰度差。1882 年，发明了共电式交换机。1888 年，发明了共电式电话机。1891 年，美国人史端乔设计出第一部步进制自动交换机，出现了由主叫用户拨发被叫用户号码的自动电话机。1919 年，发明了纵横制交换机。1965 年，开通了程控电话交换机。1970 年，法国开通了程控数字电话交换机，具有体积小、速度快、容量大、可靠性高、便于开发新业务等优点，实现了交换机的全电子化，同时实现了向数字时分交换的重大转变。

3．复用技术

最初的电报、电话传输采用单根架空铁线或铜线。20 世纪 30 年代末采用了同轴电缆。为提高电话线路的传输能力，1930 年，出现了多路复用技术，可在一根同轴线上，同时传送成千上万个话路信号。1937 年，英国人里夫斯发明了脉冲编码调制（PCM）技术，它是将模拟信号变换成数字信号进行传输的一种调制方式，用它可实现按时间分割的多路复用，为现代数字电话网的发展奠定了基础。

4．数据通信

数据通信是依照一定的通信协议，利用数据传输技术在两个终端之间传递数据信息的一种通信方式和通信业务。数据通信系统是由计算机、远程终端和数据电路以及通信设备组成的一个完整系统。

1928 年奈奎斯特提出数据传输理论，近几十年随着数字技术发展，数据交换的方式由电路交换模式向分组交换方式演进。我国已先后建成了公用分组交换数据网（PSPDN）、帧中继网（FRN）、数字数据网（DDN）、ATM（异步传输模式）网等。而 IP 网络以其开放性、简单性、灵活性、扩展性和丰富多彩的网上应用，逐渐取代其他各种数据通信网。

5．无线电通信技术

1906 年，美国发明了真空三极管，推进了无线技术的发展。1927 年，美国和英国之间开通了商用无线电话通信。1947 年，美国在纽约、波士顿间建立了宽带模拟微波中继系统。20 世纪 70 年代后期，数字微波通信系统投入使用。卫星通信的特点是通信距离远，覆盖面积广，不受地理条件限制，可以大容量传输，建设周期短，可靠性高。1957 年 10 月 4 日，苏联发射了人造地球卫星。1960 年，美国发射了"回声一号"卫星，利用人造天体进行通信。1965 年，世界上第一颗商业同步卫星"晨鸟"升空，标志着卫星通信进入实用阶段。目前国际通信卫星组织和一些大容量的通信卫星向全世界传送广播电视、气象等公用和专用通信服务。数字卫星通信具有通信容量大、通道利用率高、保密性好、通信质量高等优点。

6．移动通信技术

移动通信是现代通信中发展最为迅速的一种通信手段，它是随着汽车、飞机、轮船、火车等交通工具的发展而同步发展起来的。近 20 年来，在微电子技术和计算机技术的推动下，移动通信从过去简单的无线对讲或广播方式发展成为一个把有线、无线融为一体，固定、移动相互连通的全国规模，甚至全球范围的通信系统。20 世纪后期，由于集成电路技术的迅猛发展，公众移动电话网也得到很快的发展。目前已建成商用网络移动电话的发展可分为三个阶段：第一代是公众蜂窝式模拟移动通信，由于存在频率利用率低、保密性差、提供的业务少等缺点，已淘汰出局，第二代是公众数字蜂窝移动电话系统，有全球通（GSM）和码分多址（CDMA）两种制式，主要提供语音业务，数据业务的速率较低；第三代移动通信都采用了 CDMA 技术，能全球无缝覆盖，全球漫游，并可提供各种宽带信息业务，具有多媒体功能，可满足个人通信化要求。现在正在发展第四代或超四代移动通信系统，可以提供比第三代移动通信更高的传输速率。

移动通信的发展方向是数字化、微型化和标准化。20 世纪 90 年代是蜂窝电话迅速普及的年代。目前世界上存在多种不同的欧、美、日技术体制，互不兼容，因此，标准化仍是比较重要的工作。数字化的关键是调制、纠错编码和话音编码方式的确定。微型化的目标是研制重量非常轻的个人携带的终端。

随着移动通信的发展，移动用户发展迅速，2000 年年初，全球手机用户数量仅为 5亿，截至 2010 年年底，手机用户数量已达 52.8 亿。

7．光纤通信技术

光纤通信是利用光导纤维（简称光纤）传送信息的光波通信技术，光纤通信容量极大。1960年，美国休斯公司发明了世界第一个红宝石激光器，揭开了人类进入光通信的序幕。1970 年，美国康宁公司研制出低损耗光纤。由于光纤通信具有一系列其他通信无可比拟的特点，所以光纤通信已成为当今信息社会新技术革命的标志，成为信息高速公路的组成部分，成为各种信息网的基础传输手段。

光纤通信具有容量大、成本低等优点，且不怕电磁干扰，与同轴电缆相比可以大量节约有色金属和能源。因此，自 1977 年世界上第一个光纤通信系统在芝加哥投入运行以来，光纤通信发展极为迅速，新器件、新工艺、新技术不断涌现，性能日臻完善。由于长波长激光器和单模光纤的出现，使每芯光纤通话路数可高达百万路，中继距离达到几百公里，市话中继光纤成本也连续大幅度下降。

光纤通信已逐渐成为现代传输网的主体，1999 年年底累计的全世界光纤用量已经达到 3×10^8 km，以光电子信息技术为主导的信息产业产值在 2010 年达到 50000 亿美元，成为 21 世纪最具魅力的朝阳产业之一。我国近年来光纤通信已得到了快速发展，目前光缆长度累计近几千万公里。我国已不再敷设同轴电缆，新的工程将全部采用光纤通信技术。

1.2.2 电信的发展趋势

电信的发展趋势是普及化、多媒体化、多样化、个性化、全球化。

普及化就是把各种信息通信服务以合理的价格提供给广大人民群众，使不管住在城市还是住在偏僻农村的各种不同阶层的人都能用得上、用得起。普及化不仅是要达到家家有电话的目标，将来还要把更多更高级的网上服务提供给家家户户，确保信息资源能以合理的价格向所有人提供。缩小数字鸿沟就是要靠普及化。

多媒体化就是向用户广泛提供声、像、图、文并茂的交互式通信与信息服务。把声、像、图、文同步集成在一起的多媒体肯定是最适合 21 世纪的信息形式，也是人类最乐意接受的信息形式。多媒体信息通信现已成为各国信息基础设施的重要组成部分。多媒体信息通信服务一定会在生产、管理、教育、科研、医疗、娱乐等领域得到越来越多的应用，成为一个新的可持续发展的增长点。

多样化就是在网络服务平台上开发能适应社会各界、千姿百态的大量应用。互联网的服务方式已向我们预示，21 世纪人类将在网上开创新的工作方式、管理方式、交流方式以及消费与生活方式。这些新的方式将对应许许多多的应用，不仅包括人-人应用、人-机应用，还包括大量机-机应用，可以说是没有止境的。多样化将带来更多的商机，更大的市场，更美好的生活。

个性化就是按个人意愿向用户提供的服务。对个性化服务的追求是人类的天性。上一代服务基本上是没有个性的。在 21 世纪，个性化服务将显得越来越重要。未来的电信市场将充满个性化的服务，每一个用户都有自己的个性特征，而且他们的个性特征将随着时间的推移不断深化。

全球化就是通过全球范围的标准化，提高国际通信能力，扩大国际合作，走出国门，提供全球性的服务。通信全球化是经济全球化的必然结果。全球化趋势使原来国际电信与信息服务贸易的双边贸易体制向市场更开放、贸易更自由、竞争更激烈的多边贸易体制转移。每个国家都必须适应全球化的趋势，融入国际社会。

1.2.3 我国电信现状与发展趋势

1. 我国电信业的发展

1949~1956 年是我国电信恢复发展时期，此间建立了电信管理体制，形成了以北京为中心，沟通各省区市的电信网。1956 年后，进入大规模建设时期，限于当时国家的经济发展水平，在开始建设的十多年里，每年投资较少，到 20 世纪 70 年代中国信息技术水平比西方发达国家落后许多。

1978 年十一届三中全会之后，中国电信业经几十年脱胎换骨的改革有了翻天覆地的发展。在电话机方面，从最原始的摇把子电话到可视电话，从大哥大到智能手机，具体如图 1-6 所示。在交换机方面，从原始的纵横制人工交换机到拥有国际先进水平的程控交换机以及软交换机等。在传输信道方面，从架空明线到对称电缆，再到今天大容量的光缆。在通信网方面，从固定通信网到移动通信网，从电话通信网到数据通信网，从地面通信网到卫星通信网。在电信业务方面，从单一的电报、电话业务，到提供多样化、个性化的综合业务和多媒体业务。

总之，电信行业经历了从简单的模拟通信到数字通信、数据通信、多媒体通信，目前我国已拥有世界第一的网络规模和现代化的先进通信系统。中国移动和中国电信在 2002 年已进入世界 500 强企业之列。国内主要通信设备制造商如华为、中兴、上海阿尔卡特、TCL 等能自主开发较先进的数字程控交换机、完整的光通信产品以及移动通信产品，已打入国际市场，具有较强的竞争能力。

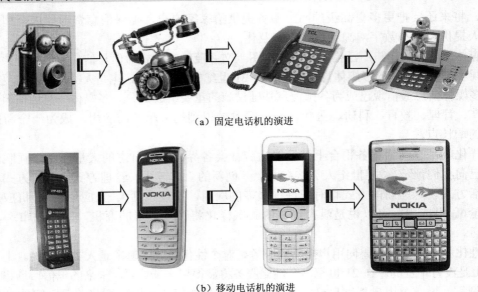

（a）固定电话机的演进

（b）移动电话机的演进

图 1-6　电话机的演进

2．我国电信企业改革

1949 年 11 月 1 日，中央人民政府邮电部成立，管理邮政和电信。1988 年 6 月，国务院提出通信发展要坚持"统筹规划、条块结合、分层负责、联合建设"的方针，形成了全社会支持通信发展的合力；同年 11 月，国务院确定邮电体制改革"三步走"的方向：第一步是对邮电物资等管理机构完全实现政企分开；第二步是逐步实现邮政、电信专业分别核算，转移职能；第三步是条件成熟时，从上至下实现邮政、电信分营和政企分开。

1994 年 1 月，经国家经贸委批准，吉通公司成立，被授权建设、运营和管理国家公用经济信息网（即"金桥工程"），与原中国电信的 CHINANET 展开竞争。1994 年 7 月，当时的电子部联合铁道部、电力部以及广电部成立了中国联合通信有限公司（简称"中国联通"），被赋予打破"老中国电信"垄断地位的重任，但主要还是经营寻呼业务。中国联通的成立，标志电信业打破垄断，引入竞争。

1998 年 3 月，在原电子部和邮电部基础上组建了信息产业部，随后实现了政企分开、邮电分设，重组了中国电信和中国联通。1999 年 2 月，信息产业部决定对中国电信进行拆分重组，将中国电信的寻呼、卫星和移动业务剥离出去，原中国电信拆分成中国电信、中国移动和中国卫星通信公司等 3 个公司，寻呼业务并入联通公司。1999 年 4 月，中国网络通信有限公司成立。2000 年 12 月，铁道通信信息有限责任公司（简称"中国铁通"）成立。至此，中国电信市场七雄争霸格局初步形成。电信、移动、联通、网通、吉通、卫通、铁通。

2001 年 11 月，国务院批准《电信体制改革方案》，对固定电信企业进行南北拆分重组整合，组建新的中国电信集团公司（简称"中国电信"）和中国网络通信集团公司（简称"中国网通"），并要求进一步加强电信监管工作。2002 年 5 月 16 日，中国电信、中国网通挂牌成立。形成了中国电信、中国网通、中国移动、中国联通、中国卫通、中国铁通六家基础电信企业竞争格局。

2004 年年初，国务院正式决定，铁通由铁道部移交国务院国有资产监督管理委员会（国资委）管理，并更名为中国铁通集团有限公司，作为国有独资基础电信运营企业独立运作。

2008 年 3 月 11 日，由信息产业部与国防科工委、国务院信息办等合并成立工业和信息化部。

2008 年 5 月 24 日，六大基础电信运营商重组为三家全业务经营的电信企业，中国电信收购中国联通 CDMA 网（包括资产和用户），中国联通 G 网与中国网通合并，中国卫通的基础电信业务并入中国电信，中国铁通并入中国移动。

2009 年 1 月 7 日，工业和信息化部发放 3G 牌照，其中中国移动获得 TD-SCDMA 牌照，中国联通和中国电信分别获得 WCDMA 和 CDMA2000 牌照，标志中国正式进入 3G 时代。2013 年 12 月 4 日，工业和信息化部给三家运营商发放 4G 牌照。

3．发展趋势

（1）"三网融合"趋势

三网融合是指电信网、计算机网和广播电视网三大网络通过技术改造，能够提供包括语音、数据、图像等综合多媒体的通信业务。随着各种新技术的不断推出和应用，中国的通信网络发生了很大变化，特别是传统电信网、计算机网和广播电视网已经渗透到了全国各地，无论是网络规模，还是用户数量，都取得了长足的发展，这给三网融合提供了网络基础。三网融合需要在技术上走向趋同，在网络上互连互通，在业务上相互渗透，在经营上竞争与合作。

2008 年我国电信运营商改制，形成中国电信、中国联通和中国移动 3 个拥有全国性网络资源，实力相当，已获得 3G 牌照的市场主体。随着 3G 的开发应用和 IP 技术的发展，正在进行"三网融合"的实现，为用户提供全面的、综合的无所不在的服务。"三网融合"后，民众可用电视机上网，在手机上看电视，随需选择网络和终端，只要拉一条线或无线接入即完成通信、电视、上网等。

（2）发展下一代电信网

当前，电信界正面临着一场百年未遇的巨变，开放市场、引入竞争的进度明显加快，电信管制体制改革的力度明显加大。特别是近年来，以因特网为代表的新技术革命正在深刻地改变着传统的电信概念和体系，其迅猛发展的速度是人类历史上所有工业中最快的。从我国的具体国情分析，网上的数据业务量超过话音业务量，传统电话网将不可避免地过渡到以数据业务特别是 IP 业务为中心的融合的下一代网，下一代网将最终支持包括话音、数据等在内的所有业务。

下一代网络从业务上看，应支持话音、视频和多媒体业务；从网络上看，垂直方向应包括业务层和传送层，水平方向应覆盖核心网和接入网。

（3）通信改变人类生活方式

随着科学技术的发展，世界经济趋于全球化，人类社会正进入一个新的历史时期——信息化时代。信息、能源、材料构成世界经济发展的三大支柱。由微电子、光电子、计算机、通信和信息服务业构成的信息产业，已成为信息化社会的基础。特别是光通信与计算机的密切结合，以及软件技术的突飞猛进，使通信技术日新月异，各种名目繁多的通信新业务应运而生，层出不穷，作为社会基础设施的通信技术革新正向数字化、宽带化，综合化、智能化和个人化方向发展。实现信息高速公路（国家信息基础设施）是一场技术革命，信息高速公路是一条很宽的信息通道，它可以大量地、并行地、高速地传输信息，是一个非常巨大的通信系统工程。这场通信技术革命将改变人们的生活、工作和相互交往的方式。

归纳思考

- 电信技术的发展经历了哪些阶段？
- 电信技术的发展趋势是什么？
- 说明我国电信企业改革历程。

1.3 通信网络介绍

通信网是指为分处异地的用户之间传递信息的系统，属于电磁系统的也称电信网，是由相互依存、相互制约的许多要素所组成的一个有机整体，以完成规定的功能。通信网是能够将各种语言、声音、图像、图表、文字、数据、视频等媒体变换成电信号，并且在任何两地间的任何两个人、两个通信终端设备、人和通信终端设备之间，按照预先约定的规则（或称协议）进行传输和交换的网络。

通信网的特点是通信双方既可以进行语音的交流，也可以交换和共享数据信息；通信网络是社会的神经系统，已成为社会活动的主要机能之一，人们希望传递信息安全、可靠；通信网络配有强大功能的通信终端，可为用户提供方便的使用，可以进行富有感情色彩的多媒体信息交流，拉近了人们之间的距离。

1.3.1 通信网络的发展

随着电报、电话相继问世后，工业发达国家先后着手建立电报和电话通信网。电话网发展迅速，到 20 世纪初在一些国家内已具有相当规模。以后出现的非电话业务，如载波电报、传真电报、用户电报等，大多是以已有的电话网为基础而建立的。随着电子计算机的广泛应用，世界上兴起了数据通信，建起了大量的专用数据网。20 世纪 60 年代末，还建成了世界上第一个公用数据网。早期的数据网主要是直接使用现有电话网或租用它的部分线路而构成的。由于数据通信使用数字信号，而电话通信使用模拟信号，两种信号对通信网的要求不同，因而在模拟网上传输数据存在着质量差、效率低等缺点。用数字信号进行通信，具有失真小、抗干扰性强等优点，这促进了脉码调制技术的发展，采用这种调制，可把电话、传真、电视的模拟信号变成数字信号进行传输。近几十年来，通信技术获得了迅猛的发展，通信网正向智能化、个人化、标准化发展，通信体制正由模拟网向全数字网发展，通信业务由单一的电话网向综合业务数字网（ISDN）方向发展，移动业务超过固定业务，数据业务超过语音业务。

1.3.2 通信网络的分类

1．按功能划分

（1）业务网——用户信息网，是通信网的主体，是向用户提供各种通信业务的网络，例如，电话、电报、数据、图像等。

（2）信令网——实现网络节点间（包括交换局、网络管理中心等）信令的传输和转接的网络。

（3）同步网——实现数字设备之间的时钟信号同步的网络。

（4）管理网——管理网是为提高全网质量和充分利用网络设备而设置，以达到在任何情况下，最大限度地使用网络中一切可以利用的设备，使尽可能多的通信得以实现。

后三种网络又统一称为支撑网。

2．按业务类型划分

（1）电话网——传输电话业务的网络，交换方式一般采用电路交换方式。

（2）广播电视网——传输广播电视业务的网络。

（3）数据通信网——传输数据业务的网络，交换方式一般采用存储转发交换方式。

3．按服务范围划分

按服务范围划分，可分为：本地通信网、市话通信网、长话通信网和国际通信网或局域网、城域网和广域网等。

4．按所传输的信号形式划分

（1）模拟网——网中传输和交换的是模拟信号。

（2）数字网——网中传输和交换的是数字信号。

5．按传输媒质划分

（1）有线通信网——使用双绞线、同轴电缆和光纤等传输信号的通信网；

（2）无线通信网——使用无线电波等在空间传输信号的通信网。根据电磁波波长的不同又可以分为中、长波通信、短波通信、微波通信网、卫星通信网等，见表1-2。

表1-2　　　　　　　　　　　电磁波频段的划分及适用的传输介质

频段及波段名称	频率、波长范围	传输介质	主要用途
极低频 极长波	$30\sim3000Hz$ $10^4\sim100km$	有线线对 极长波无线电	对潜艇通信、矿井通信
甚低频 超长波	$3\sim30kHz$ $100\sim10km$	有线线对 超长波无线电	对潜艇通信、远程无线电通信、远程导航
低频 长波	$30\sim300kHz$ $10\sim1km$	有线线对 长波无线电	中远距离通信、地下通信、矿井无线电导航
中频 中波	$3\sim3000kHz$ $1000\sim100m$	同轴电缆 中波无线电	调幅广播、导航、业余无线电
高频 短波	$3\sim30MHz$ $100\sim10m$	同轴电缆 短波无线电	调幅广播、移动通信、军事通信、远距离短波通信

续表

频段及波段名称		频率、波长范围	传输介质	主要用途
甚高频 超短波		30～300MHz 10～1m	同轴电缆 超短波无线电	调幅广播、电视、移动通信、电离层散射通信
微波	特高频 分米波	0.3～3GHz 100～10cm	波导 分米波无线电	微波中继、移动通信、空间遥测雷达、电视
	超高频 厘米波	3～30GHz 10～1cm	波导 厘米波无线电	雷达、微波中继、卫星与空间通信
	极高频 毫米波	30～300GHz 10～1mm	波导 毫米波无线电	雷达、微波中继、射电天文
紫外线、可见光、 红外线		10^5～10^7GHz 3～0.03μm	光纤 激光传播	光通信

6. 按运营方式划分

（1）公用通信网——由国家电信部门组建的网络，网络内的传输和转接装置可供任何部门使用；

（2）专用通信网——某个部门为本系统的特殊业务工作的需要而组建的网络，这种网络不向本系统以外的人提供服务，即不允许其他部门和单位使用。

归纳思考

- 通信网络从单一业务到复杂业务，从模拟到数字，从固定到移动。
- 通信网络如何划分？

1.4 电信业务分类

2000 年国务院颁布的《中华人民共和国电信条例》，对电信业务的分类做出明确的规定。为适应电信业发展需要，2003 年信息产业部对《电信业务分类目录》重新进行了调整，并予以公布，自 2003 年 4 月 1 日开始实施。电信业务分基础电信业务和增值电信业务两种。基础电信业务是指提供公共网络基础设施、公共数据传送和基本语音通信服务的业务；增值电信业务是指利用公共网络基础设施提供的电信与信息服务的业务。这两大类业务又分别分为第一类业务和第二类业务。

随着电信新技术的不断发展、新业务不断涌现，一些业务已逐渐萎缩，并且充分考虑我国加入世界贸易组织（WTO）后，国际上对于电信业务的开放等因素，在 2007 年对于电信业务的分类目录做了一个修改（未发布），在这次修改中充分考虑了业务发展、网路演进、网路融合的因素，并充分考虑了加入世界贸易组织后的需求以及国家安全，并征求各运营商和通信管理局的意见，据此进行了修改。2008 年电信改革、电信运营商重组，使得主要的运营商都已经成为全业务经营者，原有 2003 版即 2007 年修改的业务分类过细，2008 年对业务分类目录进行适当的调整。仍然将电信业务分为基础电信业务和增值电信业务两种，保持基础电信业务细分为第一类和第二类两种电信业务，增值业务不再细分，如

图 1-7 所示。

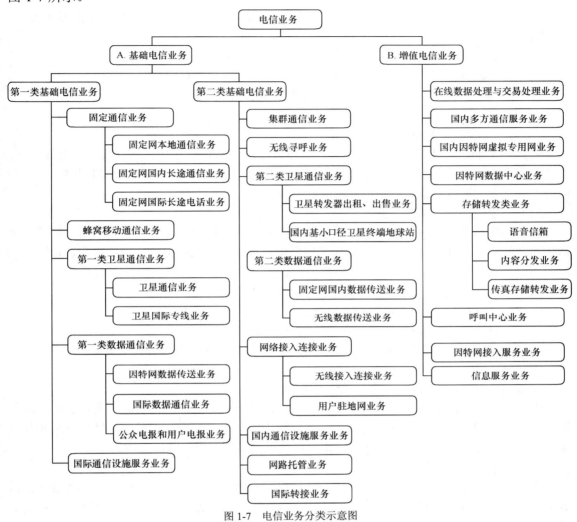

图 1-7 电信业务分类示意图

1.4.1 第一类基础电信业务

1. 固定通信业务

固定通信是指通信终端设备与网络设备之间主要通过电缆或光缆等线路固定连接起来，进而实现的用户间相互通信，其主要特征是终端的不可移动性或有限移动性，如普通电话机、IP 电话终端、传真机、无绳电话机、连网计算机等电话网和数据网终端设备。固定通信业务在此特指固定电话网通信业务。

根据我国现行的"电话网编号标准"，全国固定电话网分成若干个"长途编号区"，每个长途编号区为一个本地电话网。

固定通信业务包括：固定网本地电话业务、固定网国内长途电话业务、固定网国际长途电话业务。

（1）固定网本地通信业务

固定网本地电话业务是指通过本地电话网在同一个长途电话编号区范围内提供的通信业务。

固定网本地通信业务包括以下主要业务类型。

① 端到端的双向话音业务。

② 端到端的传真业务和中、低速数据业务（如固定网短消息业务）。

③ 呼叫前转、三方通话、主叫号码显示等补充业务。

④ 本地智能网业务。

⑤ 消息、视频、数据、多媒体通信业务。

固定网本地通信业务经营者必须自己组建本地通信网络设施（包括有线接入设施），所提供的本地通信业务类型可以是一部分或全部。提供一次本地通信业务经过的网络，可以是同一个运营者的网络，也可以是不同运营者的网络。

（2）固定网国内长途通信业务

固定网国内长途通信业务是指通过长途通信网、在不同"长途编号"区，即不同的本地通信网之间提供的通信业务。某一本地通信网用户可以通过加拨国内长途字冠和长途区号，呼叫另一个长途编号区本地通信网的用户。

固定网国内长途通信业务包括以下主要业务类型。

① 跨长途编号区端到端双向话音业务。

② 跨长途编号区的端到端的传真业务和中、低速数据业务。

③ 跨长途编号区的呼叫前转、三方通话、主叫号码显示等各种补充业务。

④ 跨长途编号区的智能网业务。

⑤ 消息、视频、数据、多媒体通信业务。

固定网国内长途通信业务经营者必须自己组建国内长途通信网络设施，所提供的国内长途通信业务类型可以是一部分或全部。提供一次国内长途通信业务经过的本地通信网和长途通信网，可以是同一个运营者的网络，也可以由不同运营者网络共同完成。

（3）固定网国际长途电话业务

固定网国际长途电话业务是指国家之间或国家与地区之间，通过国际电话网络（包括ISDN网）提供的国际电话业务。某一国内电话网用户可以通过加拨国际长途字冠和国家（地区）码，呼叫另一个国家或地区的电话网用户。

固定网国际长途电话业务包括以下主要业务类型。

① 跨国家或地区端到端双向话音业务。

② 跨国家或地区的端到端的传真业务和中、低速数据业务。

③ 跨国家或地区的智能网业务，如国际闭合用户群话音业务等。

④ 跨国家或地区基于ISDN承载业务。

利用国际专线提供的国际闭合用户群话音服务属固定网国际长途电话业务。

固定网国际长途电话业务的经营者必须自己组建国际长途电话业务网络，无国际通信设施服务业务经营权的运营商不得建设国际传输设施，必须租用有相应经营权运营商的国际传输设施。所提供的国际长途电话业务类型可以是一部分或全部。提供固定网国际长途电话业务，必须经过国家批准设立的国际通信出入口。提供一次国际长途电话业务经过的本地电话网、国内长途电话网和国际网络，可以是同一个运营者的网络，也可以由不同运营者的网络共同完成。

2．蜂窝移动通信业务

蜂窝移动通信是采用蜂窝无线组网方式，在终端和网络设备之间通过无线通道连接起来，进而实现用户在活动中可相互通信。其主要特征是终端的移动性，并具有越区切换和跨本地网自动漫游功能。蜂窝移动通信业务是指经过由基站子系统和移动交换子系统等设备组成蜂窝移动通信网提供的话音、数据、视频图像等业务。主要包括以下主要业务类型。

（1）端到端的双向话音业务。

（2）移动消息业务，利用网络和消息平台提供的移动台发起、移动台接收的消息业务。

（3）移动承载业务及其移动数据业务。

（4）移动补充业务，如主叫号码显示、呼叫前转业务等。

（5）移动宽带多媒体业务。

（6）移动多播和广播业务。

（7）国内漫游和国际漫游业务。

3．第一类卫星通信业务

卫星通信业务是指经过通信卫星和地球站组成的卫星通信网络提供的话音、数据、视频图像等业务。通信卫星的种类分为地球同步卫星（静止卫星）、地球中轨道卫星和低轨道卫星（非静止卫星）。地球站通常是固定地球站，也可以是可搬运地球站、移动地球站或移动用户终端。

根据管理的需要，提供卫星通信业务、卫星国际专线业务。

（1）卫星通信业务

卫星通信业务主要包括话音、数据、视频图像等业务类型。

卫星通信业务经营者必须组建卫星通信网络设施，所提供的业务类型可以是一部分或全部。提供跨境卫星通信业务（通信的一端在境外）时，必须经过国家批准设立的国际通信出入口转接。提供卫星通信业务经过的网络，可以是同一个运营者的网络，也可以由不同运营者的网络共同完成。

（2）卫星国际专线业务

卫星国际专线业务是指利用由固定卫星地球站和静止或非静止卫星组成的卫星固定通信系统向用户提供的点对点国际传输通道、通信专线出租业务。卫星国际专线业务有永久连接和半永久连接两种类型。

提供卫星国际专线业务应用的地球站设备分别设在境内和境外，并且可以由最终用户租用或购买。

卫星国际专线业务的经营者必须自己组建卫星通信网络设施。

4．第一类数据通信业务

数据通信业务是通过因特网、帧中继、ATM、IP 承载网等网络提供的各类数据传送业务。

根据管理的需要，数据通信业务分为两类。第一类数据通信业务包括：因特网数据传送业务、国际数据通信业务、公众电报和用户电报业务。

（1）因特网数据传送业务

因特网数据传送业务是指利用 IP 技术，将用户产生的 IP 数据包从源网络或主机向目标网络或主机传送的业务。

因特网数据传送业务的经营者必须自己组建因特网骨干网络和因特网国际出入口，无国际或国内通信设施服务业务经营权的运营商不得建设国际或国内传输设施，必须租用有相应经营权运营商的国际或国内传输设施。

因特网数据传送业务经营者可以为因特网接入服务商提供接入，也可以直接向终端用户提供因特网接入服务。提供因特网数据传送业务经过的网络可以是同一个运营者网络，也可以利用不同运营者网络共同完成。

因特网数据传送业务经营者可建设用户驻地网、有线接入网、城域网等网络设施。

基于因特网的国际会议电视和图像服务业务、国际闭合用户群数据业务属因特网数据传送业务。

（2）国际数据通信业务

国际数据通信业务是国家间或国家与地区之间，通过帧中继和 ATM 等网络向用户提供永久虚电路（PVC）连接，以及利用国际线路或国际专线提供数据或图像传送业务。

利用国际专线提供的国际会议电视业务和国际闭合用户群的数据业务属于国际数据通信业务。

国际数据通信业务的经营者必须自己组建国际帧中继和 ATM 等业务网络，无国际通信设施服务业务经营权的运营商不得建设国际传输设施，必须租用有相应经营权运营商的国际传输设施。

（3）公众电报和用户电报业务

公众电报业务是发报人将发报文交由电报局通过电报网传递并投递给收报人的电报业务。公众电报业务按电报传送目的地分为国内公众电报业务和国际公众电报业务两种。

用户电报业务是用户利用装设在本单位或本住所或电报局营业厅的电报终端设备，通过用户电报网与本地或国内外各地用户直接通报的一种电报业务。用户电报业务按使用方式分为专用用户电报业务、公众用户电报业务和海事用户电报业务。

5．国际通信设施服务业务

国际通信设施是指用于实现国际通信业务所需的地面传输网络和网络元素。国际通信设施服务业务是指建设并出租、出售国际通信设施的业务。

国际通信设施主要包括：国际陆缆、国际海缆、陆地入境站、海缆登陆站、国际地面传输通道、国际卫星地球站、国际传输通道的国内延伸段以及国际通信网络带宽、光通信波长、电缆、光纤、光缆等国际通信传输设施。

国际通信设施服务业务经营者应根据国家有关规定建设上述国际通信设施的部分或全部物理资源和功能资源，并可以开展相应的出租、出售经营活动。

1.4.2　第二类基础电信业务

1．集群通信业务

集群通信业务是指利用具有信道共用和动态分配等技术特点的集群通信系统组成的集群通信共网，为多个部门、单位等集团用户提供的专用指挥调度等通信业务。

集群通信系统是按照动态信道指配的方式实现多用户共享多信道的无线电移动通信系统。该系统一般由终端设备、基站和中心控制站等组成，具有调度、群呼、优先呼、虚拟专用网、漫游等功能。

集群通信业务主要包括调度指挥、数据、电话（含集群网内互通的电话或集群网与公众网间互通的电话）等业务类型。集群通信业务经营者必须提供调度指挥业务，也可以提供数据业务、集群网内互通的电话业务及少量的集群网与公众网间互通的电话业务。必须自己组建集群通信业务网络，无国内通信设施服务业务经营权的经营者不得建设国内传输网络设施，必须租用具有相应经营权运营商的传输设施组建业务网络。

2．无线寻呼业务

无线寻呼业务是指利用大区制无线寻呼系统，在无线寻呼频点上，系统中心（包括寻呼中心和基站）以采用广播方式向终端单向传递信息的业务。无线寻呼业务可采用人工或自动接续方式。在漫游服务范围内，寻呼系统应能够为用户提供不受地域限制的寻呼漫游服务。

根据终端类型和系统发送内容的不同，无线寻呼用户在无线寻呼系统的服务范围内可以收到数字显示信息、汉字显示信息或声音信息。

3．第二类卫星通信业务

第二类卫星通信业务包括：卫星转发器出租、出售业务、国内甚小口径卫星终端地球站（VSAT）通信业务。

（1）卫星转发器出租、出售业务

卫星转发器出租、出售业务是指根据使用者需要，在中华人民共和国境内将自有或租有的卫星转发器资源（包括一个或多个完整转发器、部分转发器带宽等）向使用者出租或出售，以供使用者在境内利用其所租赁或购买的卫星转发器资源为自己或他人、组织提供服务的业务。

卫星转发器出租、出售业务经营者可以利用其自有或租用的卫星转发器资源，在境内开展相应的出租或出售的经营活动。

（2）国内甚小口径卫星终端地球站（VSAT）通信业务

国内甚小口径卫星终端地球站（VSAT）通信业务是指利用卫星转发器，通过 VSAT 通信系统中心站的管理和控制，在国内实现中心站与 VSAT 终端用户（地球站）之间、VSAT 终端用户之间的语音、数据、视频图像等传送业务。

由甚小口径天线和地球站终端设备组成的地球站称 VSAT 地球站。由卫星转发器、中心站和 VSAT 地球站组成 VSAT 系统。

国内甚小口径终端地球站通信业务经营者必须自己组建 VSAT 系统，在国内提供中心站与 VSAT 终端用户（地球站）之间、VSAT 终端用户之间的语音、数据、视频图像等传送业务。

4．第二类数据通信业务

第二类数据通信业务包括：固定网国内数据传送业务、无线数据传送业务。

（1）固定网国内数据传送业务

固定网国内数据传送业务是指第一类数据传送业务以外的，在固定网中以有线方式提供的国内端到端数据传送业务。主要包括基于异步转移模式（ATM）网络的 ATM 数据传送业务、基于帧中继网络的帧中继数据传送业务、基于 IP 承载网的 IP 专线业务等。

固定网国内数据传送业务包括：永久虚电路（PVC）数据传送业务、交换虚电路（SVC）数据传送业务、虚拟专用网业务、虚拟 IP 专线等。

固定网国内数据传送业务经营者可组建上述基于不同技术的数据传送网，无国内通信设施服务业务经营权的经营者不得建设国内传输网络设施，必须租用具有相应经营权运营商的传输设施组建业务网络。

（2）无线数据传送业务

无线数据传送业务是指前述基础电信业务条目中未包括的、以无线方式提供的端到端数据传送业务，该业务可提供漫游服务，一般为区域性。

提供该类业务的系统包括蜂窝数据分组数据 CDPD、PLANET、NEXNET、Mobitex 等系统。双向寻呼属无线数据传送业务的一种应用。

无线数据传送业务经营者必须自己组建无线数据传送网，无国内通信设施服务业务经营权的经营者不得建设国内传输网络设施，必须租用具有相应经营权运营商的传输设施组建业务网络。

5．网络接入业务

网络接入业务是指以有线或无线方式提供的、与网络业务节点接口（SNI）或用户网络接口（UNI）相连接的接入业务。网络接入业务在此特指无线接入业务、用户驻地网业务。

（1）无线接入业务

无线接入业务是以无线方式提供的网络接入业务，在此特指为终端用户提供面向固定网络（包括固定电话网和因特网）的无线接入方式。无线接入的网络位置为固定网业务节点接口（SNI）到用户网络接口（UNI）之间部分，传输媒质全部或部分采用空中传播的无线方式，用户终端不含移动性或只含有限的移动性。

无线接入业务经营者必须自己组建位于固定网业务节点接口（SNI）到用户网络接口（UNI）之间的无线接入网络设施，可以从事自己所建设施的网络元素出租和出售业务。

（2）用户驻地网业务

用户驻地网业务是指以有线或无线方式，利用与公众网相连的用户驻地网（CPN）相关网络设施提供的网络接入业务。

用户驻地网是指用户网络接口（UNI）到用户终端之间的相关网络设施。

用户驻地网业务经营者必须自己组建用户驻地网，并可以开展驻地网内网络元素出租或出售业务。

6．国内通信设施服务业务

国内通信设施是指用于实现国内通信业务所需的地面传输网络和网络元素。国内通信设施服务业务是指建设并出租、出售国内通信设施的业务。

国内通信设施主要包括：光缆、电缆、光纤、金属线、节点设备、线路设备、微波站、国内卫星地球站等物理资源，和带宽（包括通道、电路）、波长等功能资源组成的国内通信传输设施。

国内专线电路租用服务业务属国内通信设施服务业务。

国内通信设施服务业务经营者应根据国家有关规定建设上述国内通信设施的部分或全部物理资源和功能资源，并可以开展相应的出租、出售经营活动。

7. 网路托管业务

网路托管业务是指受用户委托，代管用户自有或租用的国内的网络、网络元素或设备，包括为用户提供设备的放置、网络的管理、运行和维护等服务，以及为用户提供互连互通和其他网络应用的管理和维护服务。

8. 国际转接业务

国际转接业务是指为国际电信运营商提供呼叫到第三国（或地区）的固定电话、移动电话、因特网数据业务的转接服务。作为第二类基础电信业务，比照增值业务管理。允许获得国际转接业务的经营者在国外租用运营商的国际传输资源提供国际转接业务。提供国际转接业务的经营者应建立转接业务的平台。

1.4.3　增值电信业务

1. 在线数据处理与交易处理业务

在线数据与交易处理业务是指利用各种与通信网络相连的数据业务处理应用平台，通过通信网络为用户提供在线数据处理和事务处理的业务。在线数据和交易处理业务包括交易处理业务、电子数据交换业务和网络/电子设备数据处理业务。

交易处理业务是在电子商务活动提供与电信网连接的公共业务平台服务业务等。

网络/电子设备数据处理指通过通信网络传送，对连接到通信网络的电子设备进行控制和数据处理的业务。

2. 国内多方通信服务业务

国内多方通信服务业务是指通过通信网络实现国内两点以上的多点之间实时的交互式或点播式的话音、图像通信服务。

国内多方通信服务业务包括国内多方电话服务业务、国内可视电话会议服务业务和国内因特网会议电视及图像服务业务等。

国内多方电话服务业务是指通过公用电话网把我国境内两点以上的多点之间电话终端连接起来，实现多点间实时双向话音通信业务。

国内可视电话会议服务业务是通过公用电话网把我国境内两地或多个地点可视电话会议终端连接起来，以可视方式召开会议，能够实时进行话音、图像和数据双向通信。

国内因特网会议电视及图像服务业务是为国内用户在因特网上两点以上的多点之间提供的双向对称、交互式的多媒体应用或双向不对称、点播式图像的各种应用，如远程诊断、远程教学、协同工作、视频点播（VOD）、游戏等应用。

3. 国内因特网虚拟专用网业务

国内因特网虚拟专用网业务（IP-VPN）是指经营者增值业务企业自身要租用基础网络资源提供服务。因特网虚拟专用网主要采用 IP 隧道等基于 TCP/IP 的技术组建，并提供一定的安全性和保密性，专网内可实现加密的透明分组传送。

IP-VPN 业务的用户不得利用 IP-VPN 进行公共因特网信息浏览及用于经营性活动；IP-VPN 业务的经营者必须有确实的技术与管理措施防止其用户违反上述规定。

4．因特网数据中心业务

因特网数据中心业务（IDC）是指利用相应的机房设施，以外包出租的方式为用户的服务器等因特网或其他网络的相关设备提供放置、代理维护、系统配置及管理服务，以及提供数据库系统或服务器等设备的出租及其存储空间的出租、通信线路和出口带宽的代理租用和其他应用服务。因特网数据中心业务经营者必须提供机房和相应配套设施及安全保障措施。虚拟主机业务是指受企事业单位委托，为用户的服务器提供代维服务。

5．存储转发类业务

存储转发类业务是指利用存储转发机制为用户提供信息发送的业务。语音信箱、内容分发业务、存储转发等属于存储转发类业务。

（1）语音信箱

语音信箱业务是指利用与公用电话网或公用数据传送网相连接的语音信箱系统向用户提供存储、提取、调用话音留言及其辅助功能的一种业务。每个语音信箱有一个专用信箱号码，用户可以通过终端设备，例如通过电话呼叫和话机按键进行操作，完成信息投递、接收、存储、删除、转发、通知等功能。

（2）内容分发业务

内容分发业务是网络向终端分发内容的数据业务，是基于因特网的一项业务。内容的分发可以由事先设定的时间或事件触发，也可以由用户主动触发。分发的内容由网络侧进行控制和更新，通过内容分发网络进行内容分发。

内容分发网络是通过在现有的因特网中增加一层新的网络架构，将网站的内容发布到最接近用户的网络"边缘"，使用户可以就近取得所需的内容，解决因特网网络拥挤的状况，提高用户访问网站的响应速度。从技术上全面解决由于网络带宽小、用户访问量大、网点分布不均等原因，造成的用户访问网站的响应速度慢的问题。

（3）存储转发业务

存储转发业务是指在用户的因特网数据中心之间设立存储转发系统，用户间的因特网数据中心经存储转发系统的控制，非实时地传送到对端的业务。

6．呼叫中心业务

呼叫中心业务是指受企事业单位委托，利用与公用电话网或因特网连接的呼叫中心系统和数据库技术，经过信息采集、加工、存储等建立信息库，通过固定网、移动网或因特网等公众通信网络向用户提供有关该企事业单位的业务咨询、信息咨询和数据查询等服务。呼叫中心业务分呼入和呼出业务，呼入呼出服务过程中，通信的一端必须是呼叫中心的设备。

呼叫中心业务还包括呼叫中心系统和话务员座席的出租服务。

7．因特网接入服务业务

因特网接入服务是指利用接入服务器和相应的软硬件资源建立业务节点，并利用公用电信基础设施将业务节点与因特网骨干网相连接，为各类用户提供接入因特网的服务。用户可以利用公用电话网或其他接入手段连接到其业务节点，并通过该节点接入因特网。

因特网接入服务业务主要有两种应用，一是为因特网信息服务业务（ICP）经营者等利用因特网从事信息内容提供、网上交易、在线应用等提供接入因特网的服务；二是为普通上网用户等需要上网获得相关服务的用户提供接入因特网的服务。

8．信息服务业务

信息服务业务是指通过信息采集、开发、处理和信息平台的建设，通过固定网、移动网或因特网等公众通信网络直接向终端用户提供语音信息服务（声讯服务）或在线信息和信息检索等信息服务的业务。

信息服务的类型主要包括内容服务、娱乐/游戏、商业信息、基于位置的信息、音频和视频内容服务等服务，细分为电话信息服务、互联网信息服务和移动信息服务。

一些常用的电信业务所属的种类见表1-3。

表1-3　　　　　　　　　　常用电信业务种类示例

序号	业务名称	一类基础业务	二类基础业务	增值业务
1	固话来电显示	固定网本地通信业务		
2	固话呼叫转移	固定网本地通信业务		
3	出租车对讲系统		集群通信业务	
4	手机短信	蜂窝移动通信业务		
5	语音留言			存储转发服务
6	手机支付			在线数据与交易处理
7	定制天气预报			信息服务

归纳思考

- 电信业务分基础电信业务和增值电信业务两种。基础业务又分为第一类业务和第二类业务。
- 基础电信业务是指提供公共网络基础设施、公共数据传送和基本语音通信服务的业务；
- 增值电信业务是指利用公共网络基础设施提供的电信与信息服务的业务。
- 手机上网属于哪一种电信业务？

1.5　实做项目及教学情境

实做项目一：查询国际知名电信企业情况
目的和要求：上网查询资料，撰写总结报告，了解国际电信企业。
实做项目二：考察电信业务
目的和要求：考察电信营业厅的业务类型，理解电信业务，撰写调查报告。
实做项目三：考察各电信运营商业务套餐
目的和要求：通过考察业务套餐，充分了解电信业务种类以及相应的资费政策，撰写调查报告。

小结

1．关于人或事物情况的报道称为消息，常常把消息中有意义的内容称为信息。

2．信息量就是对消息中不确定性的度量，一个消息的可能性愈小，其信息愈多；而消息的可能性愈大，则其信息愈少。事件出现的概率小，不确定性越多，信息量就大，反之则少。

3．信号是运载消息的工具，信息的物理载体。从广义上讲，它包含光信号、声信号和电信号等。电信号分为模拟信号和数字信号。

4．由于只有消息中不确定的内容才构成信息，所以信息量是对消息中不确定性的度量。

5．国际电联对电信的定义是：利用导线、无线电、光学或其他电磁系统进行的，对于符号、信号、文字、图像、声音或任何性质信息的传输、发送或接收。

6．简单通信模型包括：信源、发送器、信道、接收器和信宿。

7．电信的发展趋势是普及化、多媒体化、多样化、个性化、全球化。

8．三网融合，是指传统电信网、计算机网和有线电视网在技术上走向趋同，在网络上互连互通，在业务范围上互相渗透、互相交叉。

9．随着通信技术的发展，各种名目繁多的通信新业务层出不穷，所以电信业务的分类也是发展的。电信业务一般可分为：基础电信业务和增值电信业务。

 思考题与练习题

1-1 电信的定义是什么？

1-2 "国际电信联盟"的英文缩写是_____，每年的世界电信和信息社会日是_____月_____日。

1-3 数字信号在时间上是_____的，在幅度上是_____的。

1-4 简单通信模型包括_____、_____、_____、_____、_____五大部分。

1-5 用光缆作为传输的通信方式是_____。

A．无线通信　　　　　　B．明线通信

C．微波通信　　　　　　D．有线通信

1-6 什么是模拟通信系统？有什么特点？

1-7 什么是数字通信系统？数字通信系统有什么特点？

1-8 简述通信网络的分类。

1-9 谈谈你对电信技术的发展趋势的看法。

1-10 简述电信运营商的发展历程。

1-11 电信业务分为哪两大类？移动网络电话和数据业务属于哪一类业务？

第 2 章

认识电信网

本章教学说明

- 重点学习电信系统构成、通信网拓扑结构
- 主要介绍电信系统的硬件组成及其功能
- 概括介绍电信网的分层结构，建立电信网的整体框架

本章内容

- 电信系统构成
- 电信网络拓扑结构
- 电信网的分层结构

本章重点、难点

- 电信系统的三种硬件设备
- 电信网络拓扑结构的特点及适用情况

学习本章目的和要求

- 掌握电信系统的组成
- 理解电信网络的拓扑结构
- 了解电信网的分层结构

本章实做要求及教学情境

- 参观运营商的机房，认识电信设备
- 考察通信线路，认知传输设备
- 参观计算机机房，认识电信网络结构
- 通过网管观察网络拓扑结构

本章建议学时数：4 学时

2.1 电信系统构成

探讨

- 打电话时声音信息传递的过程。
- 通话是如何实现的？

电信系统是各种协调工作的电信设备集合的整体，最简单的电信系统是只在两个用户之间建立的专线系统，如有 5 部电话要实现相互之间通话，则需要专线将 5 部电话两两相连，如图 2-1 所示。

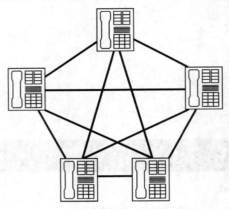

图 2-1　专线相连的电话通信示意图

探讨　当通话的电话用户越来越多时，会出现什么问题呢？

随着电话越来越多，需要连接的专线也越来越多，而通信系统是为公众用户提供服务的，自然要服务较多的用户，这样系统会越来越庞杂，为了解决随着用户数增加而带来的专线连接问题，在通信系统中产生了交换式通信系统，多个用户同时接到交换机上，由交换机根据需要实时完成呼叫接续，在此基础上形成了以交换机为核心的通信系统。如图 2-2 所示。

不管是简单的通信系统还是复杂的通信系统，要实现将信息从一点传递到另外一点的功能，需要具备一些共性的设备，也就是说都可以用统一的模型表示。

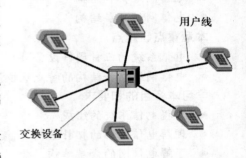

图 2-2　由交换设备连接的电话通信示意图

2.1.1　系统组成模型

电信系统的功能是把发信者的信息进行转换、处理、交换、传输，最后送给收信者，通信的过程如图 2-3 所示，用户 A 通过传输线和交换机将语音信息传递给用户 B、用户 C 或者用户 D。

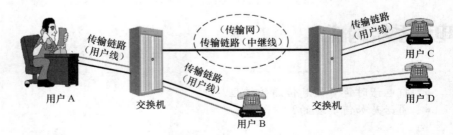

图 2-3　通信过程示意图

现有的电信系统都是基于交换设备的复杂系统，各种电信系统尽管具体设备构造和功能各不相同，但可以抽象和概括为统一的模型表示，如图 2-4 所示。

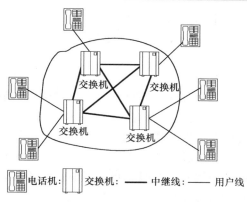

电话机：□ 交换机：—— 中继线：—— 用户线

图 2-4 电信系统组成模型图

 重点掌握 　一个完整的电信系统应由终端设备、传输设备（包括线路）和交换设备三大部分组成。例如：电话系统中，终端设备是电话机，传输设备是用户线、中继线，交换设备是电话交换机。

2.1.2 电信系统的硬件设备

在前面介绍的电信系统组成模型中，系统组成的各部件可归结为三类，即电信系统的三大硬件设备——终端设备、传输设备和交换设备。下面介绍组成电信系统的三大硬件设备所包含的主要内容。

1．终端设备

终端设备一般装在用户处，提供由用户实现接入协议所必需的功能的设备，即信源或信宿。它的作用是将话音、文字、数据和图像信息转变为电信号、电磁信号或光信号发出去，并将接收到的电信号、电磁信号或光信号复原为原来的话音、文字、数据或图像。

典型的终端设备有电话机、电报机、移动电话机、微型计算机，数据终端机、传真机、电视机等等，如图 2-5 所示。

图 2-5 终端设备示意图

有的终端本身也可以是一个局部的或小型的电信系统，但它们对于公用通信网来说是作为终端设备接入的，如局域网、办公自动化系统、计算机系统等。

2．传输设备

传输设备是将电信号、电磁信号或光信号从一个地点传送到另一个地点的设备，它构成电信系统的传输链路（信道），包括无线传输设备和有线传输设备。无线传输设备有短波、超短波、微波收发信机和传输系统以及卫星通信系统（包括卫星和地球站设备）等；有线传输设备有架空明线、同轴电缆、海底电缆、光缆等传输系统。装在上述系统中的各种调制解调设备、脉冲编码调制设备、终端和中继附属设备、监控设备等，也属于传输设备。部分传输媒质及设备如图 2-6、图 2-7 所示。

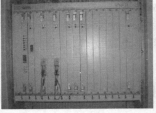

图 2-6　传输媒质示意图　　　　　　　　　　图 2-7　传输设备示意图

3．交换设备

交换设备是实现一个呼叫终端（用户）和它所要求的另一个或多个终端（用户）之间的接续或非连接传输选路的设备和系统，是构成通信网中节点的主要设备。

交换设备根据主叫用户终端所发出的选择信号来选择被叫终端，使这两个或多个终端间建立连接，然后，经过交换设备连通的路由传递信号。

交换设备包括电话交换机、移动电话交换机、ATM 交换机、宽带 IP 交换机、软交换机等。交换机设备示意图如图 2-8 所示。

以终端设备、交换设备为点，以传输设备为线，点、线相连就构成了一个通信网，即电信系统的硬件设备。我们知道计算机系统只有硬件无法使用，还需要安装相应的软件系统才可以使用，同样电信系统只有这些硬件设备也是不能很好的完成信息的传递和

图 2-8　交换设备示意图

交换，还需要有系统的软件，即一整套的网路技术，才能使由设备所组成的静态网变成一个协调一致、运转良好的动态体系。网路技术包括网的拓扑结构、网内信令、协议和接口以及网的技术体制、标准等，是业务网实现电信服务和运行支撑的重要组成部分，类似于人类神经系统的功能。

电信系统的组成不单单是包括硬件设备，还应该包括电信网的软件系统，如通信协议、技术体制、标准等。

除了上述三大类硬件设备外，通信电源也是整个通信网络的关键基础设施，是通信网络上一个完整而又不可替代的独立专业。通信电源产品的种类繁多，包括高频开关电源设备（图 2-9）、半导体整流设备、直流-直流模块电源、直流-直流变换设备、逆变电源设备、交/直流配电设备、交流稳压器、交流不间断电源（UPS）、铅酸蓄电池（图 2-10）、移动通信手持机电池、发电机组、集中监控系统等。

图 2-9　高频开关电源设备实物图

图 2-10　铅酸蓄电池实物图

2.2　电信网络拓扑结构

2.2.1　电信网络拓扑结构形式

庞大的通信网络中，各种设备如何连接起来的呢？电话网和计算机网的结构形式会一样吗？

对通信网而言，不管实现何种业务，还是服务何种范围，电信通信网的基本网路结构形式都是一致的。所谓拓扑即网络的形状，网络节点和传输线路的几何排列，反映电信设备物理上的连接性，拓扑结构直接决定网络的效能、可靠性和经济性。电信网拓扑结构是描述交换设备间、交换设备与终端间邻接关系的连通图。图 2-4 就是网络的一种拓扑结构实例，网络的拓扑结构主要有网状网、星状网、复合网、环状网、总线网、蜂窝网等形式，下面逐一进行介绍。

1．网状网

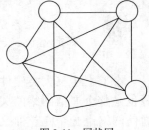

网状网又称为点点相连制，网中任何两个节点之间都有直达链路相连接，在通信建立的过程中，不需任何形式的转接。如图 2-11 所示。

图 2-11 网状网

采用这种形式建网时，如果通信网中的节点数为 N，则连接网络的链路数 H 可由下面公式计算：

$$H = \frac{N(N-1)}{2}$$

这种拓扑结构的优点是：

（1）点点相连，每个通信节点间都有直达电路，信息传递快；

（2）灵活性大，可靠性高，其中任何一条电路发生故障时，均可以通过其他电路保证通信畅通；

（3）通信节点不需要汇接交换功能，交换费用低。

这种拓扑结构的缺点是：

（1）线路多，总长度长，基本建设和维护费用都很大；

（2）在通信量不大的情况下，电路利用率低。

综合以上优缺点可以看出：网状网适用于通信节点数较少而相互间通信量较大的情况。

2．星状网

星状网又称为辐射制，在地区中心设置一个中心通信点，地区内的其他通信点都与中心通信点有直达电路，而其他通信点之间的通信都经中心通信点转接。如图 2-12 所示。

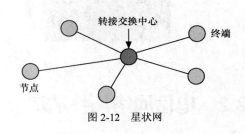

图 2-12 星状网

采用这种形式建网时，如果通信网中的节点数为 N，则连接网络的链路数 H 可由下面公式计算：

$$H = N-1$$

这种拓扑结构的优点是：

（1）网络结构简单、电路少、总长度短，基本建设和维护费用少；

（2）中心通信点增加了汇接交换功能，集中了业务量，提高了电路利用率；

（3）只经一次转接。

这种拓扑结构的缺点是：

（1）可靠性低，若中心通信点发生故障，整个通信系统瘫痪；

（2）通信量集中到一个通信点，负荷重时影响传输速度。通信量大时，交换成本增加；

（3）相邻两点的通信也需经中心点转接，电路距离增加。

综合以上优缺点可以看出：这种网络结构适用于通信点比较分散，距离远，相互之间通信量不大，且大部分通信是中心通信点和其他通信点之间的往来情况。

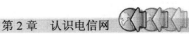

3．复合网

复合网又称为辐射汇接网，是以星状网为基础，在通信量较大的地区间构成网状网。复合网吸取了网状网和星状网二者的优点，比较经济合理，且有一定的可靠性，是目前通信网的基本结构形式，如图 2-13 所示。

4．总线网

网络中所有的站点共享一条数据通道，通常用于计算机局域网中，如图 2-14 所示。总线型网络安装简单方便，需要铺设的电缆最短，成本低，某个站点的故障一般不会影响整个网络。但媒质的故障会导致网络瘫痪，总线网安全性低，监控比较困难，增加新站点也不如星状网容易。

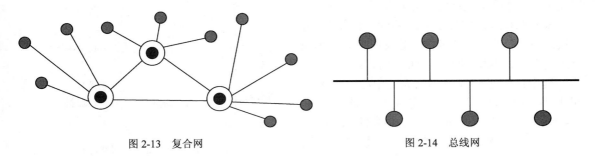

图 2-13　复合网　　　　　　　　　　图 2-14　总线网

5．环状网

各站点通过通信媒质连成一个封闭的环形，如图 2-15 所示。环形网容量有限，网络建成后，难以增加新的站点。

6．蜂窝网

蜂窝网是移动通信网的网络拓扑结构形式，为正六边形连在一起，像蜂窝形状，如图 2-16 所示。

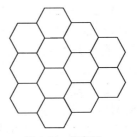

图 2-15　环状网　　　　　　　　　　图 2-16　蜂窝网

各种网络拓扑结构的概念及特点以及适用网络。

重点掌握

2.2.2 我国电话网网络结构

我国电话网一般采用的是复合网的结构形式，并且把交换设备根据其所处位置的不同进行了等级划分，采用等级结构。所谓等级结构就是把全网的交换局划分成若干个等级，低等级的交换局与管辖它的高等级交换局相连，形成多级汇接辐射网即星状网；而最高等级的交换局间则直接互连，形成网状网。

电话网的等级级数主要和两个方面相关，一是全网的服务质量，例如接通率、接续时延、传输质量、可靠性等；二是全网的经济性，即网的总费用问题。另外还应考虑国家幅员大小，各地区的地理状况，政治、经济条件以及地区之间的联系程度等因素。

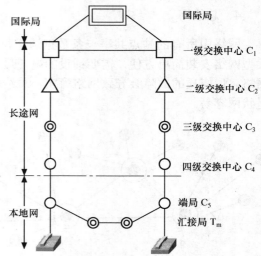

图 2-17　我国电话网等级结构图

最早邮电部规定我国电话网的网路等级分为五级，由一、二、三、四级长途交换中心及本地五级交换中心即端局组成，如图 2-17 所示。

其中：一级交换中心为大区中心，也称省间中心，全国共有八个，分别是：北京、上海、广州、沈阳、南京、武汉、成都、西安；

二级交换中心为省交换中心，设在省会城市或直辖市；

三级交换中心为地区交换中心，设在地市级城市；

四级交换中心为县长途交换中心，是长途终端局，目前已经取消。

经过多年的网路建设，电话网的等级数逐渐减少，我国的电话网已由五级网向三级网过渡，包括长途网和本地网两部分，其中长途网由一级长途交换中心 DC1、二级长途交换中心 DC2 组成，本地网与五级网类似，由端局 DL 和汇接局 Tm 组成。如图 2-18 所示。国际出入口局包括：北京、上海、广州；省级出入口局设在 DC1；地市出入口局设在 DC2。

长途电话网由各城市的长途交换中心、长市中继线和局间长途电路组成，用来疏通各个不同本地网之间的长途话务。长途电话网中的节点是各长途交换局，各长途交换局之间的电路即为长途电路。二级长途网由 DC1、DC2 两级长途交换中心组成，为复合网，如图 2-19 所示。

DC1 为省级交换中心，设在各省会城市，由原 C1、C2 交换中心演变而来，主要职能是疏通所在省的省际长途来话、去话业务，以及所在本地网的长途终端业务。

DC2 为地区中心，设在各地区城市，由原 C3、C4 交换中心演变而来，主要职能是汇接所在本地网的长途终端业务。

二级长途网中，形成了两个平面。DC1 之间以网状网相互连接，形成高平面，或叫做省际平面。DC1 与本省内各地市的 DC2 局以星状相连，本省内各地市的 DC2 局之间以网状或不完全网状相连，形成低平面，又叫做省内平面。同时，根据话务流量流向，二级交换中心 DC2 也可与非从属的一级交换中心 DC1 之间建立直达电路群。

本地网一般是由汇接局 Tm 和端局 DL 构成的两级结构。汇接局为高一级，端局为低一级。我国本地电话网的两级结构如图 2-20 所示。

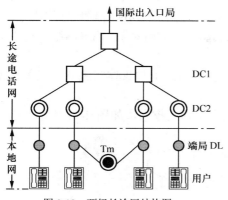

图 2-18　两级长途网结构图

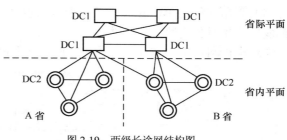

图 2-19　两级长途网结构图

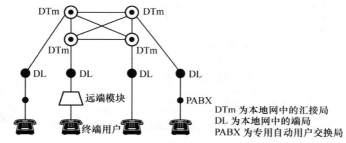

图 2-20　本地电话网的两级结构图

端局是本地网中的第二级，通过用户线与用户相连，它的职能是疏通本局用户的去话和来话业务。根据服务范围的不同，可以有市话端局、县城端局、卫星城镇端局和农话端局等，分别连接市话用户、县城用户、卫星城镇用户和农村用户。

汇接局是本地网的第一级，它与本汇接区内的端局相连，同时与其他汇接局相连，它的职能是疏通本汇接区内用户的去话和来话业务，还可疏通本汇接区内的长途话务。有的汇接局还兼有端局职能，称为混合汇接局（Tm/DL）。汇接局可以有市话汇接局、市郊汇接局、郊区汇接局和农话汇接局等几种类型。

归纳思考

- 我国电话网采用等级的辐射汇接制，由原来的四级长途交换中心变为两个长途交换平面，为什么会出现层级减少的现象？
- 为什么设置本地网？

2.3　电信网的分层

现代电信网已变得越来越复杂，为了便于分析和规划，ITU-T 提出了网络分层和分割的概念，即任意一个网络总可以从垂直方向分解为若干独立的网络层（即层网络），相邻层网络之间具有客户/服务者关系。每一层网络在水平方向又可以按照该层内部结构分割为若干部分。采用网络分层模型后有下述主要好处：

（1）单独地设计和运行每一层网络要比将整个网络作为单个实体来设计和运行简单方便得多；

（2）可以利用类似的一组功能来描述每一层网络，从而简化了 TMN 管理目标的规定；

（3）从网络结构的观点来看，对某一层网络的增加或修改不会影响其他层网络，便于某一层独立地引进新技术和新拓扑；

（4）采用这种简单的建模方式便于容纳多种技术，使网络规范与具体实施方法无关，使规范能保持相对稳定性。

现代电信网从垂直方向上分为传送网、业务网、应用层和支撑网，如图 2-21 所示。

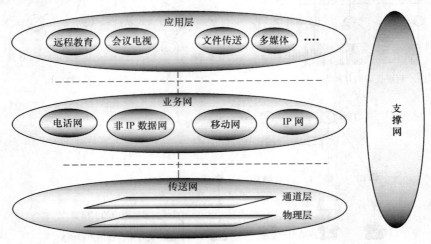

图 2-21　电信网的分层结构图

传送网是支持业务网的传送手段和基础设施，由线路设施、传输设施等组成的为传送信息业务提供所需传送承载能力的通道。长途传输网、本地传输网、接入网均属于传送网，如图 2-22 所示。

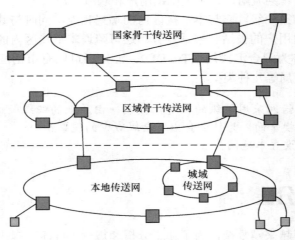

图 2-22　传送网示意图

业务网是指向用户提供诸如电话、电报、图像、数据等电信业务的网路。固定电话通信网、移动电话通信网、数据通信网均属于业务网。

应用层是表示各种信息应用，如远程教育、会议电视、文件传送、多媒体业务等。

支撑网是指能使电信业务网路正常运行，可以支持全部 3 个层面的工作，提供保证网络有效正常运行的各种控制和管理能力，包括信令网、同步网和电信管理网。

2.4　电信支撑网

2.4.1　电信管理网

- 电信管理网的基本概念。
- 电信管理网和电信网的关系。
- 电信管理网的功能。

了　解

　　电信网从产生以来就是面向公众提供服务业务的，结合电信业务的特点，为了保证业务质量，电信网的管理一直是非常重要的。随着网络技术的发展，电信网的设备越来越多样化和复杂化，规模上也越来越大。这些因素决定了现代电信网络的管理必须是有效的、可靠的、安全的和经济的。

1．电信管理网的基本概念

　　电信管理网是现代电信网运行的支撑系统之一，是保持电信网正常运行和服务并对它进行有效地管理所建立的软、硬件系统和组织体系的总称。国际电信联盟（ITU）给出的电信管理网（Telecommunication Management Network，TMN）的基本概念是：TMN 提供一个有组织的网络结构，以取得各种类型的操作系统之间，操作系统与电信设备之间的互连。它是采用商定的具有标准协议和信息的接口进行管理信息交换的体系结构。

　　电信管理网主要包括网路管理系统、维护监控系统等。电信管理网的主要功能是：根据各局间的业务流向、流量统计数据有效地组织网路流量分配；根据网路状态，经过分析判断进行调度电路、组织迂回和流量控制等，以避免网路过负荷和阻塞扩散；在出现故障时根据告警信号和异常数据采取封闭、启动、倒换和更换故障部件等，尽可能使通信及相关设备恢复和保持良好运行状态。随着网路不断地扩大和设备更新，维护管理的软硬件系统将进一步加强、完善和集中，从而使维护管理更加机动、灵活、适时、有效。

　　TMN 应用领域非常广泛，涉及电信网及电信业务管理的许多方面，从业务预测到网络规划；从电信工程，系统安装到运行维护，网络组织；从业务控制和质量保证到电信企业的事物管理，都是它的应用范围。如公用网和专用网、TMN 本身、传输终端、数字和模拟传输系统、恢复系统、数字和模拟交换机、电路交换及分组交换等。

　　TMN 既然是一个网络，它也提供自己的网络业务，拥有自己的用户。它的业务就是 TMN 的管理业务，这种管理业务是从使用者的角度来描述的对电信网的操作，组织与维护的管理活动。TMN 管理业务基本可以归纳为三类：

　　（1）通信网日常业务和网络运行管理业务；

　　（2）通信网的检测，测试和故障处理等网络维护管理业务；

　　（3）网路控制和异常业务处理等网络控制业务。

　　TMN 的用户可以是电信运营公司，电信运营公司的管理组织部门，维护部门及人员，也可以是电信业务所服务的客户。

2．电信管理网与电信网的关系

TMN 的结构组成以及它与被管理的电信网之间的关系如图 2-23 所示，图中虚线框内就是电信管理网，它通过数据通信网实现对电信网络中各类设备（网元）的操作与管理。TMN 与它所管理的电信网是紧密耦合的，但它在概念上又是一个分离的网络，它在若干点与电信网连接，另外 TMN 有可能利用电信网的一部分来实现它的通信能力。

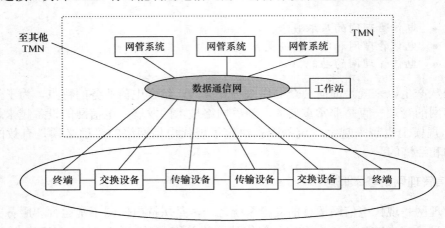

图 2-23　TMN 与电信网的关系

在上述结构图中各组成部分的功能如下。

TMN 中的电信网设备部分是电信网状态数据的收集和网管指令的执行设施，比如交换机的网管接口（可接本地管理终端，也可作为 TMN 接口）、传输设备的监控设施等。它们负责从电信网的设备中收集相应设备的网管信息或执行网管中心的指令，对交换系统或传输设备的状态和参数进行控制，有的是电信网设备的一部分，有的是在电信网设备外附加的。

网管系统可以有一至多个，每个网管系统通常都是一组计算机，负责处理电信网的网管数据，发送对电信网设备的控制指令。这是电信网及其 TMN 的"大脑"或"指挥中心"。电信网的操作人员则通过网管系统对电信网进行管理和控制，所以网管系统一般都具有良好的人机接口，包括网络信息的显示输出、控制指令和参数的输入。

数据通信网则负责在运营系统之间、运营系统与电信网之间传递信息，是一个可靠的专用数据网，并且具有多层次的体系结构。

网络管理工作站则可以认为是网管系统的本地或远程操作终端。电信网的操作人员只要在这些工作站上操作就能实现对电信网的管理。网管操作终端通过 TMN 与各个运营系统相连。

警示　　TMN 与它所管理的电信网是紧密耦合的，但它在概念上又是一个分离的网络，它在若干点与电信网连接，另外 TMN 有可能利用电信网的一部分来实现它的通信能力。

3．电信管理网的管理业务

国际电联电信标准化部门（ITU-T）给出了可以利用 TMN 进行管理的各种通信网的 11 种业务：

（1）用户管理；

（2）网络指配管理；

（3）人力资源管理；

（4）资费和服务管理；

（5）服务质量和网络性能管理；

（6）业务测量及分析管理；

（7）业务量管理；

（8）路由管理；

（9）维护管理；

（10）安全管理；

（11）物资管理。

其中物资管理是对通信网中各种设备（交换设备、传输设备等）的备件进行管理。使用这 11 种管理业务可以对现在和将来的 13 种通信网进行管理，这 13 种网络是：

（1）电话交换网；

（2）移动通信网；

（3）数据通信网；

（4）智能网；

（5）窄带综合业务数字网；

（6）宽带综合业务数字网；

（7）用户接入网；

（8）信令网；

（9）传输网；

（10）专用并可重新配置电路网；

（11）电信管理网；

（12）电信基础设施和支撑系统；

（13）未来公用陆地移动通信网。

4．电信管理网的网络管理功能

TMN 的各类管理功能支持 TMN 的管理业务的实现，满足对被管理网络的操作、维护和管理的需要。管理人员通过人机接口与管理应用交互，通过 TMN 提供的管理功能对被管理网络进行各项管理操作活动。TMN 为电信网及电信业务提供一系列的管理功能，主要划分为以下五种管理功能域：

（1）性能管理

性能管理是对电信设备的性能和网络单元的有效性进行评估，并提出评价报告的一组功能。包括性能测试，性能分析及性能控制。

（2）配置管理

配置管理功能包括提供状态和控制及其安装功能。对网络单元的配置，业务的投入，开/停业务等进行管理，对网络的状态进行管理。

（3）账务管理

账务管理功能测试电信网中各种业务的使用情况，计算处理使用电信业务的应收费用，并对电信业务的收费过程提供支持。

（4）故障管理

故障管理功能是对电信网的运行情况异常和设备安装环境异常进行管理，对网络的状态进行管理。

（5）安全管理

安全管理主要提供对网络及网络设备进行安全保护的能力。主要有接入及用户权限的管理，安全审查及安全告警处理。

2.4.2　信令网

为了保证在一次通信服务中相关终端设备、交换设备、传输设备等能够协调一致地完成必须的连接动作和信息传送，则通信网必须提供一套控制相关设备的标准控制信息格式和流程，以协调各设备完成相应的控制功能。我们将这一套完整的控制信号和操作程序，用以产生、发送和接收这些控制信号的硬件及相应执行的控制、操作等程序的集合体就称之为信令系统。

通俗地讲，信令是指用户终端与交换机之间以及交换机相互间传送的有关交换接续控制指令信息。在接续过程中，信令必须遵守协议和规约进行传送，该协议和规约为信令方式。由各种特定的信令方式和与其相应的信令设备构成的系统称为信令系统。

1．信令网组成

信令网是用于信令传输与处理的支撑网络，信令网由信令点、信令转接点和信令链路组成。

（1）信令点

信令网中既发出又接收信令消息的信令网节点，称为信令点（Signaling Point，SP）。它是信令消息的起源点和目的地点。在信令网中，交换局、操作管理和维护中心、服务控制点可作为信令点，常常把产生消息的信令点称为源信令点。显然，源信令点是信令消息的始发点；把信令消息最终到达的信令点称为目的信令点；把信令链路直接连接的两个信令点称为相邻信令点；同理，将非直接连接的两个信令点称为非邻近信令点。

（2）信令转接点

信令转接点（Signaling Transfer Point，STP）具有信令转接功能，它可以将信令消息从一个信令点转发到另一个信令点。在信令网中，STP 有两种，一种是专用信令转接点，它只具有信令消息的转接功能，也称为独立型 STP；一种是综合型 STP，它与交换局合并在一起，是具有信令点功能的转接点。

（3）信令链路

连接两个信令点（或信令转接点）的信令数据链路及其传送控制功能组成的传输工具称为信令链路。每条运行的信令链路都分配有一条信令数据链路和位于此信令数据链路两端的两个信令终端。

2．中国信令网结构

中国信令网采用三级结构。第一级是信令网的最高级，称高级信令转接点（High Signaling Transport Point，HSTP），第二级是低级信令转接点（Lower Signaling Transport Point，LSTP），第三级为信令点，信令点由各种交换局和特种服务中心（业务控制点、网管中心等）组成。我国信令网等级结构如图 2-24 所示。

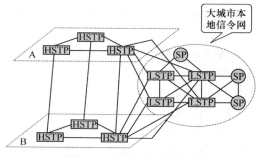

图 2-24　我国信令网结构图

（1）各信令点的职能

第一级 HSTP 负责转接它所汇接的第二级 LSTP 和第三级 SP 的信令消息。HSTP 采用独立型信令转接点设备。第二级 LSTP 负责转接它所汇接的第三级 SP 的信令消息。LSTP 可以采用独立信令转点设备，也可采用与交换局合设在一起的综合式的信令转接设备。第三级 SP 是信令网传送各种信令消息的源点或目的地点。

HSTP 原则上一个省、自治区或直辖市为一主信令区。在一个主信令区中，根据业务需求设置一对或数对 HSTP，HSTP 汇接所属 LSTP 和 SP 的信令信息。LSTP 原则上一个地级市为一个分信令区，在一个分信令中，一般设置一对 LSTP，LSTP 汇接所属 SP 的信令信息。

（2）信令网的网络组织

第一级 HSTP 间采用 A、B 平面连接方式。它是网状连接方式的简化形式。A 和 B 平面内部各个 HSTP 网状相连，A 和 B 平面间成对的 HSTP 相连。

第二级 LSTP 至 LSTP 和未采用二级信令网的中心城市本地网中的第三级 SP 至 LSTP 间的连接方式采用分区固定连接方式。

大、中城市两级本地信令网的 SP 至 LSTP 可采用按信令业务量大小连接的自由连接方式，也可采用分区固定连接方式。

我国信令网由长途信令网和大、中城市本地信令网组成。大、中城市本地信令网中的 STP 相当于全国长途三级信令网的第二级 LSTP。为保证可靠性，每个信令链组至少包含两条信令链路（路由）。每个 SP 至少连至两个 STP（LSTP 或 HSTP），HSTP 同平面成互连网。

2.4.3　同步网

同步网是电信支撑网之一，为管理网和信令网提供支持。电信网中传输的信号之间的频率、时钟和相位要保持某种严格的特定关系，即在相对应的有效瞬间内以同一平均速率出现。为实现信号同步，需使数字网中的每个设备的时钟都具有相同的频率，解决的方法是建立同步网。同步网由节点时钟设备和定时链路组成的一个实体网，它还配置了自己的监控网。同步网负责为各种业务网提供定时，以实现各种业务网的同步。我国同步网结构如图 2-25 所示。

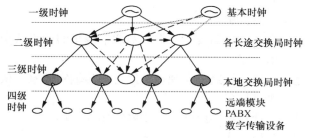

图 2-25　我国同步网结构图

传送时钟频率的数字传输系统称为同步链路，有主/备两条传送链路，故障时自动倒换备用时钟。

我国同步网第一级是基准时钟，由铯原子钟或 GPS 配铷钟组成。它是数字网中最高等级的时钟，是其他所有时钟的唯一基准。在北京国际通信大楼安装三组铯钟，武汉长话大楼安装两组超高精度铯钟及两个 GPS，这些都是超高精度一级基准时钟（Primary Reference Clock，PRC）。

第二级为有保持功能的高稳时钟（受控铷钟和高稳定度晶体钟），分为 A 类和 B 类。上海、南京、西安、沈阳、广州、成都六个大区中心及乌鲁木齐、拉萨、昆明、哈尔滨、海口等五个边远省会中心配置地区级基准时钟（LPR：Local Primary Reference，二级标准时钟），此外还增配 GPS 定时接收设备，它们均属于 A 类时钟。全国 30 个省、市、自治区中心的长途通信大楼内安装的大楼综合定时供给系统，以铷（原子）钟或高稳定度晶体钟作为二级 B 类标准时钟。A 类时钟通过同步链路直接与基准时钟同步，并受中心局内的局内综合定时供给设备时钟同步。B 类时钟，应通过同步链路受 A 类时钟控制，间接地与基准时钟同步，并受中心内的局内综合定时供给设备时钟同步。

各省内设置在汇接局（Tm）和端局（C5）的时钟是第三级时钟，采用有保持功能的高稳定度晶体时钟，其频率偏移率可低于二级时钟。通过同步链路与第二级时钟或同等级时钟同步，需要时可设置局内综合定时供给设备。

第四级是远端模块、数字用户交换设备、数字终端设备时钟，一般是普通的晶体时钟。

我国数字同步网的工作方式是基准时钟之间是准同步方式，同步区内采用主从同步方式。

（1）准同步方式是指各交换节点的时钟彼此是独立的，但它们的频率精度要求保持在极窄的频率容差之中，网络接近于同步工作状态。网络结构简单，各节点时钟彼此独立工作，节点之间不需要有控制信号来校准时钟的精度。

（2）主从同步方式指数字网中所有节点都以一个规定的主节点时钟作为基准，主节点之外的所有节点或者是从直达的数字链路上接收主节点送来的定时基准，或者是从经过中间节点转发后的数字链路上接收主节点送来的定时基准，然后把节点的本地振荡器相位锁定到所接收的定时基准上，使节点时钟从属于主节点时钟。

2.5　实做项目及教学情境

实做项目一：参观运营商机房
目的和要求：认识交换机、传输设备，形成对通信网络的初步认识，撰写书面报告。
实做项目二：考察通信线路。
目的和要求：通过考察通信线路、参观通信线务与传输实训室，认识通信线路。
实做项目三：参观计算机机房
目的和要求：通过参观计算机的组网，认识网络拓扑结构。
实做项目四：观察运营商机房的网管系统
目的和要求：通过观察运营商机房的网管系统，理解电信网的网络拓扑结构。

小结

1．电信系统由发信终端（信源）、传输信道和收信终端（信宿）以及交换设备组成。以终端设备、交换设备为点，以传输设备为线，点、线相连就构成了一个通信网。电信系统的功能是把发信者的信息进行转换、处理、交换、传输，最后送给收信者。

2．电信网的拓扑结构，主要有星状网、网状网、复合网、环状网、总线网和蜂窝网。

3．经过多年的网路建设，电话网的等级数逐渐减少，原来的一、二级长途交换中心合并为 DC1，原来的 C3 被称为 DC2，构成长途两级网。本地网一般是由汇接局 Tm 和端局 DL 构成的两级结构。

4．电信网从垂直方向上分为传送网、业务网、应用层和支撑网。

5．TMN 提供一个有组织的网络结构，以取得各种类型的操作系统之间，操作系统与电信设备之间的互连。它是采用商定的具有标准协议和信息的接口进行管理信息交换的体系结构。

6．TMN 为电信网及电信业务提供一系列的管理功能，主要有性能管理、配置管理、账务管理、故障管理和安全管理。

7．信令网是用于信令传输与处理的支撑网络，信令网由信令点、信令转接点和信令链路组成。

8．同步网由节点时钟设备和定时链路组成的一个实体网，它还配置了自己的监控网。同步网负责为各种业务网提供定时，以实现各种业务网的同步。

 思考题与练习题

2-1　画出电信系统组成模型，并说明模型中各部件的功能。

2-2　举例说明电信系统组成的硬件设备有哪些？

2-3　简述网络拓扑结构的概念。

2-4　网络拓扑结构有哪些种类？说明各类的优缺点以及适用的网络情况。

2-5　简述复合网网络拓扑结构的特点。

2-6　画出并说明我国长途电话网的网络结构。

2-7　画出并说明我国本地电话网的网络结构。

2-8　电信网的分层结构如何？

2-9　电信支撑网包括_____、_____和_____。

2-10　试画出从你家乡打电话到学校的电话网络图。

2-11　什么是电信管理网，具有哪些功能？

2-12　什么是信令网？简述我国信令网等级结构。

2-13　为什么需要同步网？

2-14　观察通信线路，了解通信系统组成。

第二篇
网络与业务篇

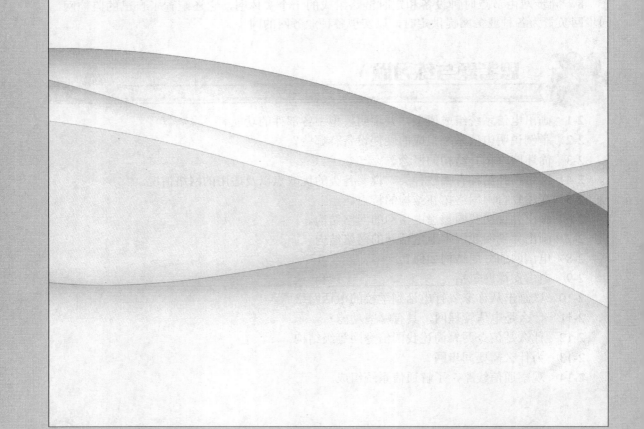

第 3 章

电话通信

本章教学说明

- 从多路复用开始，说明数字电话通信过程
- 重点介绍 PCM30/32、程控交换技术
- 概括介绍数字复接技术、程控交换机组成
- 简单介绍信令系统和电话业务

本章内容

- 多路复用技术
- 电话通信过程
- 数字程控交换
- 信令系统
- 电话业务

本章重点、难点

- 多路复用技术
- 数字电话通信过程
- PCM30/32 系统
- 数字程控交换技术

学习本章目的和要求

- 掌握数字通信过程
- 理解多路复用技术
- 理解数字程控交换原理
- 了解数字复接技术
- 了解信令系统
- 了解电信业务

本章实做要求及教学情境

- 安装固定电话
- 在话务台和管理终端上开通电话新业务
- 参观用户交换机房和局端交换机房

本章建议学时数：8 学时

3.1 电话通信过程

探讨　　　声音是如何变成数字信号进行传输的？

电话通信是利用电的方法传送人的语言并完成远距离语音通信过程。一般使用的固定电话为模拟电话终端，通过用户线连接到交换机，交换机之间中继线传输的是数字信号。电话通信过程要经过模拟信号与数字信号之间的转换，电话通信过程包括发送端的模/数（A/D）变换、信道传输和接收端的数/模（D/A）变换三部分。

目前，将模拟信号转换为数字信号的方法有多种，最基本的是脉冲编码调制（Pulse Code Modulation，PCM），另外还有差值编码调制（Difference Pulse Code Modulation，DPCM），自适应差值编码（Adaptive Difference Pulse Code Modulation，ADPCM）以及典型的增量调制（Delta Modulation，△M）。下面以典型的脉冲编码调制为例说明数字电话通信过程，如图 3-1 所示。

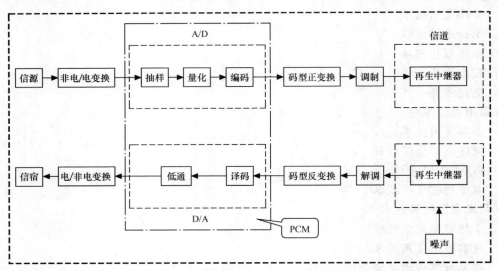

图 3-1　数字电话通信过程示意图

1．发送端的声/电变换和 A/D 变换

信源发出的声音经过电话机的送话器/话筒变成电信号，由于话音信号为模拟信号，要经过 A/D 变换成数字信号。经过抽样将时间上连续的信号变成时间上离散的信号，然后经过量化和编码，将信号的幅值也离散化，也就变成了数字信号，这实际上是信源编码的过程。

2．信道传输

（1）信道传输的码型变换与反变换

信源编码器输出的信号码型不符合长距离传输，通过码型变换转换成适合信道传输的线路码型，这是信道编码过程。到达接收端需要进行反变换，以便进行 D/A 变换，这是信道译码过程。

（2）调制与解调

在发送端，将基带信号调制变成频带信号送往信道进行传输。到达接收端，将频带信号解调恢复出基带信号。

（3）再生中继

数字信号在信道上传输的过程中会受到衰减和噪声干扰的影响，使得波形失真。而且随着通信距离的加长，接收信噪比下降，误码增加，通信质量下降。因此，在信道上每隔一段距离就要对数字信号波形进行一次"修整"，再生出与原发送信号相同的波形，然后，再进行传输。

3．接收端的数/模变换和电/声变换

（1）再生、解码

接收端收到数字信号后，首先经整形再生，然后将线路码型转换为终端设备处理的码型，送至解码电路。

解码与编码恰好相反，是数/模变换，它把二进制码元还原成与发送端抽样、量化后的近似的重建信号。

（2）低通滤波（平滑）

解码后的信号送入低通滤波器，输出信号的包络线。这包络线与原始的模拟信号极其相似，即还原为（或称重建）为原始话音的模拟信号，送给收端用户。

以上两个过程就是信源译码的过程。

（3）电/声变换

将模拟的电信号送给受话器/听筒，完成电/声，恢复出声音信号，送给信宿，完成一次通话过程。

归纳思考

电话通信过程包括以下三个过程：

- 发送端的模/数变换包括抽样、量化和编码三个过程；
- 信道传输包括码型变换、调制与解调、再生中继；
- 接收端的数/模变换包括再生、解码和低通滤波三个过程。

3.2　多路复用技术

为了提高线路利用率，使多个信号沿同一信道传输而互不干扰的通信方式，称为多路复用。多路复用技术就是将多路信号组合在一条物理信道上进行传输，到接收端再用专门的设备将各路信号分离开来，这样使一条物理信道资源被多路信号共享。如图 3-2 所示。

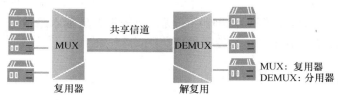

图 3-2　多路复用示意图

多路复用主要包括频分多路复用（Frequency Division Multiplexing，FDM）、时分多路复用（Time Division Multiplexing，TDM）和波分多路复用（Wavelength Division Multiplexing，WDM）。

3.2.1 频分多路复用

频分多路复用是指在同一信道上利用频率分割技术把多个信号调制在不同的载波频率上，从而在同一信道上实现同时传送多路信号而互不干扰，通常用于模拟传输中。多路信号通常为多路音频电话，也可以是电报、数据、图像等二次复用信号。频分多路复用的原理如图 3-3 所示。

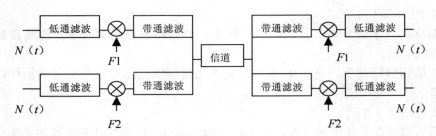

图 3-3 频分多路复用技术示意图

电话信号 FDM 多路复用与分用全过程如图 3-4 所示。

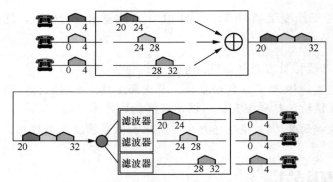

图 3-4 FDM 多路复用与解复用全过程示意图

采用频分多路复用时，在进行频率分割时，除要考虑一路信号的频率宽度，还要留出一定的富余频带作为保护频带，以避免不同路信号间的干扰。

FDM 系统容易实现，技术成熟，能较充分地利用信道带宽。但其缺点也是明显的，如：保护频带占用了一定的信道带宽，从而降低了 FDM 的效率；信道的非线性失真改变了它的实际频率特性，易造成串音和互调噪声干扰；所需设备随输入路数增加而增多，不易小型化；FDM 不提供差错控制技术，不便于性能监测。

3.2.2 时分多路复用

时分多路复用是利用各路信号在一条传输信道上占有不同时间间隙，以把各路信号分开，具体说就是把时间分成均匀的时间间隙，将每一路信号的传输分配在不同的时间间隙内，以达到互相分开的目的，时分多路复用多用于数字传输。每一路信号所占的时间间隙称为"路时隙"，简称为"时隙"（Time Slot，TS）。

时分多路复用的原理如图 3-5 所示。

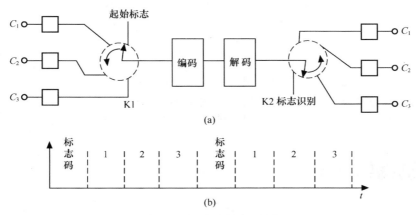

图 3-5　时分多路复用示意图

下面以电话通信为例说明时分多路复用的过程：发送端的各路话音信号经低通滤波器将带宽限制在 3400Hz 以内，然后加到匀速旋转的电子开关 K1 上，依次接通各路信号，它相当于对各路信号按一定的时间间隙进行抽样。K1 旋转一周的时间为一个抽样周期 T，这样就做到了对每一路信号每隔周期 T 时间抽样一次，此时间周期为 1 帧长。发送端电子开关 K1 不仅起到抽样作用，同时还要起到合路的作用。合路后的抽样信号送到编码器进行量化和编码，然后，将信号码流送往信道。

在接收端，将各分路信号码进行统一译码，还原后的信号由分路开关 K2 依次接通各分路，在各分路中经低通滤波器将重建的话音信号送往收端用户。

在上述过程中，应该注意的是，发、收双方的电子开关的起始位置和旋转速率都必须一致，否则将会造成错收，这就是时分多路复用系统中的同步要求。收、发两端的数码率或时钟频率相同叫位同步或称比特同步，也可通俗的理解为两电子开关旋转速率相同；收、发两端的起始位置是每隔 1 帧长（即每旋转一周）核对一次的，此称帧同步。这样才能保证正确区分收到的哪 8 位码是属于同一个样值的，又是属于哪一路的信号。

为了完成上述同步功能，在接收端还需设有两种装置：

一是同步码识别装置，识别接收的复用信号序列中的同步标志码的位置；

二是调整装置，当收、发两端同步标志码位置不对应时，需在收端进行调整使其两者位置相对应。以上两种装置统称为帧同步电路。

3.2.3　波分多路复用

波分复用（WDM）是将两种或多种不同波长的光载波信号（携带各种信息）在发送端经复用器（亦称合波器，Multiplexer）汇合在一起，并耦合到光线路的同一根光纤中进行传输的技术；在接收端，经分用器（亦称分波器、解复用器或去复用器，Demultiplexer）将各种波长的光载波分离，然后由光接收机作进一步处理以恢复原信号。波分复用过程如图 3-6 所示。WDM 可以提高单个光纤的传输容量，应用于光纤信道传输。

图 3-6　WDM 示意图

归纳思考

- 频分多路复用是通过不同的频段区分不同的信道；
- 时分多路复用是通过不同的时隙区分不同的信道；
- 波分多路复用是通过不同的波长区分不同的信道。

3.3　电话通信技术

3.3.1　PCM 技术

1. 抽样

话音信号是连续的模拟信号，要完成模/数变换，首先对话音信号进行离散化处理。模拟信号数字化的第一步是在时间上对信号进行离散化处理，即将时间上连续的信号处理成时间上离散的信号，这一过程称为抽样。通过抽样得到一系列在时间上离散的幅值序列称为样值序列。这些样值序列的包络线仍与原模拟信号波形相似，我们把它称为脉冲幅度调制（Pulse Amplitude Modulation，PAM）信号。具体地说，就是某一时间连续信号 $f(t)$，仅取 $f(t_0)$，$f(t_1)$，$f(t_2)$ …各离散点数值，就变成了时间离散信号。这个取时间连续信号离散点数值的过程就叫作抽样。如图 3-7 所示。

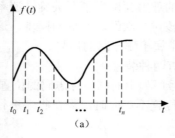
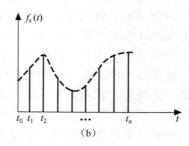

图 3-7　抽样信号

警示

抽样后的信号时间上变成离散的，但仍然是模拟信号。

设时间连续信号 $f(t)$，其最高截止频率为 f_M。如果用时间间隔为 $T_s \leqslant 1/2f_M$ 的开关信号对 $f(t)$ 进行抽样，则 $f(t)$ 就可被样值信号 $f_s(t)=f(nT_s)$ 来唯一地表示。或者说，要从样值序列无失真地恢复原时间连续信号，其抽样频率应选为 $f_s \geqslant 2f_M$。这就是著名的奈奎斯特抽样定理，简称抽样定理。

话音信号的最高频率限制在 3400Hz，这时满足抽样定理的最低抽样频率应为 $f_s = 6800$Hz，为了留有一定的防卫带，ITU-T 规定话音信号的抽样频率为 $f_s = 8000$Hz，这样，就留出了 $8000 - 6800 = 1200$Hz 作为滤波器的保护频带，则抽样周期 $T = 125\mu s$。

2．量化

由于抽样后的 PAM 信号的幅度仍然是连续的，因此还是模拟信号，若直接送入信道传输其抗干扰性能仍很差，又因其幅值在一定范围内为无限多个值，若直接转换成二进制数字信号表示需要无限多位二进制信号与之对应，这是不可能实现的，为此要采用量化的办法。量化是把信号在幅度域上连续的样值序列用近似的办法将其变换成幅度离散的样值序列。具体的定义是，将幅度域连续取值的信号在幅度域上划分为若干个分级（量化间隔），在每一个分级范围内的信号值取某一个固定的值用 $m(t)$ 来表示。这一近似过程一定会产生误差，称为量化误差。量化误差就是指量化前后信号之差，会产生量化噪声。

量化可以分为均匀量化与非均匀量化两种方式。均匀量化是指各量化分级间隔相等的量化方式，也就是均匀量化是在整个输入信号的幅度范围内量化级的大小都是相等的。对于均匀量化则是将 $-U \sim +U$ 范围内均匀等分为 N 个量化间隔，则 N 称为量化级数。设量化间隔为 Δ，则 $\Delta = 2U/N$。如量化值取每一量化间隔的中间值，则最大量化误差为 $\Delta/2$。由于量化间隔相等，为某一固定值，它不能随信号幅度的变化而变化，故大信号时信噪比大，小信号时信噪比小。所以量化信噪比随信号电平的减小而下降，如图 3-8 所示。

非均匀量化的特点是：信号幅度小时，量化间隔小其量化误差也小；信号幅度大时，量化间隔大，其量化误差也大。采用非均匀量化可以改善小信号的量化信噪比。实现非均匀量化的方法之一是采用压缩扩张技术。压缩特性是：在最大信号时其增益系数为 1，随着信号的减小增益系数逐渐变大。信号通过这种压缩电路处理后就改变了大信号和小信号之间的比例关系，大信号时比例基本不变或变化较小，而小信号则相应按比

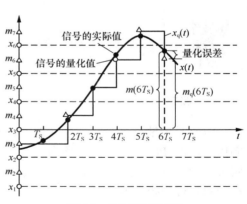

图 3-8　均匀量化示意图

例增大。目前我国使用的是 A 律 13 折线特性。具体实现的方法是：对 x 轴在 $0 \sim 1$（归一化）范围内以 1/2 递减规律分成 8 个不均匀段（每一段内再等分成 16 个量化间隔），其分段点分别是 1/2，1/4，1/8，1/16，1/32，1/64 和 1/128。对 y 轴在 $0 \sim 1$（归一化）范围内以均匀分段方式分成 8 个均匀段，其分段点是 1/8，2/8，3/8，4/8，5/8，6/8，7/8 和 1。将 x 轴和 y 轴对应的分段线在 x-y 平面上的相交点相连接的折线就是有 8 个线段的折线，如图 3-9 所示，图中第一段和第二段折线的斜率相同也即 7 段折线。再加上第三象限部分的 7 段折

线，共 14 段折线，由于第一象限和第三象限的起始段斜率相同，所以共 13 段折线。这便是 A 律 13 折线压缩扩张特性。

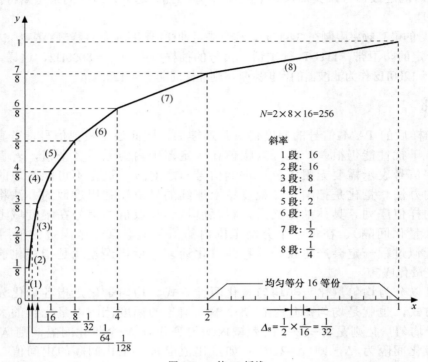

图 3-9　A 律 13 折线

探讨

为什么要采用非均匀量化？

3. 编码

编码是把抽样并量化的量化值变换成一组（8 位）二进制码组。此信号称为脉冲编码调制信号，即 PCM 信号。从概念上讲，编码过程可以用天平称某一物体重量的过程类比。编码可以分为线性编码、解码与非线性编码、解码两种。 实际电路中，量化和编码电路常合在一起，称为模/数转换电路。

对于一个数字话路来说，每秒钟抽取 8000 个样值，每个样值编为 8 位二进制代码，则每一话路的数码率为：8×8000＝64kbit/s。下面以一个具体的波形图来解释模拟信号数字化的过程，如图 3-10 所示。

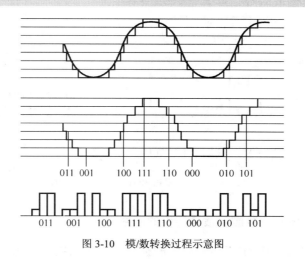

图 3-10　模/数转换过程示意图

3.3.2　PCM 一次群系统

1．PCM30/32 路系统的时隙分配和帧结构方式

我国采用典型的时分复用设备是 PCM30/32 路系统，称为一次群。PCM30/32 的含义是整个系统共分为 32 个路时隙，其中 30 个路时隙分别用来传送 30 路话音信号，一个路时隙用来传送帧同步码，另一个路时隙用来传送信令码，称为 E1 信道，用于北美和日本以外地区，包括中国。PCM30/32 路系统帧结构中时隙分配如图 3-11 所示。

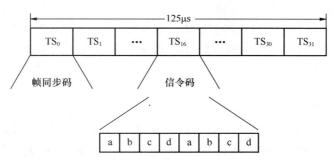

图 3-11　PCM30/32 路系统帧结构示意图

从图中可以看出，PCM30/32 的每一帧占用的时间是 125μs，每帧的频率为 8000 帧/秒。一帧包含 32 时隙，其编号为 TS_0，TS_1，TS_2…TS_{31}，则每一路时隙所占用的时间为 3.9μs，包含 8bit，则 PCM30/32 路系统的总数码率是

f_b=8000 帧/秒×32 路时隙/帧×8 比特/路时隙

　　=2048kbit/s

　　=2.048Mbit/s

而每一路的数码率则为

8bit×8000/s=64kbit/s

E1 信道复用 30 路电话通信过程如图 3-12 所示。

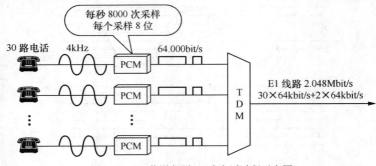

图 3-12　E1 信道复用 30 路电话过程示意图

2．PCM30/32 路设备在我国市话通信中的应用

PCM30/32 路设备最初用于市话中继线的扩容。一个话路要占用一对中继线，若拿出两对中继线开通一套 PCM30/32 路系统，在这两对线上就可以同时传送 30 个话路，线路的利用率为原来的 15 倍。显然同样的方法也可以用于其他方面，以提高线路利用率。例如，用户线很紧张的场合，用两对用户线，加装 PCM30/32 路设备之后就可以接 30 个用户了。

3．PCM24 路基群传输

PCM24 路系统，也叫 T1 信道，广泛用于北美和日本的电话系统中，是把 24 路话音信道按时分多路的原理复合在一条 1.544Mbit/s 的高速信道上。该系统的工作是这样的，用一个编码解码器轮流对 24 路话音信道抽样、量化和编码，一个取样周期中（125μs）得到的 7 位一组的数字合成一串，共 7×24 位长。这样的数字串在送入高速信道前要在每一个 7 位组的后面插入一个信令位，于是变成了 8×24=192 位长的数字串。这 192 位数字组成一帧，最后再加入一个帧同步位，故帧长为 193 位，如图 3-13 所示。

图 3-13　PCM24 路系统帧结构示意图

3.3.3　数字复接

扩大数字通信容量有两种方法。一种方法是采用 PCM30/32 系统（又称一次群）复用的方法。例如需要传送 120 路电话时，可将 120 路话音信号分别用 8kHz 抽样频率抽样，然后对每个抽样值编 8 位码，其数码率为 8000×8×120=7680kbit/s。由于每帧时间为 125μs，每个路时隙的时间只有 1μs 左右，这样每个抽样值编 8 位码的时间只有 1μs 时间，其编码速度非常高，对编码电路及元器件的速度和精度要求很高，实现起来非常困难。但这种方法从原理上讲是可行的。另一种方法是将几个（例如 4 个）经 PCM 复用后的数字信号（例如 4 个 PCM30/32 系统）再进行时分复用，形成更多路的数字通信系统。显然，经过数字复用后的信号的数码率提高了，但是对每一个基群编码速度没有提高，实现起来容易，目前广泛采用这种方法提高通信容量。由于数字复用是采用数字复接的方法来实现的，又称数字复接技术，如图 3-14 所示。

目前国际上有两种标准系列与速率，我国和欧洲等国采用 PCM30/32 路，2.048Mbit/s 作为一次群；日本、美国采用 24 路，1.544Mbit/s 作为一次群；然后，分别以一次群为基础，构成更高速率的二、三、四、五次群。

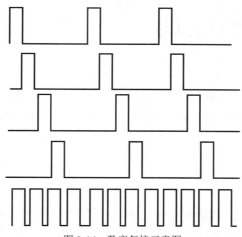

图 3-14　数字复接示意图

复接方式有按位复接、按字节复接和按路复接三种方式，如图 3-15 所示。

话路 1：　0　1　0　1　0　1　0　1　0　1　0　1　0　1　0　1

话路 2：　1　1　1　1　1　1　1　1　0　0　0　0　0　0　0　0

话路 3：　1　1　0　0　1　0　1　1　1　1　0　0　1　0　1

按位复接：　011　　111　　010　　110　　011　　110　　011　　111…

按字节复接：　01010101　　11111111　　11001011　　01010101　　00000000　　11100101…

按路复接：　0101010101010101　　　1111111100000000　　　1100101111100101…

图 3-15　复接方式示意图

从总体上说复接方法有两种：同步复接和异步复接。如果被复接支路的时钟都是由同一个主振荡源所供给的，这时的复接就是同步时钟复接。在同步时钟复接中各被复接信号的时钟源是同一个，所以可保证各支路的时钟频率相等。

异步时钟复接也叫准同步复接，指的是参与复接的各支路码流时钟不是出于同一时钟源。对异源一次群信号的复接首先要解决的问题就是使被复接的各一次群信号在复接前有相同的数码率，这一过程叫作码速调整。我国在异步复接中，采用的是正码速调整的技术。

归纳思考

- 什么叫数字复接？
- 数字复接的种类
- 数字复接时为什么需要码速调整？

3.4　数字程控交换

程控交换机是存储程序控制（Stored Program Control，SPC）交换机的简称。它是利用电子计算机进行控制的，它把电话交换机各种控制功能按步骤编成程序存入存储器，利用存储器内所存的程序来控制整个交换机工作。

3.4.1　数字程控交换机组成

1．程控交换机组成

程控交换机是由硬件系统和软件系统组成，其硬件总体结构如图 3-16 所示。从图 3-16 可以看出，程控交换机的硬件系统包括话路部分、控制部分。程控交换系统中的硬件动作均由软件进行控制完成。

2．各组成部分功能

（1）话路系统

话路系统可以分为用户级和选组级两部分，主要包括用户电路、用户集线器、中继线接口、信号设备、用户处理机以及数字交换网络（即选组级）等部件。

① 模拟用户电路

用户电路是用户线与交换机的接口电路，若用户线连接的终端是模拟话机，则用户线称为模拟用户线，其用户电路称为模拟用户电路，应有模/数（A/D）转换和数/模（D/A）转换的功能。模拟用户电路板实物如图 3-17 所示。

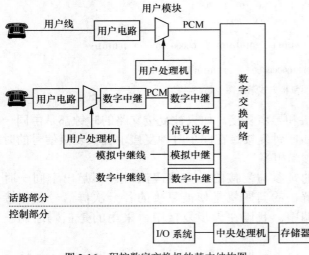

图 3-16　程控数字交换机的基本结构图　　　　　图 3-17　用户电路板示意图

用户电路的主要功能——"BORSCHT"功能，如图 3-18 所示。

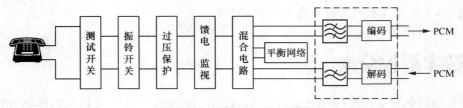

图 3-18　模拟用户电路功能示意图

● B（Battery Feed）：馈电

为用户线提供通话和监视电流，用户话机馈电是采用-48V（或-60V）的直流电源供电。

- O（Over Voltage Protection）：过压保护

用户外线可能受到雷电袭击，也可能和高压线相碰。程控数字交换机一般采用两级保护：第一级是总配线架保护，第二级保护就是用户电路，通过热敏电阻和二极管实现。

- R（Ringing）：振铃

由被叫侧的用户模块向被叫用户话机馈送铃流信号，同时向主叫用户送出回铃音。由于振铃电压为交流 90±15V，频率为 25Hz，当铃流高压送往用户线时，就必须采取隔离措施，使其不能流向用户电路的内线，否则将引起内线电路的损坏。一般采用振铃继电器实现。

- S（Supervision）：监视

通过扫描点监视用户回路通、断状态，以监测用户摘机、挂机、拨号脉冲等用户线信号，并及时将用户线的状态信息送给处理机处理。

- C（Codec Filter）：编译码和滤波

把电话机发出模拟信号变成数字信号送往信道传输，同时把从信道接收的数字信号反变换成模拟信号送给话机，完成模拟信号和数字信号间的转换。

- H（Hybird Circuit）：混合电路

完成 2 线的模拟用户线与交换机内部 4 线的 PCM 传输线之间的转换。

- T（Test）：测试

通过软件控制用户电路中的测试转换开关，对用户可进行局内侧和外线侧的测试。测试功能主要用于及时发现用户终端、用户线路和用户线接口电路可能发生的混线、断线、接地、与电力线碰接以及元器件损坏等各种故障，以便及时修复和排除。

② 用户集线器

用户集线器（Subscriber Line Concentrator，SLC）是用来进行话务量集中（或分散）的。

③ 数字用户电路

数字用户电路（Digital Line Circuit，DLC）是数字用户终端设备与程控数字交换机之间的接口电路。

④ 模拟中继器

模拟中继器是数字交换机与其他交换机之间采用模拟中继线相连接的接口电路，它是为数字交换机适应模拟环境而设置的。

⑤ 数字中继器

数字中继器是连接数字局之间的数字中继线与数字交换网络的接口电路，它的输入端和输出端都是数字信号，因此，不需要进行模/数和数/模转换。

⑥ 信号设备

信号设备是用于产生各种类型的信号音，如忙音、拨号音、回铃音等，用于接收用户话机送来的双音频信号等，是电话通信中各种音频信号产生、发送和接收的设备。

（2）控制系统

控制部分是程控交换机的核心，其主要任务是根据外部用户与内部维护管理的要求，执行存储程序和各种命令，以控制相应硬件实现交换及管理功能。

程控交换机控制设备主要是指内存储器和中央处理机（CPU），通常按其配置与控制工作方式的不同，可分为分级控制方式、全分散控制方式和容量分担的分布控制方式。

① 分级控制方式

分级控制方式是将处理机按照功能划分为若干级别，每个级别的处理机完成一定的功能，低级别的处理机是在高级别的处理机指挥下工作的。

② 全分散控制方式

在采用全分散控制方式时，将系统划分为若干个功能单一的小模块，每个模块都配备有同一级别处理机，用来对本模块进行控制，各模块处理机相互配合以便完成呼叫处理和维护管理任务。

③ 基于容量分担的分散控制方式

介于上面两种结构之间，交换机分为若干个较完整的独立模块，每个模块内部采用分级控制结构，有一对模块处理机为主处理机，下辖若干对外围处理机，控制完成本模块用户之间的呼叫处理任务。

3．程控交换机的用户服务功能

程控交换机不但具有接续速度快、质量可靠、便于开放其他新业务的优点外，程控交换机可以有以下各种用户服务性能。

（1）缩位拨号

此项功能用来减少使用者拨叫多位电话号码的麻烦，节省时间，便于记忆。对于来往密切而又使用频繁的电话号码，可用 1～2 位代码来代替。此后使用时，只需拨代码便可以完成所需的呼叫。

缩位拨号也适用于拨叫国内、国际长途自动电话的号码。

（2）热线服务

热线服务，又叫免拨号接通，这是一种用户不用拨号，只要拿起听筒 5 秒钟后，就会自动接通所登记的热线电话的功能。如果用户拨叫其他用户，须在摘机后 5 秒钟内拨出第一位号码。

（3）闹钟服务

这是一项用户电话机可起"闹钟"作用的业务。

（4）转移呼叫

又称电话跟踪，当用户外出时，可将打给该用户的电话转移到临时去处的电话机，而避免接不到电话。转移模式有无应答转移、不可及前转、遇忙前转和无条件前转四种。

（5）免打扰服务

又叫暂不受话服务。用户为避免电话铃声的干扰，可使用此项业务，暂不受理呼入电话，有电话呼叫时，由电话局代答服务。

（6）三方通话

在两方使用者进行通话时，如需要第三方也加入通话，一方使用者可不中断与对方通话而拨叫出第三方使用者。达成三方共同通话或分别与两方通话。

（7）呼叫等待

此功能的其他叫法还有双向接听、轮流通话、插入电话等，这是一种提高呼叫接通率，避免重复呼叫的有效方法。在一使用者与另一方使用者通话时，遇到第三方使用者呼叫而进入时，被呼叫的使用者可以根据自己的需要，保留原通话方，而与第三方使用者进行通话。通话完毕，根据使用者需要，又可以与原保留方继续通话。

除上述服务性能外，程控交换机还可以提供遇忙回叫、呼出限制、缺席用户服务、追查恶意呼叫、会议电话等服务项目。这些服务性能由用户自行选择使用，用户到当地电话局申请、登记后便可开通使用，不使用时注销即可。

探讨

- 程控交换机提供的新业务有哪些？
- 交换机是如何实现交换的？

3.4.2　数字程控交换原理

1．数字交换

数字交换是通过时隙交换来实现的，数字交换的实质就是把信息在时间位置上进行搬移。时隙交换一般采用随机存储器来实现。如图 3-19 所示为一个实现一套 PCM 系统的 30 个话路间交换的随机存储器。

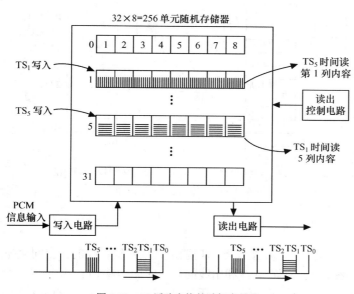

图 3-19　30 话路交换的随机存储器

利用随机存储器原理来完成时隙交换功能的设备称为数字交换网络。在程控数字交换系统中的数字交换网络基本上有两类：时间接线器和空间接线器。

2．时间接线器

时间接线器简称 T 接线器，T 接线器的作用是实现一条时分复用线上的时隙交换功能。主要由语音存储器（Speech Memory，SM）和控制存储器（Control Memory，CM）组成。语音存储器用来暂存语音数字编码信息，每个话路为 8bit。SM 的容量即 SM 的存储单元数等于时分复用线上的时隙数。控制存储器用来存放 SM 的地址码（单元号码），CM 的容量通常等于 SM 的容量，每个单元所存储的 SM 地址码是由处理机控制写入的。

就 CM 对 SM 的控制而言，时间接线器的工作方式有两种：一种是"顺序写入、控制读出"方式（输出控制方式），一种是"顺序读出、控制写入"方式（输入控制方式），T 接线器的工作方式是指 SM 的工作方式，CM 的工作方式只能是控制写入、顺序读出方式。

顺序写入，控制读出方式的 T 接线器的输入线的内容按照顺序写入话音存储器 SM 的相应单元，输出复用线某个时隙应读出话音存储器的哪个单元的内容，则由控制存储器的相应单元的内容来决定。

在采用输入控制方式时，T 接线器的输入复用线上某个时隙的内容，应写入话音存储器的哪个单元，由控制存储器相应单元的内容来决定。控制存储器的内容，是在呼叫建立时由计算机控制写入的。输出复用线的某个时隙就依次读出话音存储器 SM 相应单元的内容，若 PCM 一次群共有 32 时隙，输入线的 TS_8 的内容交换到 TS_{20}，采用输出控制方式和输入控制方式的 T 接线器交换过程分别如图 3-20（a）和（b）所示。

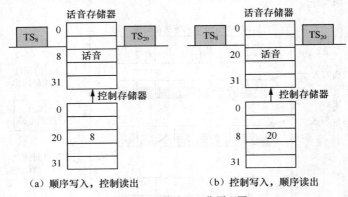

（a）顺序写入，控制读出　　　　（b）控制写入，顺序读出

图 3-20　T 接线器工作原理图

3．空间接线器

空间接线器简称 S 接线器，S 接线器的功能是完成各复用线的"空间交换"，即在许多根入线中选择一根接通出线，但是要在入线和出线的某一时隙内接通。

S 接线器主要由一个连接 n 条输入复用线和 n 条输出复用线的 $n \times n$ 的电子接点矩阵、控制存储器组以及一些相关的接口逻辑电路组成。控制存储器共有 n 组，每组控制存储器的存储单元数等于复用线的时隙数。根据控制存储器控制输入线还是控制输出线可以分为输出控制方式和输入控制方式两种。

输入控制方式的 S 接线器的控制存储器接在输入线上，控制单元数和输入线的时隙数相等，控制存储器的个数和输入线的条数相等，分别控制相应的输入线，假设 S 接线器的输入、输出线均为 PCM 一次群，若第 0 号输入线上的 TS_{12}、TS_8 的时隙内容都交换到 2 号输出线，第 2 号输入线上的 TS_{12}、TS_8 的时隙内容分别交换到 0 号输出线和第 1 号输出线，则 S 接线器的交换过程如图 3-21 所示。

输出控制方式的 S 接线器的控制存储器接在输出线上，控制单元数和输出线的时隙数相等，控制存储器的个数和输出线的条数相等，分别控制相应的输出线，仍以图 3-21 所示情况为例，改为输出控制方式后，则 S 接线器的交换过程如图 3-22 所示。

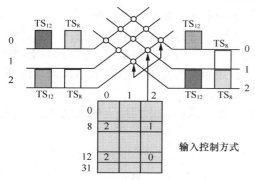

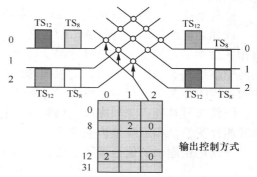

图 3-21　输入控制方式 S 接线器工作原理图　　　图 3-22　输出控制方式 S 接线器工作原理图

一般单个 T 接线器的交换容量较小，而 S 接线器往往很少单独使用。无论是单个 T 接线器还是单个 S 接线器都不足以组成实用的时分接续网络，大容量的局用交换机都是由 T 接线器或 S 接线器级联成的。

归纳思考
- 举例说明 T 接线器的工作原理
- 举例说明 S 接线器的工作原理
- 大容量交换如何实现？

3.4.3　电话交换的呼叫接续过程

探讨
- 完成一次通话交换机经过哪些接续过程？
- 交换机是如何了解接收者的电话位置信息的？

程控数字交换机对所连接的用户状态周期性进行扫描，当用户摘机发出启呼信号后，交换机识别到用户的呼叫请求后就开始进行相应的呼叫处理。呼叫接续过程主要包括呼叫建立、双方通话和话终释放。程控数字交换机完成一次呼叫的接续过程主要包括如下几个阶段：

（1）主叫摘机，识别主叫、向主叫送拨号音；

（2）接收主叫拨号脉冲；

（3）分析号码，确定是局内接续还是出局接续；

（4）测试被叫忙、闲。如闲，向被叫送振铃并向主叫送回铃音；如忙，则向主叫送忙音；

（5）被叫应答，完成通话接续；

（6）话终拆线。

3.5　信令系统

3.5.1　信令流程

要建立一次电话通信，需要知道什么时候用户摘机，什么时候用户挂机，如何进行计费等，这是电话信令需要完成的功能，主要包括以下：

监视功能：主要完成网络设备忙闲状态和通信业务的呼叫进展情况的监视。

选择功能：在通信开始前，通过在节点设备之间传递包含目的地址的连接请求消息，使得相关交换节点根据该消息进行路由选择，进行入线到出线的时隙交换接续，并占用相关的局间中继线路。通信结束时，通过传递连接释放消息通知相关的交换节点释放本次通信服务中所占用的相关资源和中继线路，拆除交换节点的内部连接等。

网路管理功能：主要完成网络设施的管理和维护，如检测和传送网络上的拥塞信息，提供呼叫计费信息和远端维护信令等。

一次电话通话的信令流程如图 3-23 所示。

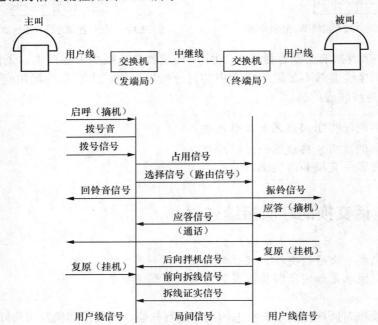

图 3-23 电话呼叫接续信令流程图

从图 3-23 中可以看出，在一次电话通信过程中，信令在通话链路的连接建立、通信和释放阶段均起着重要的指导作用。如果没有这些信令协调操作，人和机器都将不知所措。若没有摘机信号，交换机将不知道要为哪个用户提供服务，没有拨号音则用户将不知道交换机是否能为其服务，更不知道是否可以开始拨叫被叫号码。交换机之间的连接过程也是如此，可以通过信令告诉对端设备自己的状态、接续进程和服务要求等。即使在用户通信阶段，信令系统也是持续地对用户终端的通信状态进行着监视，一旦发现某方要结束本次通话，则会马上通知另一方及相关设备释放连接和相关资源。由于在通信网中信令系统对实现一个通信业务的操作过程起着相当重要的指导作用，所以人们也常将其比作通信网的神经系统。

对图 3-23 中的流程简单说明如下：

① 当用户摘机时，用户摘机信号送到发端交换机；

② 发端交换机收到用户摘机信号后，立即向主叫用户送出拨号音；

③ 主叫用户拨号，将被叫用户号码送给发端交换机；

④ 发端交换机根据被叫号码选择局向及中继线，发端交换机在选好的中继线上向收端

交换机发送占用信号，并把被叫用户号码送给收端交换机；

⑤ 收端交换机根据被叫号码，将呼叫连接到被叫用户，向被叫用户发送振铃信号，并向主叫用户送回铃音；

⑥ 当被叫用户摘机应答时，收端交换机收到应答信号，收端交换机将应答信号转发给发端交换机；

⑦ 用户双方进入通话状态，这时线路上传送话音信号；

⑧ 话终挂机复原，传送拆线信号；

⑨ 收端交换机拆线后，回送一个拆线证实信号，一切设备复原。

3.5.2 信令的分类

1. 按工作区域划分

信令按工作区域可分为用户线信令和局间信令。

用户线信令是在用户终端与交换机之间的用户线上传送的信令，是用户和交换机之间的信令，在用户线上传送。用户线信令包括终端向交换机发送的状态信令和地址信令，交换机向用户终端发送的通知信令。用户线状态信令是指用户摘机、应答、拆线等信号；选择信令又称地址信令，是指主叫用户发出的被叫用户号码；各种可闻音信令是由交换机发送给用户的，包括振铃信号、回铃音、拨号音、催挂音等。

局间信令是交换机和交换机之间、交换机与业务控制点、网管中心、数据库中心之间传送的信令，在局间中继线上传送，局间信令主要完成网络的节点设备之间连接链路的建立、监视和释放控制，网络服务性能的监控、测试等功能，相对用户线信令而言，局间信令多并且复杂。

2. 按使用信道划分

按信令传送信道与用户信息传送信道之间的关系划分，可分为随路信令和公共信道信令。分别如图 3-24 和图 3-25 所示。

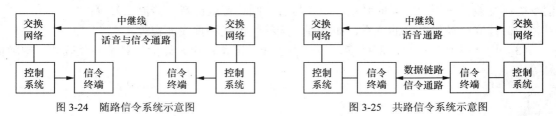

图 3-24 随路信令系统示意图　　　　　图 3-25 共路信令系统示意图

在随路信令系统中，信令的传送通常是和用户信息在同一信道上传送，或者传信令的信道与对应的用户信息信道之间在时间上或物理上存在着一一对应的固定关系。从图 3-24 中看到，两端交换节点的信令设备之间没有专用的信令信道，信令是通过对应的用户信息信道传送。以传统电话网为例，当有一个呼叫到来时，交换机先为该呼叫选择一条到下一交换机的空闲话路，然后在这条空闲的话路上传递信令，当端到端的连接建立成功后，再在该话路上传递用户的话音信号。

随路信令的缺点是传送速度慢，信息容量有限（传递与呼叫无关的信令能力有限）。

我国国标规定的随路信令方式称作中国 No.1 信令。它把话路所需要的各种控制信号

（如占用、应答、拆线、拨号等）由该话路本身或与之有固定联系的一条信令通路来传递，即用同一通路传送话音信息和与其相应的信令。

公共信道信令系统的主要特点是：信令在一条与用户信息信道相互分开的专门的信令信道上传送，并且该信令信道不是为某一个用户专用，而是为一群用户信息信道所共享的公共信令信道。在这种方式中，两端交换节点的信令设备之间直接用一条数据链路相连，信令的传送与话音话路相互隔离，物理上和逻辑上都相互无关。仍以电话呼叫为例，当一个呼叫到来时，交换节点先在专门的信令信道上传递信令，端到端的连接建立成功后，再在选好的话路上传递话音信号。

与随路信令相比，公共信道信令具有以下优点：信令传送速度快、容量大、具有改变或增加信令的灵活性，便于开放新业务。

我国目前使用标准化公共信道信令系统称作 No.7 信令系统或者 7 号信令系统。

3．按信令功能划分

按信令完成的功能划分，可分为线路信令、路由信令和维护管理信令。

（1）线路信令又叫监视信令，是用于表示线路状态的信令。

（2）路由信令又叫地址信令，主叫终端发出的被叫号码和交换机之间传送的路由选择信令。

（3）维护管理信令用于信令网的管理，包括网络拥塞、资源调配、故障告警及计费信息等。

另外按照信令的信号形式分为模拟信令和数字信令，模拟信令是按模拟方式传送的信令，数字信令是将信令按数字方式编码进行传送的信令；按照信令信号频率与语音频带之间的关系可分为带内信令与带外信令，可以在语音频带内（300～3400Hz）传送的信令，叫带内信令，在语音频带外传送的信令，就叫带外信令。

3.5.3　信令的作用

信令的主要作用是：

（1）建立用户与交换机的联系，包括用户→交换机之间的联系，如用户话机状态和拨号信令等；交换机→用户之间的联系，如拨号音、回铃音或忙音，铃流信号等；

（2）建立交换机之间的联系，如占用、应答、拆线和拆线证实等；

（3）用于控制交换机内部接续，如路由选择、链路接通、计费信息及各类统计、故障信息等。

- 信令具有什么作用？
- 打电话时拨的电话号码属于哪种信令？

归纳思考

3.5.4　七号信令系统

七号信令系统是一种国际标准，是 ITU-T 在 20 世纪 80 年代初为数字电话网设计的一种局间公共信道信令方式。ITU-T 在 1980 年正式提出了七号信令系统的建议。随着多年来的不断研究和完善，使得七号信令系统满足多种通信业务的要求，主要用于数字电话网、基于电路交换的数据网、移动通信网的呼叫连接控制、网络维护管理和处理机之间事务处理信息的传送和管理。

1．七号信令的特点

七号信令是一种新的局间信令方式。主要特点是两交换局间的信令通路与话路分开，并将若干条电路信令集中于一条专用的信令链路——信令数据链路上传送。七号信令的主要优点是：

（1）信号传递速度快，接续时间短，长途呼叫延时<1 秒；

（2）信息容量大，控制、网管、计费、维护、新业务信令；

（3）可靠性高，可主备转换，有检错和纠错功能；

（4）适应性强，适合 ISDN 的需要；

（5）全球内统一标准的信令系统。

2．七号信令网与电话网的关系

信令网中的信令点一般为电话网中的交换机，信令网与电话网之间的关系如图 3-26 所示。

我国七号信令网采用三级结构，由高级信令转接点（HSTP）、低级信令转接点（LSTP）和信令点（SP）组成。HSTP 设置在 DC1（省）级交换中心的所在地，汇接 DC1 间的信令。LSTP 设置在 DC2（市）级交换中心所在地，汇接 DC2 和端局信令。端局、DC1 和 DC2 均分配一个信令点编码。七号信令网与三级电话网的对应关系如图 3-27 所示。

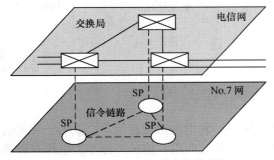

图 3-26　信令网和电话网之间的关系图

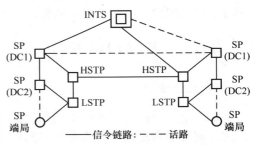

图 3-27　七号信令网与三级电话网的对应关系图

HSTP：对应主信号区，每个主信号区设置一对，负荷分担方式工作。HSTP 采用 A，B 平面网，平面内网状连接，两平面间成对相连。所谓主信号区是指电话网的 DC1 交换中心。

LSTP：对应分信号区，每个分信号区设置一对，负荷分担方式工作。LSTP 连至 A，B 平面内成对的 HSTP，所谓分信号区是指电话网的 DC2 交换中心。

SP：SP 至少和两个 STP 连接。

3.6　电话业务

探讨

● 电话业务如何分类？

● 各运营商提供的电话业务有什么不同？

固定电话业务分为固定网本地电话业务、固定网长途电话业务，下面主要介绍几种。

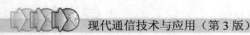

3.6.1　本地电话业务

1．业务描述

本地电话业务是指在同一个长途交换编号区范围内的电话，用户拨打本地电话不加长途区号，直接拨打被叫用户号码。

2．业务分类

本地电话网可划分为一个或多个营业区，营业区一般以一个城市或一个县为单位。在本地电话网内同一营业区的用户之间相互通话的业务称为区内电话，在本地电话网内两个不同营业区用户之间相互通话的业务称为区间电话。

3．业务功能

按照用户装用的设备和电话企业提供的服务项目分为若干业务种类，如普通电话（正机）、用户交换机或集团电话、中继线、专线、公用电话、移机、改名和过户等本地电话业务。另外还可以开通呼出限制、热线服务、呼叫转移、遇忙回叫、缩位拨号、来电显示、追查恶意呼叫等程控服务项目。

其中普通电话业务根据电话装设位置的不同，电话用户分为住宅电话用户（甲种用户）和办公电话用户（乙种用户）两种。

3.6.2　长途电话业务

1．业务描述

长途电话是指处于两个不同长途编号区内电话用户，利用电话进行信息交换的一种通信方式，通过话音交换实现信息的双向交流。通话时长是从被叫用户摘机开始至发话用户挂机为止。被叫电话是总机或分机，通话时长是从总机应答开始计算。

2．业务分类

长途电话业务分为国内长途电话业务和国际及港澳台地区长途电话业务。

国内长途直拨业务是用户利用具有长途直拨功能的电话机，拨打国内不同长途编号区的电话用户之间的通话。电话的拨号是由国内长途字冠、长途区号和被叫电话号码组成。如北京的长途区号是 10，在石家庄拨打北京 114 查号时的拨号方式为"0+10+114"。

国际及港澳台长途电话业务是用户利用具有国际、港澳台直拨功能的电话机，直接拨叫世界各地开放国际电话业务的其他国家或港澳台地区的用户，进行国际、港澳台间通话的一种电话业务。国际、港澳台直拨电话号码组成是：国际字冠+国家代码+地区（城市）代码+被叫用户电话号码。

3.6.3　特殊号码业务

当我们的手机未插电话卡时，往往会提示"仅能用户紧急呼叫"，也就是只能拨打一些特殊号码的业务。特殊电话号码，是电信部门为方便服务大众而设立的电话号码，其中一些重要的是完全免费的，世界各国家地区也都设有特殊电话号码。目前在我国常用的一些特殊号码业务见表3-1。

表3-1　　　　　　　　　　　　我国常用的特殊号码业务表

序号	特殊号码	业务含义	收费情况
1	110	匪警	免费
2	120	急救	免费
3	119	火警	免费
4	122	全国道路交通事故报警	免费
5	114	查号	基本通话费
6	121*	气象报时等公共服务	基本通话费
7	12315	消费者投诉热线	基本通话费

3.6.4　800 被叫集中付费业务

1．业务描述

被叫集中付费业务简称 800 业务，是指当主叫用户拨打 800 业务号码时，即可接通到由被叫用户在申请时指定的电话上，对主叫用户免收通信费用，通信费用由被叫集中付费，这种业务只能是固定电话用户拨打。

2．业务分类

被叫集中付费业务有国内被叫集中付费业务、国际被叫集中付费业务和全球被叫集中付费业务三种。

（1）国内被叫集中付费业务

国内被叫集中付费业务简称：国内 800 业务，是指当主叫用户拨打 800 业务号码时，即可接通到由被叫用户在申请时指定的电话上，对主叫用户免收通信费用，通信费用由被叫集中付费。国内被叫集中付费业务的主叫用户只能在国内。

（2）国际被叫集中付费业务

是指用户通过所在国电信部门向一个或多个国家或地区申请一个或多个特别号码，允许这些国家的用户利用这些特别号码免费向申请用户拨打电话，所有通信费用均由申请用户支付。用户申请的特别号码为 800 业务号码，简称国际 800 业务。这种业务的接入码由发话国电信部门指定。

国际 800 业务分为国际去话和国际来话。国际去话是指国外的用户通过其电信部门向我国申请国际 800 号码，由我国用户利用这些 800 号码向国外申请用户拨打电话。国际来话是指我国的用户通过我国电信部门向国外申请 800 号码，由国外用户利用这些 800 号码向我国国内申请用户拨打电话。

（3）全球被叫集中付费业务

是指用户具有一个唯一的全球通用的 800 电话号码，世界各国的用户可以用这个全球通用号码呼叫某一个全球被叫集中付费业务的用户，通信费由申请用户支付，简称全球 800 业务，这种业务的接入码全球统一。全球 800 业务分为国际去话和国际来话两种。

3．业务特征

（1）唯一号码：申请 800 业务的用户在具有多个电话号码时，可以只登记一个唯一的被叫集中付费的号码，对这一电话号码的呼叫，可根据用户的业务要求接至不同的目的地。

（2）遇忙/无应答呼叫转移：主叫用户拨叫 800 业务号码遇忙或无应答时，可把呼叫转移到事先设定的另一号码上，最多允许转移两次。

（3）呼叫阻截：按照长途区号或市话用户的局号来限制某些地区用户对 800 号码进行的呼叫。

（4）按时间选择目的地：同一 800 号码可按不同时间段来选择接通相应的电话号码，时间段最多选择 4 段，即 4 个不同的电话号码。时间段的划分可按节假日、星期或小时等多种方式确定。

（5）密码接入：用户在申请 800 业务时可要求主叫用户拨叫 800 号码后，必须输入密码才能接通被叫，否则不予接通，密码位长为 4 位。

（6）按位置选择目的地：根据主叫用户所在的地理位置选择目的地。

（7）呼叫分配：可把对 800 号码的呼叫按一定比例分配至不同的目的地的电话号码上。

（8）同时呼叫某一目的地次数的限制：对 800 号码某一目的地的同时呼叫次数达到一定限制时，不再予以接续，并向主叫用户送录音通知。

（9）呼叫该 800 业务用户次数的限制：800 用户在某一时间段内（一般 1 个月）可以接受来话呼叫的最大限值，当达到此限值时，以后的来话呼叫不予接续，并要向主叫用户送录音通知。

3.6.5　主被叫分摊付费业务

1．业务描述

主被叫分摊付费业务是一项为被叫客户提供一个全国范围内的唯一号码，并把对该号码的呼叫接至被叫客户事先规定目的地（电话号码或呼叫中心）的全国性智能网业务。该业务的通话费由主、被叫分摊付费，简称 400 业务。

对需要 400 业务的呼叫中心客户，需要申请一个"400×××××××"作为其在全国的统一接入码；在全国任何范围内，主叫用户只需拨打该"400×××××××"号码，无须加拨区号，便可按照企业业务用户预先设定的方案，将呼叫直接接续到客户所指定的电话号码或呼叫中心。

2．业务功能

（1）电话自动分配：按主叫所拨电话的位置不同将呼叫接续到不同的电话号码或呼叫中心；按主叫所拨电话的时间不同将呼叫接续到不同的电话号码或呼叫中心；将所拨的电话按百分比分配到不同的电话号码或呼叫中心。

（2）遇忙/无应答呼叫转移：主叫用户拨叫 400 号码遇忙或无应答时，可把呼叫转接到事先设定的一个或几个号码，规定业务用户最多可登记 4 个前转号码，即遇忙和无应答前转各有 2 个前转号码。对于一个业务用户的一次呼叫，前转次数最多限于 2 次。

（3）呼叫阻截：按照客户可以允许某些地区用户的呼叫，对来自其他地区的呼叫进行阻止；或者不允许某些地区用户的呼叫，但允许来自其他地区的呼叫。

（4）密码接入：用户在申请 400 业务时，可要求主叫用户拨叫 400 号码后，必须输入密码才能接通，否则不予接通。密码长度为 4～6 位阿拉伯数字。

（5）话费分摊：通话费可在主被叫之间分摊。分摊方式为主要用户负担本地通话费，被叫用户负担业务使用费用。

（6）费用限制：被叫用户可以对每月总费用或每月来话总次数设定上限，超过后自动停止接续。

3．业务定位

（1）需要建立企业客服中心或呼叫中心的企业，如银行、证券公司等。
（2）全国范围内业务涉及跨地域并建有相应服务分支机构的企事业单位。
（3）信息台、互联网公司等。
（4）未能申请到专用短号码作为企业客服中心接入码的企业。

3.6.6　电话信息服务业务

1．业务描述

电话信息服务又称为互动语音应答业务，是利用电话网和数据库技术把信息采集、加工、存储、传播和服务集为一体，向用户提供综合性的、全方位的、多层次信息服务的业务。

2．业务功能

电信信息服务的基本功能是通过电话、计算机语音设备实现人机之间的语音交互、用户可以通过电话等通信终端拨号呼叫互动语音应答平台，根据平台的语音提示进行操作，互动应答语音系统通过电话按键或用户语音识别来收集用户输入信息，使用预先录制或现场合成的语音文件向用户播放，从而完成交易、娱乐等业务。

3．业务分类

许多电信运营企业都可以提供电话信息服务，如电信运营商或者部分社会信息服务企业都可以提供声讯信息服务。

电话信息服务方式分为人工电话台信息服务和自动声讯信息服务两种类型。人工电话台信息服务是指由话务员为用户提供语音形式的信息咨询服务。用户拨通号码，话务员即可提供所需信息内容。自动声讯信息服务是指由电脑话务员为用户提供语音形式的信息咨询服务。例如用户拨通电信 168＋信息编码，168 台就会自动播放用户所查询的信息内容。

3.6.7　语音信箱业务

1．业务描述

语音信箱业务是用户只需向电信部门租用一个专用电话信箱，当用户的亲朋好友及工作伙伴拨通用户的专用信箱号码时，可按语音操作提示给用户留言，而用户则可以随时利用任何一台双音频电话提取信箱中留言的一种间接通信方式。用户可选择无应答转移至语音信箱、遇忙转移至语音信箱、无应答或遇忙转移至语音信箱三种组合方式之一。

2．业务特征

（1）当用户的来话遇忙或无人接听时，语音信箱业务自动将来话转入用户的电话信箱里，提示来电者留言。

（2）用户可以不受时空限制，用任何电话拨通自己的信箱，听取留言。

（3）语音信箱密码可根据用户的需要随时更改，信箱内的留言也可根据需要删除或保存。

（4）对于共同一部电话的办公室和家庭用户，一个语音信箱号码下可带 1～9 个分信箱（每个分信箱提供 10 条留言空间，每条 30 秒）。每个分信箱有各自的分信箱号、问候语和密码，主信箱的问候语为分信箱的介绍语。

3．业务优点

（1）当用户出差、外出或电话占线，仍可通过语音信箱听取别人打来的电话内容，不会漏掉任何重要信息。

（2）当遇到因环境影响而接收不到信号时，语音信箱可以记录来话用户的语音信息或者电话号码。

（3）使用方便。

3.7　实做项目及教学情境

实做项目一：参观用户交换机房和局端交换机房
目的和要求：认识交换机、了解交换机的构成，了解机架、机框、插板的功能、告警指示；观察交换机与交接箱、电源设备的走线。
实做项目二：安装固定电话
目的和要求：在交换机的配线架上，进行固定电话的安装，理解电话机和交换机之间的连接。
实做项目三：开通程控服务
目的和要求：在话务台和管理终端上增删改电话用户，并设置电话用户的属性，开通电话新业务。

 小结

1．PCM 数字通信过程主要包括三大部分：第一部分是发送端的模/数变换，其中需经抽样、量化和编码过程；第二部分是信道，包括码型变换和再生中继；第三部分是接收端的数/模变换部分，主要指再生、解码和低通滤波平滑过程。

2．抽样定理：要从样值序列无失真地恢复原始连续信号，其抽样频率 f_s 应大于等于被抽样信号最高频率的两倍。

3．量化分为均匀量化和非均匀量化。均匀量化是指在整个输入信号的幅度范围内量化级的大小都是相等的，最大量化误差为 $\Delta/2$。大信号时信噪比大，小信号时信噪比小。

4．非均匀量化是信号幅度小时，量化间隔小，其量化误差也小；信号幅度大时，量化间隔大，其量化误差也大，采用非均匀量化可以改善小信号的量化信噪比。非均匀量化在我国采用的是 A 律 13 折线压缩扩张特性曲线。

5．为了提高线路利用率，使多个信号沿同一信道传输而互不干扰的通信方式，称为多路复用。多路复用主要包括频分多路复用、时分多路复用和波分多路复用。

6．PCM30/32 的含义是整个系统共分为 32 个路时隙，其中 30 个路时隙分别用来传送 30 路话音信号，一个路时隙用来传送帧同步码，另一个路时隙用来传送信令码。我国采用 2.048Mbit/s、30 个话路作为一次群。

7．为了充分发挥长途通信线路的效率，总是把若干个小容量的低速数字流以时分复用的方式合并成一个大容量的高速数字流再传输，传到对方后再分开，这就是数字复接。

8．程控交换机由话路部分、控制部分组成。话路系统中主要是数字交换网络，T 和 S 接线器分别可以实现不同时隙间的、不同总线间的数字交换。

9．信令系统应具有监视功能、选择功能和网路管理功能。

10．信令按工作区域可分为用户线信令和局间信令；按信令信道可分为随路信令和公共信道信令；按信令功能可分为管理信令、线路信令和路由信令。

11．我国七号信令网采用 3 级结构：第一级为高级信令转接点（HSTP），是信令网的最高级；第二级为低级信令转接点（LSTP）；第三级为信令点（SP）。

 思考题与练习题

3-1　简述多路复用、频分多路复用、时分多路复用和波分多路复用的概念及应用。

3-2　简述时分多路复用的位同步、帧同步及其作用。

3-3　简述 PCM 数字通信过程。

3-4　请说明 A 律 13 折线名称的由来。

3-5　简述 PCM30/32 系统的含义。

3-6　分析计算 PCM30/32 一次群速率。

3-7　解释数字复接的概念。

3-8　简述程控交换机的组成及各组成部分的功能。

3-9　举例说明 T、S 接线器的工作原理。

3-10　叙述程控数字交换机完成一次呼叫的接续过程。

3-11　简述信令的基本概念及分类。

3-12　简述我国七号信令网的结构。

3-13　上网搜集程控交换机的发展历程。

3-14　上网搜集各运营商开办的电话业务。

第 4 章

数据通信

本章教学说明

- 从数据通信系统组成开始，介绍数据通信的编码、传输及交换过程
- 概括介绍数据通信相关技术及应用，建立数据通信系统整体框架
- 重点介绍数据交换技术的原理

本章内容

- 数据通信概述
- 数字数据编码
- 数据传输
- 数据交换
- 数据通信网
- 数据业务

本章重点、难点

- 数据系统组成
- 并行及串行传输方式
- 电路交换与分组交换
- IP 交换
- 基于 MPLS 的 IP 交换

学习本章目的和要求

- 掌握数据通信的特点及系统组成
- 理解数据传输与复用的过程及方法
- 领会数据交换的思想
- 理解 IP 交换过程
- 了解数据通信的应用与发展

本章实做要求及教学情境

- 设计校园局域网的的组网方案
- 局域网专线入网

本章建议学时数：10 学时

4.1 数据通信概述

数据通信是 20 世纪 50 年代末，随着计算机的发展和应用而出现的一种通信方式。要在

两地间传输信息必须有传输信道，根据传输媒质的不同，分为有线数据通信与无线数据通信。它们都是通过传输信道将数据终端与计算机联结起来，而使不同地点的数据终端实现软、硬件和信息资源的共享。

数据通信最引人注目的发展是在 19 世纪中期。美国人 Samuel F. B. Morse 完成了电报系统的设计，他设计了用一系列点、画的组合表示字符方法，即莫尔斯（Morse）电报码，并在 1844 年通过电线从华盛顿向巴尔的摩发送了第一条报文。

莫尔斯电报码只适用于电报操作员手工发报，而不适用于机器的编码与解码。1870 年，法国人 Emile Baudot 发明了适用于机器编码、解码的博多（Baudot）码。由于博多码采用 5 位信息码元（即 5 位 0、1 比特序列），只能产生 32 种可能的组合，因此在用来表示 26 个字母、10 个十进制数字、标点符号与空格时是远远不够的。为了弥补这个缺陷，产生了用 7 位二进制比特编码的 ASCII（American Standard Code for Information Interchange）码，它可以表示 128 个字符。ASCII 码是目前应用最广的美国信息交换标准编码。ASCII 码本来是一个信息交换编码的国家标准，后来被国际标准化组织接受，成为国际标准 ISO 646，又称为国际 5 号码。因此，它被用于计算机内码，也是数据通信中的编码标准。

对于数据通信来说，被传输的二进制代码称之为"数据"；数据是信息的载体。例如：通过查 ASCII 编码表，可知英文单词"NETWORK"的 ASCII 码编码的二进制比特序列应该是"1001110 1000101 1010100 1010111 1001111 1010010 1001011"。如果要在 A、B 两台计算机之间传输"NETWORK"，由于计算机只能传输 0、1 组成的序列，因此，首先应在主机 A 将"NETWORK"编码成上述的二进制比特序列，然后，再从主机 A 将其传送到主机 B，那么，主机 B 收到后，可以根据 ASCII 码的编码规则将接收的二进制比特序列解释为"NETWORK"。

数据是对事物的表示形式，信息是对数据所表示内容的解释。数据通信的任务就是要传输二进制代码比特序列，而不需要解释代码所表示的内容。在数据通信中，人们习惯将被传输的二进制代码的 0、1 称为码元。

- 数据寄寓于信息之中
- 信息以信号作为载体

归纳思考

4.1.1 数据通信系统组成

1. 数据通信系统模型

数据通信的基本目的是在接受方与发送方之间交换信息。数据通信系统可以用来产生和接收数据，对数据进行编码、转换，以便满足数据传输系统的传送要求。两个 PC 机经过宽带接入在数据通信网上进行通信，就是一个的数据通信系统实例。典型的数据通信模型如图 4-1 所示。

信息的传递是通过通信系统来实现的，通信系统的基本模型共有五个基本组件，即信源（发送者）、发送机、信道、接收机和信宿（接受者）。信源和信宿之间的部分叫做信息传输系统。信息传输通信系统由三个主要部分组成信源（发送机）、信宿（接收机）和信道。

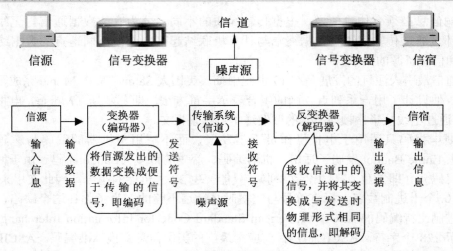

图 4-1　数据通信系统模型

（1）传输信道

传输信道是信息在信号变换器之间传输的通道。如电话线路等模拟通信信道、专用数字通信信道、同轴电缆（CATV 中使用的用户引入线）和光纤等。按传输介质不同，信道可分为：有线信道（如图 4-2 所示）和无线信道。

（2）信号变换器

信号变换器（即编码器和译码器）的功能是把信源提供的数据转换成适合通信信道要求的信号形式，或把信道中传来的信号转换成可供数据终端设备使用的数据，最大限度地保证传输质量。

在计算机网络的数据通信系统中，最常用的信号变换器是调制解调器和光纤通信网中的光电转换器。信号变换器和其他的网络通信设备又统称为数据电路终接设备（Data Circuit-terminating Equipment，DCE），DCE 为用户设备提供入网的连接点，如图 4-3 所示。

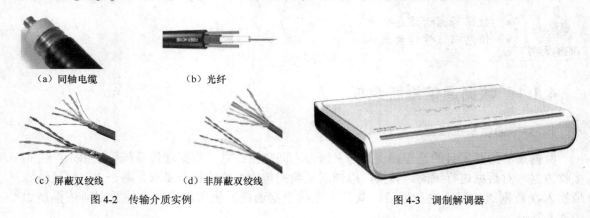

（a）同轴电缆　　　（b）光纤

（c）屏蔽双绞线　　　（d）非屏蔽双绞线

图 4-2　传输介质实例　　　　　　　　　　　　　图 4-3　调制解调器

2．数据通信特点

（1）实现计算机之间或计算机与人之间的通信，需要定义严格的通信协议或标准。

（2）数据传输的准确性和可靠性高。数据传输的误码率要求小于 10^{-9}，而语音系统

只有 10^{-3}。

（3）传输速率高，目前的传输速率可达 Tbit/s 数量级。

（4）通信持续时间差异较大，传输流量具有突发性。

（5）数据通信具有灵活的接口功能，以满足各类终端间的相互通信。

4.1.2 数据通信网络互连

- 通过数据通信网实现了计算机与计算机或数据终端与计算机之间的通信。
- 按覆盖范围分，数据通信网可分为：广域网（WAN）、城域网（MAN）、局域网（LAN）。

1. 局域网

局域网（Local Area Network，LAN）通常为某一单位私有网络，覆盖范围小于 20km。如图 4-4 所示。

常用的局域网拓扑结构有：总线网、星状网和环状网。

通信介质有：双绞线、同轴电缆、光纤等。

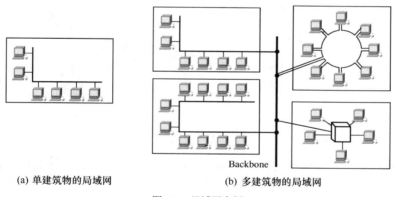

(a) 单建筑物的局域网　　(b) 多建筑物的局域网

图 4-4　局域网实例

2. 城域网

城域网（Metropolitan Area Network，MAN）覆盖整个城市，覆盖范围在几千米至几百千米之间。一般为公有网络，也有由大企业组成的私有网络，如图 4-5 所示。

功能：向各分散的局域网提供服务，使用户能有效地利用网上资源。

传输媒介主要是光纤。

3. 广域网

广域网（Wide Area Network，WAN）是覆盖范围较广的数据通信网络。它常利用公共网络系统提供的便利条件进行传输，可以分布在一个城市、一个国家乃至全球范围。覆盖范围在几千米至几千千米，如图 4-6 所示。

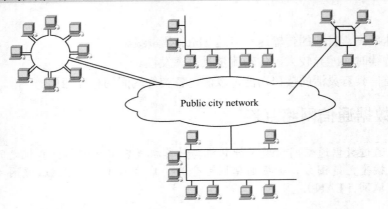
图 4-5　城域网实例

广域网一般为公有网，但一些跨国的大公司建立的企业网拥有自己的广域网，如 Lucent、Cisco 和华为等。

广域网的拓扑结构根据定位不同，结构有所不同。骨干网络采用分布或网状结构；本地网采用树状或星状连接。

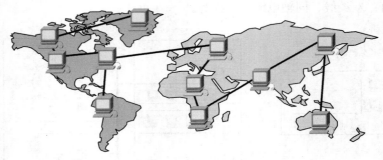
图 4-6　广域网示意图

广域网一般由资源子网和通信子网组成。通信子网一般由公共网络充当，通信子网有电话交换网 PSTN、帧中继网 FRN、IP 数据网等形式。

4．网络互连

为使处于不同网络的用户能够相互通信，实现资源共享，须将若干性质相同或不同的网络互连在一起，往往要用到网间连接设备。

网络互连的复杂程度不同，对应的互连设备有所不同，常见的互连设备有：集线器（HUB 或 Concentrator）、交换机（Switch）、路由器（Router）和网关（Gateway）等。如图 4-7 所示。

（1）集线器

集线器是对网络进行集中管理的最小单元，像树的主干一样，它是各分枝的汇集点。

（2）交换机

交换机能够通过自学习机制来自动建立端口-地址表，通过端口-地址表转发数据帧。交换机允许多对计算机间能同时交换数据。

（3）路由器

路由器的主要功能是路径选择、连接异构网络、包过滤等。

（a）Hub　　　　　　（b）交换机　　　　　　（c）路由器

图 4-7　常见网络互连设备

（4）网关

网关又称高层协议转发器。一般用于不同类型且差别较大的网络系统间的互连，又可用于同一个物理网而在逻辑上不同的网络间互连。如图 4-8 所示。

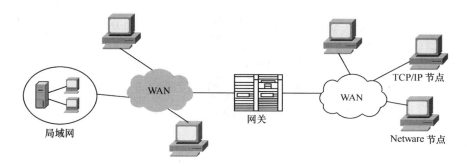

图 4-8　网关的功能示意图

网络如果不能互连，则功能非常有限。因特网的成功主要在于 TCP/IP 技术可以成功地把各种类型的计算机网络都连接到一起。网络的互连有多种方法，但最重要的是用 IP 协议的网络互连。由各个网络根据自身的特点管理自己网络内部的链路层地址，再由网络层的 IP 地址来贯通全局。如图 4-9 所示的是由局域网和传统的广域网组成的互连网示意图。

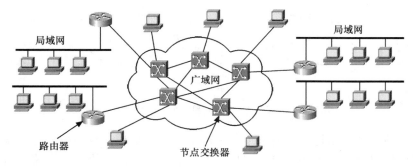

图 4-9　由局域网和传统的广域网组成的互连网示意图

图 4-10 是一个交换式局域网技术的校园网的实例。

该校园网的主干网用吉比特以太网技术。各楼通过光纤连到主干交换机的吉比特以太网接口。全网可以按照部门或职能划分多个 LAN 或虚拟局域网（VLAN），各 LAN 或虚拟局域网之间的通信需要由三层交换机完成。如果一个大学有好几个校区，通过路由器可以将多个的不同校区的校园网互连，从而构成更大规模的校园网。图中：L2 交换机是工作在数据链路层的局域网交换机，L3 交换机是带路由功能的三层交换机，主干交换机应该是三层交换机。

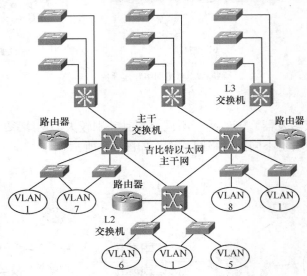

图 4-10　采用交换式局域网技术的校园网

4.1.3　通信协议

人与人交流有一定的规则，计算机之间的数据通信也需要遵循通信协议，下面我们用一个简单的例子将人与人交流的规则和网络协议进行对比说明，如图 4-11 所示。

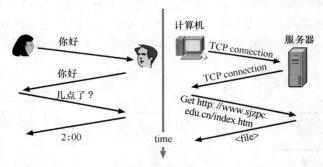

图 4-11　人与人交流的规则和网络协议之间的对比

由此类推，通过通信信道和设备互连起来的多个不同地理位置的数据通信系统，要使其能协同工作实现信息交换和资源共享，它们之间必须具有共同的语言。交流什么、怎样交流及何时交流，都必须遵循某种互相都能接受的规则，这就是通信协议。

1．通信协议

通信协议是通信双方（实体）完成通信或服务所必须遵循的规则和约定。协议定义了信息单元使用的格式、信息单元应该包含的信息与含义、连接方式、信息发送和接收的时序，从而确保网络中数据信息顺利的传送到确定的地方。

通信协议包括语法、语义和时序三要素：

语法：确定数据与控制信息的结构或格式，解决"怎么讲"的问题。例如，浏览石家庄邮电职业技术学院网站时，在浏览器地址栏中应按"网站地址"格式书写网站地址：http://www.sjzpc.edu.cn/index.htm

语义：是指控制信息的含义，需要做出的动作及响应，解决"讲什么"的问题。例如，202.207.120.78 是上述网站的 IP 地址（语义）。

时序：规定了操作的执行顺序，解决"什么时候"做以及做的"先后顺序"问题。

2．网络体系分层结构

网络通信一步到位固然简单，但如果遇到不同类型的网络、不同类型的数据结构、不同的数据格式怎么处理？

实际上，网络之间的通信通常采用"分而治之"方法，把网络通信分解为多层通信结构。每一层有相应的协议，各层之间规定有相应的接口标准。

将网络体系分层就是把复杂的通信网络协调问题进行分解，再分别处理，使复杂的问题简化，以便于网络的理解及各部分的设计和实现。分层结构示意图如图 4-12 所示。

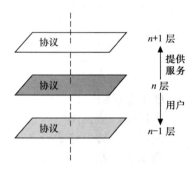

图 4-12 网络体系分层结构

下面以人的交流为例，解释网络层次模型结构。如图 4-13 所示。例如，中国公司的经理为了要和在美国的韩国公司的经理谈生意，双方需要请翻译进行交流，从而使简单的交流要经过三层次处理。

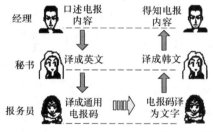

一：中方经理口述报文内容
二：秘书翻译为英文
三：电信局用国际通用电文码发报至美国
四：美国电信局将报文码译成英文内容
五：秘书将英文内容译为韩文
六：美方韩国经理得知电报内容

图 4-13 网络体系结构举例

3．开放系统互连参考模型（OSI 参考模型）

重点掌握

- 开放系统互连参考模型是数据通信采用的分层模型。
- OSI 共分七层，其中 1～3 层为低层，其目的是保证各类数据的可靠传输。4～7 层为高层，实现面向应用的信息处理和通信功能。

国际标准化组织（ISO）于 1980 年 12 月发表了第一个草拟的开放系统互连参考模型 OSI/RM（Open System Interconnection/Reference Model）的建议书。1984 年该参考模型成为正式国际标准 ISO 7498。OSI 参考模型从低到高分为：物理层、链路层、网络层、传送层（运输层）、会话层、表示层、应用层七层。OSI 的数据流向是在发送方层层打包，接受方层层拆包，如图 4-14 所示。

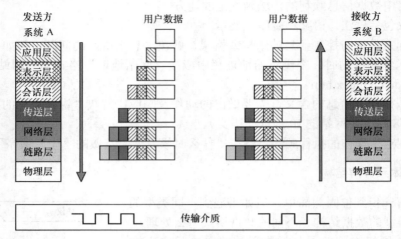

图 4-14　OSI 的数据流向示意图

OSI 七层协议模型的功能如下。

应用层：提供网络与最终用户之间的界面。

表示层：转换特定设备的数据和格式，使通信与设备无关。

会话层：在应用程序之间建立连接和会话，并验证用户身份。

传送层：提供节点之间可靠的数据传输，负责数据格式的转换。

网络层：实现节点间数据包的传输，处理通信拥塞和介质传输速率等问题。

链路层：保证在数据节点之间可靠地传输数据帧。

物理层：规定物理线路的机械特性、电气特性、功能特性、规程特性。

为便于理解，我们将 OSI 参考模型与邮寄流程进行比较说明，如图 4-15 所示。

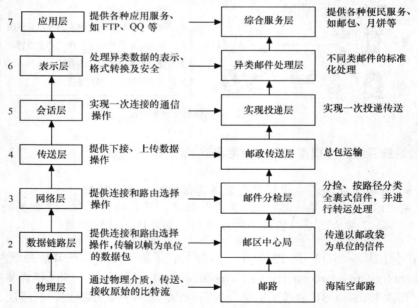

图 4-15　OSI 参考模型与邮寄流程的比较示意图

OSI 参考模型是各种通信协议遵循的参考模型，在实际通信协议中，都体现了七层模型的思想，但有所改变与简化，为便于说明，下面我们以 TCP/IP 通信协议为例介绍。

4．TCP/IP 协议族

探讨

- Internet 是由许多小的网络构成的国际性大网络，在各个小网络内部使用不同的协议，正如不同的国家使用不同的语言，那如何使它们之间能进行信息交流呢？

Internet 上的世界语就是 TCP/IP 协议。TCP/IP 协议族是一组协议，它除去两个主要的协议：TCP 协议和 IP 协议外，还有其他 100 多种相互关连的协议。

TCP/IP（Transmission control protocol/ Internet protocol，传输控制协议/网际协议）是一种网际互连通信协议，其目的在于实现网际间各种异构网络和异种计算机的互联通信。运行 TCP/IP 协议的网络是一种采用包（或分组）交换的网络。全球最大的互连网——因特网（Internet）采用的就是 TCP/IP 协议。

TCP/IP 协议是因特网上的核心协议。IP 协议负责数据的传输，TCP 协议负责数据传输的可靠性。IP 协议实现的是不可靠无连接的数据报服务，TCP 协议可以实现数据的可靠传输。

IP 协议把每个 TCP 信封再套上一个 IP 信封，在上面写上接收主机的地址。然后在物理网络上传送数据。IP 层协议还具有利用路由算法进行路由选择的功能。所谓路由就是数据报从源地址到达目标地址所经过的传输途径。TCP 协议负责对传输的数据报进行顺序检查和错误处理，必要时可以请求发送端重发数据报。

IP 协议提供了一种全球统一的编址方式，屏蔽了物理网络地址的差异，使路由查找成为可能。在 IPv4 中，IP 地址由 32 位二进制组成，为了方便记忆，用点号每八位一分割，用十进制表示，称为点分十进制，如：192.168.255.255。

因为 TCP/IP 网络是为大规模的互连网络设计的，32 位地址中应包括子网标识和子网上主机号。前一部分来标识子网号码，后一部分标识子网中的主机号。

IPv4 发展到现在，地址空间即将耗尽，IPv6 将 32 位 IP 地址升级为 128 位解决了 IPv4 地址紧张的问题。IPv6 地址示例：

104.230.140.100.255.255.255.255.0.0.17.128.150.10.255.255（点分十进制写法），68E6：8c84：FFFF：FFFF：0：1180：96A：FFFF（冒号 16 进制的写法）。

除上述 TCP/IP 协议外，Internet 上还有许多其他协议，其中常用的应用层协议有：SMTP（简单邮件传送协议）、DNS（域名系统服务）、FTP（文件传送协议）、Telnet（远程登录协议）、SNMP（简单网络管理协议）、HTTP（超文本传送协议）等。

从数字信号处理及传输的过程分析，人们一般习惯把数据通信过程分为数字数据编码、传输和交换几个部分，下面分别介绍。

4.2　数字数据编码

探讨

- 为什么要进行编码？
- 如何进行编码？

数据编码有两种类型，一个是信源编码，另一个是信道编码。信源编码的主要作用有二：一是将信源的模拟信号转化成数字信号，以实现模拟信号的数字化传输；二是在保证通信质量的前提下，尽可能的通过对信源的压缩，以更少的符号来表示原始信息，提高通信效率。

信道编码的作用有二：一是将信号变换为适合信道传输的信号；二是通过对做完信源编码后的信息加入冗余信息，使得接收方在收到信号后，可通过信道编码中的冗余信息，使信息传输具有自动检错与纠错能力，保证通信传输的可靠性。

举个例子，要运一批碗到外地，首先在装箱的时候，将碗摆在一起，这就类似是信源编码，压缩以便更加有效率。然后再箱子中的空隙填上报纸，泡沫，做保护，就像信道编码，保证可靠。

4.2.1　信源编码

信源编码是对输入信息进行编码，优化信息和压缩信息并且打成符合标准的数据包。

1．模拟信号数字化

来自电话、电视等信源信号一般为模拟信号，信源编码的第一个作用应是将模拟信号数据化，即对话音信号、电视图像、会议电视、静止图像、可视电话等模拟信号进行数字化处理。

模拟信号数字化传输的两种主要方式：脉冲编码调制（PCM）和增量调制（ΔM）。信源译码是信源编码的逆过程。

（1）脉冲编码调制（PCM）简称脉码调制：该方法要经过抽样（取样或采样）、量化和编码三个过程，"模/数"转换（亦称 A/D 变换）。CCITT（国际电报电话咨询委员会）建议了两种话音波形编码方法：第一种是 30 路的 PCM（欧洲标准），另一种是 24 路的 PCM（北美标准）。由于这种通信方式抗干扰能力强，它在光纤通信、数字微波通信、卫星通信中均获得了广泛的应用。

（2）增量调制（ΔM）：将差值编码传输，同样可传输模拟信号所含的信息。此差值又称"增量"，其值可正可负。这种用差值编码进行通信的方式，就称为"增量调制"（Delta Modulation），缩写为 DM 或 ΔM，主要用于军方通信中。

2．信源压缩

最原始的信源编码就是莫尔斯电码，另外还有 ASCII 码和电报码都是信源编码。但现代通信应用中常见的信源编码方式有 Huffman 编码、算术编码、L-Z 编码，这三种都是无损编码，另外还有一些有损的编码方式。

信源编码的目标就是使信源减少冗余，更加有效、经济地传输，最常见的应用形式就是压缩。在数字电视领域，信源编码包括通用的 MPEG-2、MPEG-3、MPEG-4、MPEG-5 编码等。

4.2.2　信道编码

相应地，信道编码是为了对抗信道中的噪音和衰减，先将信号变换成为适合信息传输的信号，然后通过增加冗余，如校验码等，来提高抗干扰能力以及纠错能力。

1．将信号变换为适合信道传输的信号

在计算机中数据是以离散的二进制 0、1 比特序列方式表示的。计算机数据在传输过程中的数据编码类型，主要取决于它采用的通信信道所支持的数据通信类型。

一般传输通道的频率特性总是有限的，即有上、下限频率，超过此界限就不能进行有效的传输。如果数字信号流的频率特性与传输通道的频率特性差异很大，那么信号中的很多能量就会失去，信噪比就会降低，使误码增加，而且还会给邻近信道带来很强的干扰。因此，在传输前要对数字信号进行某种处理，减少数字信号中的低频分量和高频分量，使能量向中频集中，或者通过某种调制过程进行频谱的搬移。这两种处理都可以被看作是使信号的频谱特性与信道的频谱特性相匹配。

为了使信息能够适用于不同的数据传输信道，通常要对传输的信息进行信道编码。根据数据通信类型，网络中常用的通信信道分为两类：模拟通信信道与数字通信信道。相应的用于数据通信的数据编码方式也分为两类：模拟数据编码与数字数据编码。

（1）模拟数据编码方法——调制与解调

电话通信信道是典型的模拟通信信道，它是目前世界上覆盖面最广、应用最普遍的一类通信信道。无论网络与通信技术如何发展，电话仍然是一种基本的通信手段。传统的电话通信信道是为传输语音信号设计的，只适用于传输音频范围为 300～3400Hz 的模拟信号，无法直接传输计算机的数字信号。为了利用模拟语音通信的电话交换网实现计算机的数字数据信号的传输，必须首先将数字信号转换成模拟信号。

我们将发送端数字数据信号变换成模拟数据信号的过程称为调制（modulation），将调制设备称为调制器（modulator）；将接收端把模拟数据信号还原成数字数据信号的过程称为解调（demodulation），将解调设备称为解调器（demodulator）。因此，同时具备调制与解调功能的设备，就被称为调制解调器（Modem）。

调制是用一种波的某些特性或参数反映要传输信号波形的瞬时变化过程。前一种波是用来传送信号的载体，称为载波，后一种波代表信息，称为调制信号，调制后的波称为已调波。解调是调制的逆过程，用于从携带信息的已调波中恢复原来的调制信号。

为了使数字信号在模拟信道中传输，必须用数字信号对载波进行调制，将数字数据信号变换成模拟信号后再传输。传输数字信号时也有三种基本调制方式：幅度键控，频移键控和相移键控，它们的调制信号都是模拟信号，载波都是正弦波，区别只是调制信号控制的分别是载波的幅度、频率和相位。这种调制方式常用于利用公共电话交换网实现计算机数据的传输，实现数字信号与模拟信号互换的设备称作调制解调器（Modem）。如图 4-16 所示。

图 4-16　模拟调制与解调

数字正弦调制有三种基本形式：幅移键控法 ASK、频移键控法 FSK 和相移键控法 PSK。如图 4-17 所示。

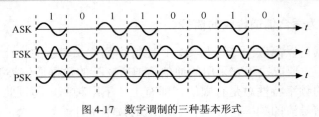

图 4-17　数字调制的三种基本形式

探讨

● 你认为调制解调器对通信是否是必须的？

● 调制解调器有哪些用途呢？

在 ASK 方式下，用载波的两种不同幅度来表示二进制的两种状态。ASK 方式容易受增益变化的影响，是一种低效的调制技术。在电话线路上，通常只能达到 1200bit/s 的速率。

在 FSK 方式下，用载波频率附近的两种不同频率来表示二进制的两种状态。在电话线路上，使用 FSK 可以实现全双工操作，通常可达到 1200bit/s 的速率。

在 PSK 方式下，用载波信号相位变化来表示数据。PSK 可以使用二相或多相的相位来表示不同的信号，利用这种技术，提高传输速率。

（2）数字数据编码方法

在数据通信技术中，我们将利用模拟通信信道通过调制解调器传输模拟数据信号的方法称为频带传输，将利用数字通信信道直接传输数字数据信号的方法称为基带传输。

频带传输的优点是可以利用目前覆盖面最广、普遍应用的模拟语音通信信道。用于语音通信的电话交换网技术成熟并且造价较低，但其缺点是数据传输速率与系统效率较低。基带传输在基本不改变数字数据信号频带（即波形）的情况下直接传输数字信号，可以达到很高的数据传输速率和系统效率。因此，基带传输是目前迅速发展与广泛应用的数据通信方式。在基带传输中，数字数据信号的编码方式主要有以下几种：

根据归零与否和单极性还是双极性数字数据信号的编码方式有如下 4 种表示方法，如图 4-18 所示。

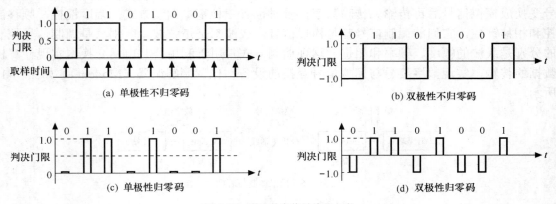

(a) 单极性不归零码

(b) 双极性不归零码

(c) 单极性归零码

(d) 双极性归零码

图 4-18　常见数字信号编码方案

① 单极性不归零码：无电压表示"0"，恒定正电压表示"1"，每个码元时间的中间点是采样时间，判决门限为半幅电平。

② 双极性不归零码："1"码和"0"码都有电流，"1"为正电流，"0"为负电流，正和负的幅度相等，判决门限为零电平。

③ 单极性归零码：当发"1"码时，发出正电流，但持续时间短于一个码元的时间宽度，即发出一个窄脉冲；当发"0"码时，仍然不发送电流。

④ 双极性归零码：其中"1"码发正的窄脉冲，"0"码发负的窄脉冲，两个码元的时间间隔大于每一个窄脉冲的宽度，取样时间是对准脉冲的中心。

归纳思考

- 不归零码在传输中难以确定一位的结束和另一位的开始，需要用某种方法使发送器和接收器之间进行定时或同步；
- 归零码的脉冲较窄，根据脉冲宽度与传输频带宽度成反比的关系，归零码在信道上占用的频带较宽。

单极性码会积累直流分量，不利于通过含有变压器的数据通信信道，直流分量还会损坏连接点的表面电镀层；双极性码的直流分量大大减少，这对数据传输是有利的。例如：PCM 编码后输出的是单极性不归零码（Non-Return Zero，NRZ）码，这种码序列的频谱中含有丰富的直流成分和较多的低频成分，不适合直接送入变压器耦合的有线信道。因此，需要进行码型变换，典型的传输码型是双极性归零码（Return Zero，RZ），它具有直流分量小、占用频带窄等优点，适合在金属导线上传输。所以信道上传输的数字信号，需由 NRZ 码变换成 RZ 码。

在以太网中，为方便提取时钟信号多采用曼彻斯特编码以及差分曼彻斯特编码。

⑤ 曼彻斯特（Manchester）编码

每个比特的中间有一次电平跳变，可以把"0"定义为由高电平到低电平的跳变，"1"定义为由低电平到高电平的跳变。

⑥ 差分曼彻斯特（difference Manchester）编码

差分曼彻斯特编码是对曼彻斯特编码的改进。"0"和"1"是根据两比特之间有没有跳变来区分的。如果下一个数是"0"，则在两比特中间有一次跳变；如果下一个数据是"1"，则在两比特中间没有电平跳变。

综上所述，数据传输对码型变换是有一定要求的，不是什么码型（编码）都适用于数据传输。数据传输对传输码型（编码）的要求如下。

① 在对称线路中传输时，码序列频谱中不含直流分量和尽量少的低频分量。

② 码序列中不含过高的频率分量。

③ 码序列中含有的同步信息，在中继站或接收端提取时不发生困难。

④ 码型要有一定的检纠错能力。

2．增加纠错能力，减少差错

信道编码的检错与纠错可以通过差错控制编码实现。差错控制编码是为确保数据通信正常进行而设计的。数据通信系统必须具备发现并纠正差错的能力，将差错率控制在所能允许的尽可能小的范围内。差错控制编码分为以下两种：

（1）纠错码：让传输的数据分组带上足够多的冗余信息，以便在接收端能发现并自动纠正传输差错。

（2）检错码：让传输的数据分组带上一定的冗余信息，根据这些冗余信息，接收端可以发现差错，但不能确定哪一个或哪一些位是错误的，并且自己不能纠正传输差错。如奇偶检验码。

4.3 数据传输

4.3.1 传输类型及方式

1．数据传输的类型

数据传输的类型很多，下面总结如下。

（1）模拟传输和数字传输

模拟传输是数据在模拟信道中传输。数字传输是数据在数字信道中传输。

（2）基带传输和频带传输

基带传输是信号不经过调制在基带信道中直接传输。数据信号在基带传输时要通过基带调制解调器，基带调制解调器不是真正的调制解调器，实际上就是接口设备。

频带传输也叫载波传输，就是数据信号经频率变换后在一段频带中传输。

（3）串行传输和并行传输

串行传输是数据流以字符串的形式在一个信道上排队传输，串行传输要解决收发双方同步问题，否则收方不可能从数据流中分出一个个字符。

并行传输指数据以成组的形式在多个并行信道上同时进行传输，并行传输不要求收发双方同步。

（4）同步传输和异步传输

同步传输和异步传输是串行传输的两种方法。

异步通信是指发送方和接受方之间不需要严格的定时关系，适合于并不是经常有大量数据传送的设备。

同步通信要求发送和接收数据的双方有严格的定时关系。它是一个发送者和接收者之间互相制约、互相通信的过程。

（5）单工、半双工和全双工传输

数据单工传输是两地间只能在一个方向进行数据传输；数据全双工传输是两地间能在两个方向同时进行数据传输；数据半双工传输是两地间能在两个方向进行数据传输，但两者不能同时进行。

2．模拟传输和数字传输

对于数据通信技术来说，它要研究的是如何将表示各类信息的二进制比特序列通过传输介质，在不同计算机之间进行传送的问题。

信号是数据在传输过程中的电信号的表示形式。电话线上传送的按照声音的强弱幅度连续变化的电信号称为模拟信号（analog signal）。计算机所产生的电信号是用两种不同的电平去表示 0、1 比特序列的电压脉冲信号，这种电信号称为数字信号（digital signal），如图 4-19 所示。

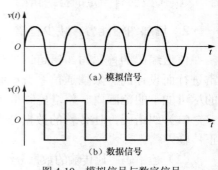

（a）模拟信号

（b）数据信号

图 4-19　模拟信号与数字信号

按照在传输媒质上传输的信号类型，可以相应地将通信系统分为模拟通信系统与数字通信系统两种。

模拟传输是数据在模拟信道中传输。数据信号在模拟信道中传输必须要用调制解调器，将数据信号经过"数/模"变换，将数据信号调制在话音上，才能在模拟信道中传输。调制解调器分基带调制解调器、频带调制解调器、宽带调制解调器三种。早期的拨号上网就是利用调制解调器通过电话线路上网，这是典型的模拟数据传输系统。

数字传输是数据在数字信道中传输。其系统组成如图 4-1 所示，这是目前主流的数据传输形式。数据在数字信道中传输可直接传输而不必经过调制解调器，但要有信道与传输终端相连的接口设备，其功能是实现波形与码型变换、功能转换、线路特性均衡、收发时钟的形成和供给以及控制信号的建立、保持或拆断等。

（1）模拟传输方式的优缺点

优点：

① 模拟传输占用频带少，可提供大量的通信信道；

② 能远距离传输信息，数据基带信号经高频调制后就可以在无线信道或光信道上进行远距离传输（属于宽带传输）。

缺点：

① 需要进行调制和解调；

② 远距离传输会受到一系列影响。

（2）数字传输方式的优缺点

优点：

① 基带信号不需调制，直接由 0 和 1 二进制组成代码进行传输（属于基带传输）；

② 传输失真小、误码率低，数据传输速率高。

缺点：通信距离较短。

3．并行传输与串行传输

重点掌握

- 并行传输：数据在多条信道上同时传输的方式称为并行传输。如图 4-20 所示。
- 串行传输：数据在一条信道上按位依次传输的方式称为串行传输。如图 4-21 所示。

（1）并行通信方式

并行通信传输中有多个数据位，同时在两个设备之间传输。发送设备将这些数据位通过对应的数据线传送给接收设备，还可附加一位数据校验位。接收设备可同时接收到这些数据，不需要做任何变换就可直接使用。并行方式主要用于近距离通信。计算机内的总线结构就是并行通信的例子。这种方法的优点是传输速度快，处理简单。并行数据传输如图 4-20 所示。

（2）串行通信方式

串行数据传输时，数据是一位一位地在通信线上传输的，先由总线传输过来的并行数据，通过并/串转换变成串行数据，再逐位经传输线到达接收端的设备中，并在接收端将数据从串行方式重新转换成并行方式，以供接收方使用。在相同条件下，串行数据传输的速度要比并行传输慢，但对于覆盖面极其广阔的通信系统来说具有更大的现实意义。串行数据传输如图 4-21 所示。

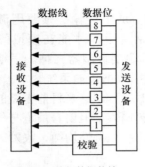

图 4-20 并行数据传输

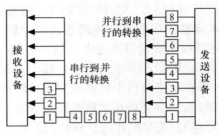

图 4-21 串行数据传输

4．同步传输和异步传输

为了保证数据正常接收，要求发送端与接收端以同一种速率在相同的起止时间内接收数据，否则可能造成收发之间的失衡，使传输的数据出错。这种统一发送端和接收端动作同步的技术称为同步技术。常用的同步技术有两种：异步传输方式和同步传输方式。

探讨
- 异步传输和同步传输与串行传输的关系。
- 异步传输和同步传输在什么情况下使用？

（1）异步传输

异步传输又称起止同步法，是一种字符同步，即每传送一个字符都要求在字符码前面加一个起始位，以表示字符代码的开始，在字符代码和校验码后面加一个停止位，表示字符结束。如图 4-22 所示。这种方式适用于低速终端设备。

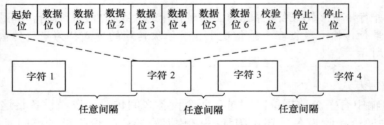

图 4-22 异步传输示意图

异步传输是靠起始和停止位来实现字符定界及字符内比特同步的。在异步通信中，发送端可以在任意时刻发送字符，字符之间的间隔时间可以任意变化。该方法是将字符看作一个独立的传送单元，在每个字符的前后各加入若干信息位作为字符的开始和结束标志位，以便在每一个字符开始时接收端和发送端同步一次，从而在一串比特流中可以把每个字符识别出来。

（2）同步传输

同步传输是以固定的时钟节拍来发送和接收数据信号的，使接收端每一位数据都要和发送端保持同步。保持同步有位同步和帧同步两种方法。

① 位同步

为了保持通信过程中收发双方的时钟频率一致，接收方根据发送端发送数据的起止时间和时钟频率，来校正自己的时间基准与时钟频率，这个过程就是位同步。实现位同步的方法可分为外同步法和自同步法两种。

在外同步法中，接收端的同步信号事先由发送端送来，而不是自己产生也不是从信号中提取出来。即在发送数据之前，发送端先向接收端发出一串同步时钟脉冲，接收端按照这一时钟脉冲频率和时序锁定接收端的接收频率，以便在接收数据的过程中始终与发送端保持同步。

自同步法是指能从数据信号波形中提取同步信号的方法。典型例子就是著名的曼彻斯特编码，如图 4-23 所示，常用于局域网传输。在曼彻斯特编码中，每一位的中间有一跳变，位中间的跳变既作时钟信号，又作数据信号；从高到低跳变表示"1"，从低到高跳变表示"0"。还有一种是差分曼彻斯特编码，每位中间的跳变仅提供时钟定时，而用每位开始时有无跳变表示"0"或"1"，有跳变为"0"，无跳变为"1"。

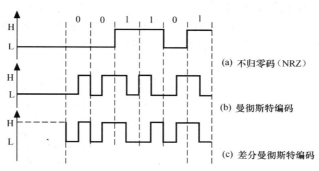

图 4-23 曼彻斯特编码中自同步原理

两种曼彻斯特编码是将时钟和数据包含在数据流中，在传输代码信息的同时，也将时钟同步信号一起传输到对方，每位编码中有一个跳变，不存在直流分量，因此具有自同步能力和良好的抗干扰性能。但每一个码元都被调成两个电平，所以数据传输速率只有调制速率的 1/2。

② 帧同步

帧同步就是从接收数据中正确地进行分组和分帧。实现帧同步的基本方法是在发送端规定的帧同步码时隙，插入一组特殊码型的帧同步码，在接收端定期扫描帧同步码确定帧的起始位置。

归纳思考

- PCM 传输属于同步传输方式，其特点是在由多路原始信号复合成的时分复用信号中，各路原始信号都是按一定时间间隔周期性出现的，所以只要根据时间就可以确定现在是哪一路的原始信号。
- 异步传输方式的各路原始信号不一定按照一定的时间间隔周期性地出现，因而需要另外附加一个标志来表明某一段信息属于哪一段原始信号。

5．基带传输与频带传输

探讨

● 数据传输以信号传输为基础，在理想情况下，接收信号的幅度和波形应与发送信号完全一样。然而，信号在实际传输过程中会发生衰减、变形，使接收信号与发送信号不一致，甚至使接收端不能正确识别信号所携带的信息。那么，如何保证数据传输的质量呢？

（1）基带传输

所谓基带，就是指电信号所固有的基本频带，简称基带。未经调制的电脉冲信号呈现方波形式。如图 4-24 所示，所占据的频带通常从直流和低频开始，因而称为基带信号。基带传输多用于短距离数据传输。

在基带传输中，需要对数字信号进行码型变换，即用不同电压极性或电平值代表数字信号的"0"和"1"。如局域网中常用的基带传输码型有：曼彻斯特码和差分曼彻斯特码。

（2）频带传输

所谓频带传输，就是把二进制信号（数字信号）进行调制，用某一频率的正（余）弦摸拟信号作为载波，用它运载所要传输的数字信号，通过传输信道送至另一端；在接收端再将数字信号从载波上取出来，恢复为原来的信号波形。频带传输在发送端和接收端都要设置调制解调器，将基带信号变换为频带信号再传输。如图 4-25 所示。

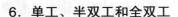

图 4-24　基带传输示意图

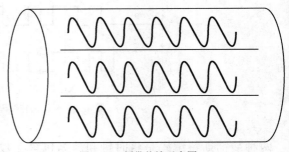

图 4-25　频带传输示意图

6．单工、半双工和全双工

按照信号传送方向与时间的关系，信道可以分为三种：单工、半双工和全双工。如图 4-26 所示。

单工数据传输只支持数据在一个方向上传输（如无线广播和电视广播）；半双工数据传输允许数据在两个方向上传输，但是，在某一时刻，只允许数据在一个方向上传输，它实际上是一种切换方向的单工通信（如对讲机）；全双工数据通信允许数据同时在两个方向上传输（如电话通信），因此，全双工通信是两个单工通信方式的结合，它要求发送设备和接收设备都有独立的接收和发送能力。

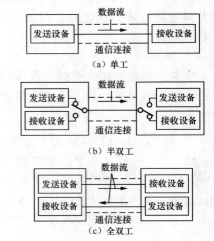

图 4-26　单工、半双工、全双工示意图

4.3.2　数据通信系统的主要质量指标

了　解

数据通信系统的主要质量指标包括：
- 传输速率
- 误码率
- 信道容量
- 带宽

数据通信的指标是围绕传输的有效性和可靠性来制定的。这些主要质量指标为：

1.　传输速率

（1）信息传输速率 R_b：单位时间内所传递的信息量（二进制代码的有效位数）。

信息传输速率 R_b 简称比特率。它表示单位时间内传递的平均信息量或比特数，单位是比特/秒，可记为 bit/s。

在数字信道中，当传输速率较高时，常用 kbit/s、Mbit/s、Gbit/s、Tbit/s 等来表示比特率。

比特率公式：$R_b = \dfrac{1}{T} \log_2 N$

T——码元长度

N——一个码元信号代表的有效状态数，为 2 的整数倍。

$\log_2 N$——单位码元能表示的比特数

（2）码元传输速率 R_B（又称波特率）：它表示单位时间内传输码元的数目，简称符号速率，单位是波特（Baud），记为 B。

波特率公式：$R_B = \dfrac{1}{T}$

对于数字信号传输过程，波特率指线路上每秒钟传送的码元波形个数。例如，若 1 秒内传 2400 个码元，则波特率为 2400B。数字信号有多进制和二进制之分，但码元速率与进制数无关，只与传输的码元长度 T 有关。

每个码元或符号通常都含有一定比特数的信息量，因此码元速率和信息速率有确定的关系，即

$$R_b = R_B \log_2 N$$

式中，N 为码元的进制数。例如码元速率为 1200B，采用八进制（$N=8$）时，信息速率为 3600bit/s；采用二进制（$N=2$）时，信息速率为 1200bit/s，可见，二进制的码元速率和信息速率在数量上相等。

2.　误码率（码元差错率）

误码率（码元差错率）：指接收码元中错误码元数占传输总码元数的比例。

$$P_e = \frac{\text{接收码元中错误码元数}}{\text{接收总码元数}}$$

误码率是个统计概念，目前电话线路系统的平均误码率是：

300～2400bit/s 时，10^{-2} 到 10^{-6} 之间；

4800～9600bit/s 时，10^{-2} 到 10^{-4} 之间。

数据通信的平均误码率要求低于 10^{-9}。

例 4-1 已知二进制数字信号在 2 分钟内共传送了 72000 个码元。

问其码元速率和信息速率各为多少？

如果码元宽度不变（即码元速率不变），但改为八进制数字信号，则其码元速率为多少？信息速率又为多少？

解：

（1）在 $2 \times 60s$ 内传送了 72000 个码元

$$R_B = \frac{72000}{2 \times 60} = 600(B)$$

$$R_b = R_B = 600(bit/s)$$

（2）若改为 8 进制，则

$$R_B = \frac{72000}{2 \times 60} = 600(B)$$

$$R_b = R_B \log_2 8 = 1800(bit/s)$$

已知某八进制数字通信系统的信息速率为 12000 bit/s，在收端半小时内共测得出现了 216 个错误码元，试求系统的传输速率和误码率。

解：

$$R_b = 12000(bit/s)$$

$$R_B = R_b / \log_2 8 = 4000(B)$$

$$P_e = \frac{216}{4000 \times 30 \times 60} = 3 \times 10^{-5}$$

3．信道容量

信道容量表征一个信道传输数据的最大能力，单位：bit/s。信道容量的计算方法如下：

无噪声情况下：信道容量 $C = 2B \log_2 N$

其中：

B——信道带宽，单位为 Hz

N——一个码元信号代表的有效状态数

有噪声情况下：信道容量 $C = B \log_2 (1 + \frac{S}{N})$

其中：

B——信道带宽，单位为 Hz

S——信号的功率

N——噪声功率

4．带宽

带宽用于衡量通信系统的传输能力，它有两种含义。

"带宽"本来的意思是指某个信号具有的频带宽度，或网络系统能够传输信号的最高频率 f_H 和最低频率 f_L 的差值，即 $B = f_H - f_L$。带宽的单位是赫兹（Hz）、千赫（kHz）、兆赫（MHz）等。

在数字信道中，"带宽"是指在信道上（或一段链路上）能够传送的数字信号的最大速率，即比特率。

警 示

- 带宽可以表示为链路上每秒最多能够传输多少比特，而不是比特实际传输有多快。

4.4 数据交换

重点掌握

- 一个通信网的有效性、可靠性和经济性直接受网中所采用的交换方式的影响。
- 数据交换走过了电路交换、报文交换、分组交换等多个阶段，目前常用的数据交换形式如 ATM 交换、IP 交换、MPLS 交换等均属分组交换。

4.4.1 电路交换

电路交换（circuit switching）是最早出现的一种交换方式，电路交换要求输入线与输出线建立一条物理通道。电路交换原理是直接利用可切换的物理通信线路，连接通信双方。如图 4-27 所示。

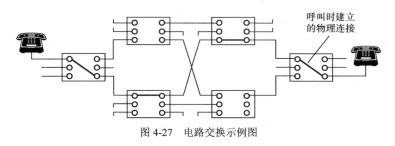

图 4-27 电路交换示例图

1. 电路交换的工作原理

电路交换基本过程包括呼叫建立、信息传递、电路拆除三个阶段。

（1）电路建立：在传输任何数据之前，要先经过呼叫过程建立一条端到端的电路。如图 4-28 所示。若 H1 要与 H3 连接，典型的做法是，H1 先向与其相连的 A 节点提出请求，然后 A 节点在通向 C 节点的路径中找到下一个支路。比如 A 节点选择经 B 节点的电路，在此电路上分配一个未用的通道，并告诉 B 它还要连接 C 节点；B 再呼叫 C，建立电路 BC，最后，节点 C 完成到

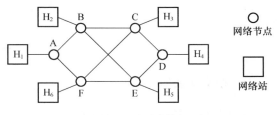

图 4-28 电路交换网

H3 的连接。这样 A 与 C 之间就有一条专用电路 ABC，用于 H1 与 H3 之间的数据传输。

（2）数据传输：电路 ABC 建立以后，数据就可以从 A 发送到 B，再由 B 交换到 C；C 也可以经 B 向 A 发送数据。在整个数据传输过程中，所建立的电路必须始终保持连接状态。

（3）电路拆除：数据传输结束后，由某一方（A 或 C）发出拆除请求，然后逐节拆除到对方节点。

2．电路交换技术的特点

在数据传送开始之前必须先设置一条专用的通路。在线路释放之前，该通路由一对用户完全占用。

（1）优点：数据传输可靠、迅速，数据不会丢失且保持原来的序列。

（2）缺点：在某些情况下，电路空闲时的信道容易被浪费；在短时间数据传输时电路建立和拆除所用的时间得不偿失。因此，它适用于系统间要求高质量的大量数据传输的情况。

常见的电路交换网络有：电话网（Telephone networks）、ISDN （Integrated Services Digital Networks）等。

4.4.2　报文交换

当节点间交换的数据具有随机性和突发性时，采用电路交换会造成信道容量和有效时间的浪费。采用报文交换则不存在这种问题。

1．报文交换原理

报文交换方式的数据传输单位是报文，报文就是通信终端一次性要发送的数据块，其长度不限且可变。发送报文时，通信终端将一个目的地址附加到报文上，网络节点根据报文上的目的地址信息，把报文发送到下一个节点，一直逐个节点地转送到目的节点。报文交换如图 4-29 所示。

每个节点在收到整个报文并检查无误后，就暂存这个报文，然后利用路由信息找出下一个节点的地址，再把整个报文传送给下一个节点。因此，端与端之间无需先通过呼叫建立连接。

一个报文在每个节点的延迟时间，等于接收报文所需的时间加上向下一个节点转发所需的排队延迟时间之和。

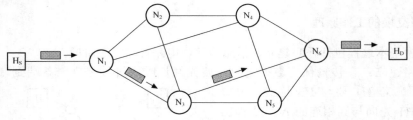

图 4-29　报文交换示意图

2．报文交换的特点

报文从源点传送到目的地采用"存储转发"方式，在传送报文时，某一时刻仅占用一段通道。在交换节点中需要缓冲存储，报文需要排队，故报文交换不能满足实时通信的要求。

（1）报文交换的优点

① 电路利用率高。由于许多报文可以分时共享两个节点之间的通道，所以对于同样的通信量来说，对电路的传输能力要求较低。

② 在电路交换网络上，当通信量变得很大时，就不能接受新的呼叫。而在报文交换网络上，通信量大时仍然可以接收报文，不过传送延迟会增加。

③ 报文交换系统可以把一个报文发送到多个目的地，而电路交换网络很难做到这一点。

④ 报文交换网络可以进行速率及代码的转换。

（2）报文交换的缺点

① 不能满足实时或交互式的通信要求，报文经过网络的延迟时间长且不定。

② 有时节点收到过多的数据而无空间存储或不能及时转发时，就不得不丢弃报文，而且发出的报文不按顺序到达目的地。

长报文可能超过了节点的缓冲器容量，也可能使相邻节点间的线路被长时间占用。一个线路故障有可能导致整个报文丢失。因此，报文交换网络已不再采用，而逐渐被更为高效的分组交换网络所取代。

4.4.3　分组交换

1. 分组交换的原理

分组交换是报文交换的一种改进，它将报文分成若干个分组，每个分组的长度有一个上限，有限长度的分组使得每个节点所需的存储能力降低了，分组可以存储到内存中，提高了交换速度。它适用于交互式通信，如终端与主机通信。分组交换是计算机网络中使用最广泛的一种交换技术。

分组交换又称包交换。在分组交换系统中，在每个分组前都加上分组头。分组头中含有地址、分组号和控制信息等。这些分组可以在网络内沿不同的路径并行传输，如图 4-30 所示。

分组交换的原理是：信息以分组为单位进行存储转发。源节点把报文分为若干个分组，在中间节点存储转发，目的节点再按发端顺序把分组合成报文。分组交换技术是在模拟线路环境下建立和发展起来的，规定的一套很强的检错、纠错和流量控制、拥塞控制机制，防止网络拥塞，但却使网络时延变大。

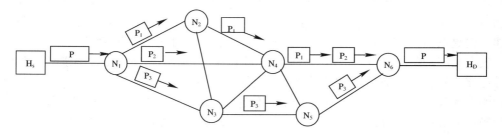

图 4-30　分组交换原理示意图

图 4-30 中，假设始点 H_s 站有一段报文 P 要传送到终点 H_D 站，在始点首先将其分为 P_1、P_2、P_3 三个分组，一连串地发给 N_1 节点，N_1 节点必须为每个分组选择路由。收到 P_1 分组后，N_1 节点发现到 N_2 节点的分组队列短于 N_3 和 N_4 节点的分组队列，于是它将 P_1 分组发送到 N_2 节点，即排入到 N_4 节点的队列。但是对于 P_2 分组，N_1 节点发现此时到 N_4 节点的队列最短，因此将 P_2 分组发送到 N_4 节点，即排入到 N_4 节点的队列。同样原因，P_3 分组也排入到 N_3 节点。在以后通往 H_D 站路径的各节点上，都做类似的处理。这样，每个分组虽然有同样

的目的地址，但并不一定走同一条路径。另外，P_3 分组有可能先于 P_1、P_2 分组到达 H_D 站。因此，这些分组有可能以一种不同于它们发送时的顺序到达 H_D 站，需要对它们重新排序。

分组交换技术中，每个终端没有固定时隙分配，根据用户实际需要动态分配线路资源。只有当用户有数据要传输时才给它分配线路资源，当用户暂停发送数据时，不给它分配线路资源，线路的传输能力可以被其他用户使用，这种时分复用方式叫统计时分复用。

2. 分组交换采用的路由方式

分组交换采用的路由方式有：数据报（datagram）和虚电路（virtual circuit）方式。

（1）数据报

采用数据报方式，每个分组被独立地传输。也就是说，网络协议将每一个分组当作单独的一个报文，对它进行路由选择。这种方式允许路由策略考虑网络环境的实际变化。如果某条路径发生阻塞，它可以变更路由。

图 4-31 就是数据报方式，即对每个分组进行单独处理，这种方式速度较慢。数据报分组头装有目的地址的完整信息，以便分组交换机进行路由选择。用户通信不需要经历呼叫建立和呼叫清除的阶段，适于短报文消息传输。

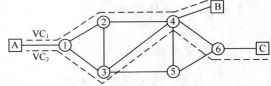

图 4-31　虚电路原理示意图

（2）虚电路

为提高分组交换效率，借鉴电路交换的优势，形成了虚电路方式。虚电路方式是在发送分组前，先建立一条逻辑连接（不独占线路），为用户提供一条虚拟的电路。虚电路方式的连接为逻辑连接。

如图 4-31 所示，假设 A 要将多个分组送到 B，它首先发送一个"呼叫请求"分组到 1 号节点，要求到 B 的连接。1 号节点决定将该分组发到 2 号节点，2 号节点又决定将之发送到 4 号节点，最终将"呼叫请求"分组发送到 B。

在图 4-31 中，如果 B 准备接收这个连接的话，它发送一个"呼叫接收"分组，通过 4 号、2 号、1 号节点到达 A，此时，A 站和 B 站之间可以经由这条已建立的逻辑连接即虚电路（图 4-31 中 VC1）来传输分组，交换数据。此后的每个分组都包括一个虚电路标识符，预先建立的这条路由上的每个节点依据虚电路标识符就可知道将分组发往何处。在分组交换机中，设置相应的路由对照表，指明分组传输的路径，不需电路交换那样确定具体电路。

虚电路方式的一次通信具有呼叫建立、数据传输和呼叫释放三个阶段。数据分组按建立的路径顺序通过网络，目的节点收到的分组次序与发送方是一致的，目的节点不需要对分组重新排序，因此重装分组就简单了，这种方式对数据量较大的通信传输效率较高。

3. 分组交换的特点

（1）传输质量高。分组交换机之间传送的每个分组都要通过差错控制功能进行检验，当出现差错时，可以进行纠错或要求发送终端重发，因此分组内容出现差错的概率很低。

（2）可靠性高。在分组交换方式中，即使网内的某一局部发生故障，网络也能保证高可靠性的服务。因为在分组交换网中，每一个交换机都至少与两个相邻的交换机相连，能够自动选择避开故障点的迂回路由传送。

（3）可实现不同种类终端之间的通信。分组交换是存储交换方式，分组交换机把从发送终端送出的报文消息变换为接收终端能够接收的形式进行传送。因此在分组交换网中，能够实现通信速率、编码方式、同步方式以及传输控制规程不同的终端之间的通信。

（4）分组多路通信。由于在分组中既含有用户数据信息又含有用户地址信息，分组型终端只要通过一条用户线与分组交换机相连接，就能同时与多台终端进行报文消息的发送和接收。

（5）技术实现复杂。分组交换机要对各种类型的"分组"进行分析处理，为其提供路由，为用户提供速率、代码和规程的变换，为网络的维护管理提供必要的报告信息等，要求交换机具有较高的处理能力。传统的 X.25 协议就是一种分组交换协议。

电路交换、报文交换和分组交换是数据交换的三种类型。语音业务常用电路交换，数据业务常用分组交换。

4．电路交换、报文交换和分组交换的比较

各种交换方式进行比较见表 4-1。

表 4-1　　　　　　　　　　　　　各种交换方式的比较

比较项目 ＼ 交换方式	电路交换	报文交换	分组交换
用户速率	取决于收发数据终端	100bit/s 左右	2.4～64kbit/s
时延	很短	长	较小
动态分配带宽	不支持	支持	支持
突发适应性	差	差	一般
电路利用率	差	报文短时差，长时好	一般
数据可靠性	一般	较好	高
媒体支持	话音、数据	报文数据	话音、数据
业务互连	差	差	好
服务类型	面向连接	无连接	面向连接或无连接
异种终端互通	不可以	可以	可以
实时性会话	适用	不适用	适用

归纳思考

- 电路交换适用于实时信息传送，在线路带宽比较低的情况下使用比较经济；
- 报文交换适用于线路带宽比较高的情况，可靠、灵活，但延迟大；
- 分组交换缩短了延迟，也能满足一般的实时信息传送。在高带宽的通信中更为经济、合理、可靠。

4.4.4　帧中继技术

随着通信技术的不断发展，在分组交换思想的基础上，产生了帧中继技术与 ATM 技术。

1．帧中继的基本原理

由于光纤的大量使用，快速分组交换（Fast Packet Switching，FPS）应运而生，快速分组交换的目标是通过简化通信协议来减少中间节点对分组的处理，发展高速的分组交换机，以获得高的分组吞吐量和小的分组传输时延，适应高速传输的需要。

帧中继（Frame Relay，FR）是快速分组交换网的一种，它是以 X.25 交换技术为基础，摒弃其中烦琐过程，改造了原帧结构，获得良好的性能。分组交换在源端到目的端的每一步中都要进行复杂的处理；在每一个中间节点都要对分组进行存储，并检查数据是否存在错误。

采用帧中继方式的网络中各中间节点没有网络层，并且数据链路层也只有一般网络的一部分（但增加了路由功能），中间节点只进行差错检测，检出的错误帧直接丢弃，无需回送确认帧。帧中继与分组交换的数据链路应答过程如图 4-32 所示。

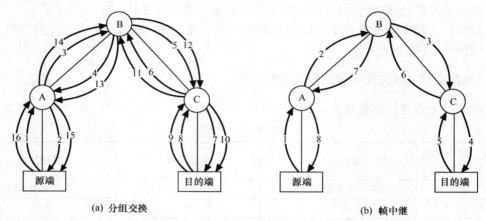

(a) 分组交换　　　　　　　　　　　　　　　　(b) 帧中继

图 4-32　帧中继与分组交换的数据链路应答过程比较

2．帧中继的特点

（1）用户接入速率为 64kbit/s～2Mbit/s，可以提供虚电路业务。

（2）采用统计时分复用技术，动态分配带宽，充分利用网络资源。

（3）适用突发性业务，允许用户有效利用预先约定的带宽传送数据，同时允许用户在网络资源空闲时超过预定值，占用更多的带宽，而只需付预定带宽的费用。

（4）简化了 X.25 协议，纠错、流量控制等处理改由终端完成，提高了网络处理效率和吞吐量，降低了端到端传输时延。

（5）由于帧长度可变，网络延迟和往返延时难以预测，不利于多媒体业务的传输。

4.4.5　ATM 交换

在 ATM 技术产生之前，网络普遍存在以下缺陷：各类传统通信只能用于专一服务，如公用电话网不能用来传送 TV 信号，X.25 不能用来传送高带宽的图像和对实时性要求较高的语言信号，一种网络的资源很难被其他网络共享。

● 能否将带宽、实时性、传输质量要求各不相同的网络服务，由一个统一的多媒体网络来实现，做到真正的一线通？

随着通信业务的发展，用户对传送高质量图像和高速数据的要求越来越高。异步转移模式（Asynchronous Transfer Mode，ATM）由此产生，它是一种快速分组交换技术。ATM 技术以信元为信息传输、复接和交换的基本单位。

ATM 可以看作是一种特殊的分组传输方式，建立在异步时分复用基础上，使用不连续的数据块进行数据传输，并允许在单个物理接口上复用多条逻辑连接。

1．ATM 信元

根据统计，电话业务、数据业务、移动业务等对信令单元的最佳长度要求是不同的。ATM 所面临的挑战是建立一种物理网络，包容所有先前的网络功能和服务，还要能适应未来服务需求的改变而免遭淘汰。就像建造房屋那样，ATM 要发明可以建造任何需要的或想要的网上砖瓦。这种砖瓦就是 ATM 的信元。

ATM 技术将数字化话音、数据及图像等所有的数字信息分割成固定长度的数据块，在每个数据块前加上一个包含地址等控制信息的信元头，从而构成一个信元（Cell），实际上是固定长度的分组。每个信元包含 5 字节的信息头与 48 字节的信息段。它以 53 字节的等长信元为传输单位。

来自不同信息源（不同业务和不同发源地）的信元汇集到一起，在一个缓冲器内排队，队列中的信元逐个输出到传输线路，在传输线路上形成首尾相接的信元流。信元的信头中写有信息的标志（如图 4-33 中的 A 和 B），说明该信元去往的地址，网络根据信头中的标志来转移信元。

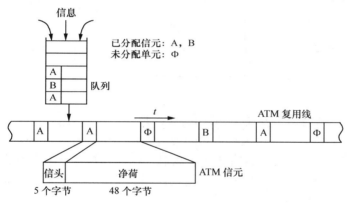

图 4-33　ATM 信元的异步转移方式

如果在某个时刻图中的队列排空了，这时线路上就会出现未分配的信元（信头中含有标志（的信元）；如果在某个时刻传输线路上找不到可以传送信元的机会（信元都已排满），而队列已经充满缓冲区，这时后面来的信元就要丢失，信元丢失会导致业务质量的降低。

由于信息源产生信息是随机的，信元到达队列也是随机的，因此速率高的业务信元来得十分频繁，十分集中；速率低的业务信元来得则很稀疏。这些信元都按先来后到的顺序在队列中排队。队列中的信元按输出次序复用到传输线路上，具有同样标志的信元在传输线路上并不对应着某个固定的时间（时隙），也不是按周期出现的。

也就是说，信息和它在时域中的位置之间没有任何关系，信息只是按信头中的标志来区分的。这种复用方式是异步时分复用（Asynchronous Time Division Multiplex），又叫统计复用（Statistic Multiplex）。

ATM 技术采用的是 ATM 交换方式，它既能像电路交换方式那样适用于电话业务，又能像分组交换方式那样适用于数据业务，并且还能适用于其他业务。

ATM 的目标是要提供一种高速、低延迟的多路复用和交换网络以支持用户所需进行的多种类型的业务传输，如声音、图像、视频、数据等。

2．ATM 的虚电路

ATM 方式的优点是可以灵活地在逻辑上将用户线路分割成速率不同的各个子信道，以适应不同的通信要求。这些子信道就是虚路径和虚通道。如图 4-34 所示。

虚通道（Virtual Channel，VC）：也称虚信道，是在两个或多个端点之间运送 ATM 信元的通信信道，由信头中的虚通道标识符（VCI）来区分不同的虚通道。它可用于用户到用户、用户到网络以及网络到网络之间的信息转移。虚通道是一条单向 ATM 信元传输信道，有唯一的标识符 VCI。

虚通路（Virtual Path，VP）：是一种链路端点之间虚通道的逻辑联系。在传输过程中将虚通道组合在一起构成虚通路。物理传输媒质和 VC、VP 的关系如图 4-34 所示。虚通路就是在给定的参考点上具有同一虚通路标识符（VPI）的一组虚通道，VPI 也在信头中传送。虚通路是指一条单向 ATM 信元传输路径，含多条虚通道，有相同的 VPI。

图 4-34　VP、VC 之间的复用关系图

ATM 的传送单元是固定长度 53 字节的信元，其中 5 字节为信元头，用来承载该信元的控制信息；48 字节为信元体，用来承载用户要分发的信息。信头部分包含了选择路由用的 VPI（虚通道标识符）/VCI（虚通路标识符）信息，因而它具有分组交换的特点。ATM 是一种高速分组交换，在协议上它将 OSI 第二层的纠错、流控功能转移到智能终端上完成，降低了网络时延，提高了交换速度。

在物理链路中可开辟多个虚通路，每条虚通路分成多个虚通道，根据需要调整通道数，满足用户需求。ATM 面向连接的技术是通过建立虚电路进行数据传输。

在不同的时刻，用户的通信要求不同，虚通路和虚通道的使用也不同。当需要某一个虚电路时，ATM 交换机就可为该虚电路选择一个空闲的 VPI（虚通路标识符）和 VCI（虚通道标识符），在通信过程中，该 VPI/VCI 就始终表示该通信在进行，当该虚电路使用完毕后，该 VPI/VCI 释放，就可以为其他通信所用了。这种通信过程就称为建立虚通路、虚通道和拆除虚通路、虚通道。

3．ATM 交换原理

ATM 交换分为虚通路 VP 交换和虚通道 VC 交换。

对于交换型业务而言，虚通道在虚路径上进行集中，虚路径通过 VC 交换机和 VP 交换机进行交换。在相邻两点间形成一个 VC 链（VC Link），一串 VC 链相连形成的 VC 连接叫作 VCC（VC Connection）。相应的，VP 链（VP Link）和 VP 连接（VP Connection，VPC）也可以类似的方式形成。ATM 虚电路交换如图 4-35 所示。

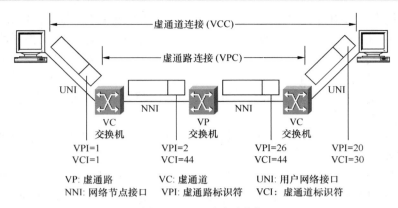

图 4-35　ATM 虚电路交换

（1）虚通路 VP 交换是将一条 VP 上所有的 VC 链全部转送到另一条 VP 上去，而这些 VC 链的 VCI 值都不改变，如图 4-36（a）所示。VP 交换的实现比较简单，往往只是传输通道中某个等级数字复用线的交叉连接。

（2）虚通道 VC 交换要和 VP 交换同时进行。当一条 VCC 终止时，VPC 也就终止了。这个 VPC 上的 VC 链可以各奔东西，加入到不同方向的新的 VPC 中去。如图 4-36（b）所示。VC 交换和 VP 交换合在一起才是真正的 ATM 交换。

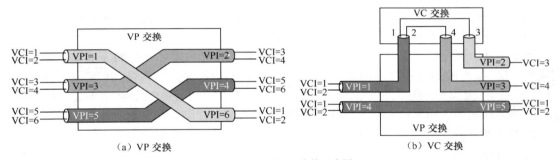

图 4-36　VP 和 VC 交换示意图

ATM 是一种面向连接的网络技术，其要特点是：携带用户信息的全部信元的传输、复用、交换过程，均在虚通道上进行。

归纳思考

ATM 和分组交换方式的主要不同之处如下：

① ATM 中使用了固定长度的分组——ATM 信元，并使用了空闲信元来填充信道。

② 可以由用户在申请信道时提出业务质量要求。

③ 不使用反馈重发方法，必要时可在用户之间进行端到端的差错纠正措施。

4.4.6　IP 交换

1. IP 交换的基本概念

IP 交换技术是相对于传统二层交换概念提出的，IP 交换是三层交换技术。众所周知，传统的交换技术是在 OSI 网络标准模型中的第二层——数据链路层进行的，而三层交换技术是在网络模型中的第三层实现了数据包的高速转发。简单地说，IP 交换技术就是第二层交换技术＋第三层转发技术。IP 交换技术的出现，解决了局域网中网段划分之后，网段中子网必须依赖路由器进行管理的局面，解决了传统路由器因低速、复杂所造成的网络瓶颈问题。当然，多层交换技术并不是网络交换机与路由器的简单堆叠，而是二者的有机结合，形成一个集成的、完整的解决方案。

随着网络规模及多媒体业务需求的增长，要求互联网具有实时性、可扩展性和保证服务质量的能力。基于 IP 的网络已不堪重负，路由器日趋复杂，仍无法满足通信优先级的要求，IP 协议也无法应付呈指数增长的用户以及多媒体通信对带宽的需求。因此，许多网络设备厂商致力于将 IP 的路由能力与 ATM 的交换能力结合到一起，使 IP 网络获得 ATM 性能上的优势，也可克服传统的 IP 网络关键部件路由器包转发速度太慢的问题，即在 ATM 网络上运行 IP 协议。

IP 交换的核心思想就是对用户业务流进行分类。对持续时间长、业务量大、实时性要求较高的用户业务数据流直接进行交换传输，用 ATM 虚电路来传输；对持续时间短、业务量小、突发性强的用户业务数据流，使用传统的分组存储转发方式进行传输。

传统的 IP over ATM 技术有 IETF（Internet Engineering Task Force）的 Classic IP over ATM 和 ATM 论坛的 LANE 等。但是它们存在着不少限制，主要有以下几点：

（1）在运行实时业务时不能保证服务质量（QoS）。

（2）在网络较大时，会造成 VC 连接数目很大，增加了路由计算的额外开销。

（3）数据必须在逻辑子网间转发，没有充分利用交换设备的能力。

为了解决上述问题，满足互联网规模快速增长和对实时多媒体业务的需求，需要将网络交换机（L2 层）的速度和路由器（L3 层）的灵活性结合起来，这就是 IP 交换，也称为第三层交换。IP 交换加上分类服务的保证，就可以在 IP 网这种无连接的网络上提供端到端的连接，并能保证业务所需的 QoS。采用 IP 交换的设备可以使网络带宽达到 T-bit 级。

IP 交换机和路由器主要有三个区别：

（1）对分组的分析深度不同。

（2）对待转发分组的信息结构进行分析的深度不同，这直接影响到转发数据分组的速度。

（3）对网络节点间通信量的管理不同。

IP 交换机要检查 OSI 模型中的数据链路层的信息头，以便在连接的两点之间建立一条路径，所有属于该路径的分组由此发出。采用了交换方式后，可以专门辟出一定量的带宽来处理诸如多媒体应用和视频会议之类的通信。

传统路由器根据 OSI 网络层中分组头的 IP 地址来选择的路由，它必须检查每个分组的 IP 地址，并分别为之选定一条最佳路径。这是一种无连接的网络服务，有利于从各种数据源中随意插入分组，为用户自动分配所需的带宽，但无法规定网上传送的先后顺序，当业务量大时，就会产生阻塞、延迟等问题。

2．IP 交换的关键技术

IP 交换的基本思想是为了避免网络层转发的瓶颈，进行高速链路层交换。IP 交换问题可以认为是地址转换问题，其关键任务是将 IP 子网地址与链路层地址相结合。这样，可以通过短标识（如：ATM 中的 VPI/VCI）与交换系统相连进行转发。

IP 交换采用直接路由技术，即通路中第一个节点选择路径，该通路子序列的交换采用第一次交换所选的路径。IP 交换只对数据流的第一个数据包进行路由地址处理，按路由转发，随后按已经计算的路由，例如在 ATM 网上建立 VC，以后的数据包沿 VC 直接传送，不再经过路由器，从而将数据包的转发速度提高到第二层交换的速度。

IP 交换中，将资源信息加入到路由协议中，各 VC 根据对 VC 的资源请求和网络中的可用资源进行路由选择。由于采用直接路由，提高了对 QoS 路由和带宽管理的可选择性，使得大 ISP 和骨干网无需中断就可以灵活转换路由计算。

3．IP 交换机的构成和特点

IP 交换机基本上是一个附有交换硬件的路由器，它能够在交换硬件中实现高速缓存路由策略。如图 4-37 所示，IP 交换机由 ATM 交换机硬件和一个 IP 交换控制器组成。

由于 IP 交换机是在 OSI 模型的网络层中引入了交换的概念。IP 交换机最大的特点就是引入了流（Flow）的概念。所谓流，就是一连串可以通过复杂选路功能而相同处理的分组包。例如，流可以是从一点（单向或多向发送）发出通过具有 QoS 功能的端口转发的一连串分组。

如图 4-37 所示的交换机结构中，ATM 交换机硬件保留原状，ATM 信令适配的控制软件被标准的 IP 路由软件代替，并且采用一个流分类器来决定是否要交换一个流以及用一个驱动器来控制交换硬件。

IP 交换机工作时首先就是将流进行分类以便选择哪些流可以在 ATM 交换机上直接交换，哪些流需要通过路由器一个一个地分组转发。显然，那些包括众多业务量的长流应尽可能地直接交换。

无论是长流还是短流，在到达 ATM 交换机时都需要贴虚通道标识符（VCI）的标签以便识别虚通道，流上的每个分组经过 IP 交换机交换时都必须有

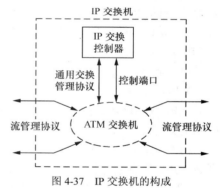

图 4-37 IP 交换机的构成

VCI 标签。IP 交换机在进行转发处理时，流标签只需要在 IP 交换网络中处理一次，而传统的路由器网络则需要在每个主机上都处理一次。这样就可大大提高网络传送的速度，减少网络成本。

采用 IP 交换技术，将交换机的速度和路由器的可扩展性融合在一起，是解决 Internet 网络规模和性能问题的关键技术。IP 交换技术大大推动了 Internet 网络的发展，受到通信界的重视。

重点掌握

- 每串流的转发和处理都由流中的第一个分组所确定。
- 一旦流被分类，整个流就可进入 ATM 交换机的超高速缓冲存储器进行处理，同时在 ATM 交换机上建立虚通道并建立直通（Cut-through）连接后直接转发，这样可减少路由器转发的负载。

4.4.7　MPLS 交换

探讨

- 传统的 IP 数据转发是基于逐跳式的，每个转发数据的路由器都要根据 IP 包头的目的地址查找路由表来获得下一跳的出口，这种方式繁琐而低效。如何提高 IP 数据交换的效率呢？

MPLS（Multi-protocol Label Switching，多协议标签交换）起源于 IPv4（Internet Protocol version 4，网际协议版本 4），最初是为了提高转发速度而提出的，其核心技术可扩展到多种网络协议，包括 IPv6（Internet Protocol version 6，网际协议版本 6）、IPX（Internet Packet Exchange，网际报文交换）和 CLNP（Connectionless Network Protocol，无连接网络协议）等。MPLS 中的"M"指的就是支持多种网络协议。

1．MPLS 基本概念

多协议标签交换 MPLS 最初是为了提高转发速度而提出的。与传统 IP 路由方式相比，它在数据转发时，只在网络边缘分析 IP 报文头，而不用在每一跳都分析 IP 报文头，从而节约了处理时间。

MPLS 独立于第二和第三层协议，诸如 ATM 和 IP。它提供了一种方式，将 IP 地址映射为简单的具有固定长度的标签，用于不同的包转发和包交换技术。它是现有路由和交换协议的接口，如 IP、ATM、帧中继、资源预留协议（RSVP）、开放最短路径优先（OSPF）等。

（1）转发等价类（FEC）

MPLS 作为一种分类转发技术，将具有相同转发处理方式的分组归为一类，称为转发等价类（Forwarding Equivalence Class，FEC）。相同 FEC 的分组在 MPLS 网络中将获得完全相同的处理。

FEC 的划分方式非常灵活，可以是以源地址、目的地址、源端口、目的端口、协议类型或 VPN 等为划分依据的任意组合。例如，在传统的采用最长匹配算法的 IP 转发中，到同一个目的地址的所有报文就是一个 FEC。

（2）标签

标签是一个长度固定，仅具有本地意义的短标识符，用于唯一标识一个分组所属的 FEC。一个标签只能代表一个 FEC。

（3）标签交换路由器

标签交换路由器（Label Switching Router，LSR）是 MPLS 网络中的基本元素，所有 LSR 都支持 MPLS 技术。

（4）标签交换路径

一个转发等价类在 MPLS 网络中经过的路径称为标签交换路径（Label Switched Path，LSP）。在一条 LSP 上，沿数据传送的方向，相邻的 LSR 分别称为上游 LSR 和下游 LSR。LSP 中的每个节点由 LSR 组成。

（5）标签分发协议

标签分发协议（Label Distribution Protocol，LDP）是 MPLS 的控制协议，它相当于传统网络中的信令协议，负责 FEC 的分类、标签的分配以及 LSP 的建立和维护等一系列操作。

2．MPLS 网络的组成原理

（1）路由和交换概念

MPLS 网络由核心部分的标签交换路由器（Label Switched Router，LSR）和接入部分的标签边缘交换路由器（Label switched Edge Router，LER）组成，如图 4-38 所示。

MPLS 技术的基本思想是在三层协议分组（如 IP 分组）前加上一个携带了标签的 MPLS 分组头，典型的标签交换设备（即 LSR）是运行了 MPLS 软件的路由器，在每台 LSR 上，MPLS 分组按照标签交换的方式被转发，而不是像传统的路由器那样，采用最长前缀匹配的方式转发分组。

在 MPLS 骨干网络边缘，LER 对进来的无标签分组（正常情况下）按其 IP 头端进行归类划分及转发判决，这样 IP 分组在边缘 LER 上被打上相应的标签，并被传送至到达目的地址的下一跳。

在后续的交换过程中，由 LER 所产生的固定长度的标签替代 IP 分组头端，大大简化了以后的节点处理操作。一般情况下，标签的值在每个 LSR 中交换后改变，这就是标签转发。

假如分组从 MPLS 的骨干网络中出来，出口边缘 LER 发现它们的转发方向是一个无标签的接口（即属本地处理），就简单地移除分组中的标签。这种标签转发方式对于对多种交换类型只需要唯一一种转发算法，因此，可以用硬件来实现较高的转发速度。

（2）标签交换转发及控制

标签与分组的绑定有若干种方式。对一些网络可以将标签嵌入到链路层的头端，也可以将它嵌入到位于数据链路头端和数据链路协议数据单元之间（如位于第二层头端与第三层数据之间），称为"垫层"（Shim）。

在 ATM 的情况下，MPLS 分组的封装方式被称为"信元模式"。这种情况下一般利用 ATM 信元头定义中的两个域 VPI 和 VCI 来携带 MPLS 标签。在常见的以太网（Ethernet）和 PPP 的情况下，MPLS 分组一般采用被称为"帧模式"的封装方式，此时 MPLS 分组需要在 L2 协议头和 L3 协议头中间加一个"垫层"（shim），用来携带一些 MPLS 协议需要的控制信息。

- 通过交换标签，MPLS 网络中所有节点都会知道每个节点对应的标签，可根据这些标签快速地与目的地建立一条标签交换路径来传输数据。
- 由于 MPLS 的转发机制与控制机制相互独立，路由属于控制机制的一部分，所以整个 MPLS 网路由信息的维护十分灵活。

在利用 MPLS 技术进行分组转发之前，先要运行一个标签分配协议（LDP）确定转发等价类（Forwarding Equivalence Class，FEC）和 MPLS 标签的映射关系，进行标签的分配，建立标签交换路径（Label Switched Path，LSP）。

当数据包进入 LER 时，LER 先进行数据包头的分析，根据一定的规则和协议决定相应的传送级别和传送路径。根据 QoS 要求，决定给数据包加上一个本地标签交换路径标识符后，将数据包沿标签所标识的路径传送给相应的 LSR。后续的 LSR 节点只需沿着由标签所确定的标签交换路径（LSP）转发数据包即可，无需再做其他的工作，从而显著提高了网络的性能。

3．MPLS 网络中的标签交换过程

图 4-38 演示的是一个从 A 发往 B 的 IP 分组在 MPLS 网络中是如何被转发的。

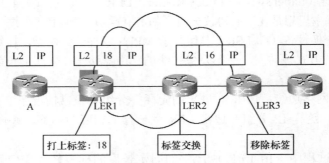

图 4-38　MPLS 原理示意图

首先收到该 IP 分组的是 LER1，它对该 IP 分组的目的 IP 地址和前缀进行分类分析，将它匹配到某一转发等价类 FEC，而根据标签分配协议协商的结果，属于该 FEC 的分组应该被打上标签 18，并且通过 LER1 和 LSR2 相连的接口被转发出去，于是该分组进行相应MPLS 封装后被转发给了 LSR2。LSR2 收到的分组直接是一个 MPLS 分组，于是查标签分配协议所建立的 MPLS 转发表，发现入标签 18 的 MPLS 分组对应的出标签是 16，并应该通过 LSR2 和 LER3 相连的接口被转发。因此 LSR2 并不会将该分组交给自己的 IP 协议实体，它进行标签交换后将该分组转发给了 LER3。LER3 收到分组后通过查找自己的 MPLS 转发表，发现入标签为 16 的分组应该递交给自己，于是它将该分组的 MPLS 分组头剥掉，再将剩下的 IP 分组交给 IP 协议实体处理。

4．MPLS 服务

由上可知，MPLS 有一个简单固定长度的标签，它不是网络层信息，却通过网络层来转发分组。它可以灵活地运送任何用户业务量，申请一个业务，把它与一组标签相关联，然后采用相同的、高性能的标签交换机运送业务量。

　IP 交换效率低的原因是：

- 有些路由必须对路由表进行多次查找，即递归搜索；
- 由于路由匹配遵循最长匹配原则，所以迫使几乎所有的路由器的交换引擎只能用软件来实现，无法用硬件实现。

4.5　数据通信网

数据通信网是计算机和通信相结合的产物。数据通信网是一个由分布在各地的数据终端设备、数据交换设备和数据传输链路构成的网络，其功能是在网络协议支持下，实现数据终端间的数据传输和交换。

4.5.1 数据通信网的发展历史

由于不同业务需求的变化及通信技术的发展使得数据通信经过了不同的发展历程。在 20 世纪 60 年代初，数据通信是在模拟网络环境下进行，那时人们采用专线或用户电报 Telex 进行异步低速数据通信。20 世纪 70 年代初，由于计算机网络技术和分布处理技术的进步及用户需求量的增加，推动了数据通信网络与技术发展，采用分组交换技术组建的数据通信网的应用渐趋普及，提高了网络效率及线路利用率，具有传输速率高、传输质量好、接续速度快及可靠性高等优点，成为当时计算机通信广泛采用的网络技术。

到 20 世纪 70 年代末期，随着光纤技术的普及应用，一种利用数字通道提供半永久性连接电路的数字数据网络（DDN）出现，它具有安全性强、使用方便、可靠性高等优点，适宜相对固定而且信息量大的数据通信服务。

进入 20 世纪 80 年代，微型计算机、智能终端、个人计算机（PC）等的广泛采用，使局部范围内（办公大楼或校园等）计算机和终端的资源共享和相互通信，因而导致局域网（LAN）及其相应技术的迅速发展。在 20 世纪 80 年代末，一种采用单一网络结构满足各种类型业务需求的概念，即综合业务数字网（ISDN）出现。它可将数据、语音、图像、传真等综合业务集中在同一网络中实现，以解决多种网络并存局面。

20 世纪 90 年代，全球范围内 LAN 数量猛增，局域网在广域网环境中互连，在高质量光纤传输及智能化终端条件下使网络技术得以简化，出现了帧中继（FR）这一快速分组交换技术。它具有高速率、吞吐能力强、时延短、适应突发性业务等优点，得到世界范围广泛重视。后来又出现了异步转移模式（ATM）技术，使数据通信网适合于多媒体通信，进一步提高了数据传输能力。20 世纪 90 年代，Internet 进入崭新发展时期，使数据通信网进入 IP 化的新阶段。

在我国，除目前主要采用的 ATM 网和 IP 数据网之外，在数据网络发展早期我们经历了中国公用分组交换数据网（CHINAPAC）、中国公用数字数据网（CHINADDN）、中国公用帧中继网（CHINAFRN）等多个基础数据网络的发展阶段。

4.5.2 传统数据网

1. 中国公用分组交换数据网（CHINAPAC）

分组交换数据网是为适应计算机通信而发展起来，它构建在 CCITT X.25 基础上，是一种以分组为基础的数据单元进行数据交换的通信网。可以满足不同速率，不同型号（不同厂家生产）的终端与终端以及局域网间的通信，实现信息资源共享。分组交换数据网络技术起源于 20 世纪 60 年代末，在世界各国得到广泛应用。由于公用分组交换网使用 X.25 协议，故也称为 X.25 网。

1989 年我国建成了第一个公用分组实验网 CNPAC，1993 年建成了具有层次结构的中国公用分组交换数据网（CHINAPAC）。CHINAPAC 骨干网于 1993 年 9 月正式开通业务，它是我国建立的第一个公用数据通信网络。骨干网建网初期端口容量有 5800 个，网络覆盖 31 个省会城市和直辖市。随后，各省相继建立了省内的分组交换数据通信网。该网业务发展速度迅猛，为满足日益增长的社会需求，原邮电部门对网路进行了多次扩容改造。

CHINAPAC 与 23 个国家和地区的多个数据网相连，它曾在我国数据通信网中起着举足轻重的作用。20 世纪 90 年代后，使用 X.25 互连远程局域网的用户越来越少。

分组交换网是数据通信的基础网，利用其网络平台可以开发各种增值业务，如电子信箱，电子数据交换，可视图文，传真存储转发，数据库检索等。

2．中国公用数字数据网（CHINADDN）

DDN（Digital Data Network）是公共数字数据网，是一种半永久性连接电路的公共数据网，用户数据在传输率、到达地点等方面根据事先的约定进行传输而不能自行改变，它是面向所有专线或专网用户的基础电信网。数字专线有两个标准，T1 是北美标准，带宽为 1.544Mbit/s，E1 是欧洲标准，带宽为 2.048Mbit/s。中国公用数字数据网（CHINADDN）采用欧洲标准，每条信道带宽为 64kbit/s。

与 X.25 相比，DDN 的特点见表 4-2。

表 4-2　　　　　　　　　　　　　　　　DDN 与 X.25 的比较

比较项目	DDN	X.25
交换方式	不具备交换功能	分组交换
传输透明性	是一个全透明的数据网络	有三层协议，只对系统高层协议透明
连接方式	提供点对点的专线	虚电路方式

早期，DDN 线路主要应用于较大的公司及企事业单位。集团用户经常通过租用的专线（如 DDN 线路）的方法来实现与国际互联网的高速、稳定的连接。大中型集团用户的接入技术主要有拨号电话线和公用数据网的数据专线两种方式。当时的 DDN 主要适用于业务量较大、使用频繁、要求传输质量高和速度快的企事业单位，例如，银行、证券公司等使用。从目前趋势看，DDN 用户数越来越少。

3．中国公用帧中继网（CHINAFRN）

帧中继（Frame Relay）是 20 世纪 80 年代出现的一种新的公用数据交换网，它是由 X.25 发展起来的快速分组交换技术。帧中继与 X.25 的相同之处在于它们都是分组交换技术，都是对等式的点对点通信。其主要差别是：X.25 协议包括低三层协议，Frame Relay 仅包含物理层和数据链路层协议。帧中继注重快速传输，X.25 强调高可靠性，所以在 X.25 网内，对传输的数据进行校验，并具有出错处理机制，而帧中继省略了这个功能，因此，帧中继传输速度要快一些（64kbit/s～2.028Mbit/s）。

帧中继网在 X.25 基础上，简化了差错控制、流量控制和路由选择功能，着眼于数据的快速传输以提高网络的吞吐，帧中继为原 X.25 用户提供性能更高或范围更广的业务，帧中继也可基于 DDN 网等平台上实现。表 4-3 总结出了帧中继和 X.25 的异同点。

表 4-3　　　　　　　　　　　　　　帧中继和 X.25 的异同点

比较项目	帧中继	X.25
传输速率	着眼于数据的快速传输，最大程度地提高网络吞吐量	强调网络内数据传输的可靠性，传输速率低
层次结构	只有物理层和数据链路层，省去了 X.25 的分组层，把分组层的一些功能取消或削弱后合并在数据链路层	分为物理层、数据链路层、分组层

续表

比较项目	帧中继	X.25
差错控制	非确认型的网络，只在源端点 DTE 和目的端点 DTE 之间进行确认和重发，在网络接口及网内各节点间只检错，有错就将其抛弃	确认型的网络，在分组层对报文进行分组和重组以及节点间都有确认重发
流量控制	没有对每条虚电路实行流量控制机制	在数据链路层和分组层都设置流量控制机制
虚电路业务	目前只支持永久虚电路 PVC	既支持永久虚电路，也支持呼叫虚电路

1997 年年初，中国电信总局开始建设公用帧中继宽带业务网（CHINAFRN）的第一期工程，它标志着我国数据通信从低、中速网向高速、多业务网发展。CHINAFRN 可为数据用户（如局域网互联）提供高速中继传输；同时开放宽带多媒体通信业务，如远程医疗诊断、远程教学、视像点播（VOD）等。CHINAFRN 主要向用户提供永久虚电路（PVC）连接；一个端口支持多条 PVC 连接，能和不同区域的用户进行多点通信；能和不同入网速率的用户进行通信；带宽按需分配，适合 LAN 之间的互连。从现在的趋势看，帧中继网的用户逐年减少。

4．中国公用多媒体 ATM 宽带网（CHINAATM）

中国公用多媒体 ATM 宽带网（CHINAATM）是以异步转移模式（ATM）技术为基础的，向社会提供超高速综合信息传送服务的全国性网络。

ATM 交换机采用硬件交换，是区分传统的 IP 网和分组交换网的重要特点。由于采用了定长的信元作为交换单元，使得硬件高速交换得以实现。目前 ATM 技术提供给用户可选择的通信速率范围从数百 kbit/s 到高达 2.5Gbit/s，并且正在随着技术进步而发展。

ATM 网络是高起点的通信网，它基于高质量的传输信道，误码率优于 10^{-9}；它采用硬件交换、拥塞控制等机制，实现低时延，高吞吐量。

实现自动化的用户电路保护技术，实现了故障情况下的路由自动迂回，切换时间很短，对用户几乎无影响。

ATM 网可以在同一网络平台上同时传送话音、图像、数据等多种业务，实现宽带化的一网多能。ATM 网本质上是分组交换，它继承了分组网统计时分复用的特点，有效提高传输链路带宽的利用率，降低网络成本。同时，ATM 支持多种通信速率，支持一点对多点组网方式，支持 PVC，SVC 等多种业务选择，具有多种计费方式，用户可根据需要灵活选择，降低了组网成本。

4.5.3 Internet

Internet 一词来源于英文 Interconnect networks（即"互联网"或"因特网"）。20 世纪 60 年代，美国国防部所属的高级研究计划署（The Advanced Research Projects Agency，ARPA）开始致力于计算机网络和通信技术的研究。他们设计了一套用于网络互连的协议软件（TCP/IP）并建立了实验性军用计算机网络 ARPANET，ARPANET 的成功使得很多机构都希望连入 ARPANET，但由于 ARPANET 是一个军用网络无法满足他们的要求。

美国国家科学基金会（National Science Foundation，NSF）认识到 Internet 的发展对社会的推动作用，同时，为了使美国在未来的信息社会中保持优势地位，于 1986 年资助建立了 NSFNET 主干网，从此 Internet 在美国迅速发展并获得巨大成功。之后连入 Internet 的用户飞速增长，形成了一个全世界范围的庞大网络。

20 世纪 90 年代我国在公用电话网普及的基础上，相继建立了中国公用分组交换数据网（CHINAPAC）、中国公用数字数据网（CHINADDN）和中国公用帧中继网（CHINAFBN）等。以这些公用物理通信链路为基础，先后建成几大互连网络：CHINANET（中国公用计算机互联网）、CHINAGBN（中国金桥信息网）、CERNET（中国教育和科研计算机网）、CSTNET（中国科技网）、UNINET（中国联通通信网）、CNCNET（中国网络通信网）、CMNET（中国移动通信网）。其中，CSTNET 和 CERNET 是为科研、教育服务的非营利性质的 Internet，而 CHINANET 和 CHINAGBN 是为社会提供服务的经营性 Internet。

 警 示 互连网其实不是一种具体的物理网络技术，它是将不同的物理网络技术按某种协议统一起来的一种高层技术。互连网是万网之网。

Internet 也称为网际网，它是由多个网络（可能异构）互相连接所形成的网络，是由本地、区域和国际区域内的计算机网络组成的集合。如图 4-39 所示。将众多网络连在一起，实现数据交换，并进行分布数据处理。

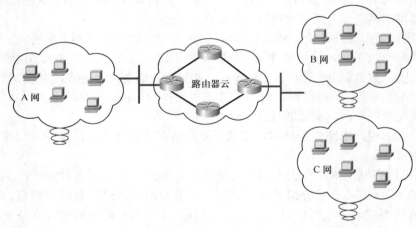

图 4-39　网络互连示意图

经过近 30 年的发展，Internet 已经成为连通世界上几乎所有国家的网络。早在 1987 年，中国科学院高能物理研究所就开始通过国际网络线路使用因特网，后来又建立了与因特网的专线连接。我国于 1994 年 4 月正式接入 Internet，中国的网络建设进入了大规模发展阶段。涌现了很多面向不同行业的互连网，如：

1. 中国公用计算机互联网（CHINANET）

CHINANET 依靠 CHINAPAC、CHINADDN、PSTN、IP 数据网实现网络连接，它是面向社会，服务于大众的具有经营权的 Internet 国际信息出口互连单位；由各直辖市和各省会城市的网络节点构成。

2．中国教育和科研网（CERNET）

用于连接全国绝大部分高等院校。CERNET 是基于 IPv4 的计算机网络，随着 IPv6 的成熟与发展，我国已建成了基于 IPv6 的教育互联网 CERNET2，目前已投入使用；CERNET2 全国网络中心设在清华大学。见http：//www.edu.cn。

3．中国科学技术网（CSTNET）

提供各种科技信息服务（科技成果、技术资料、文献情报），并负责向全国提供中国最高域名"CN"的注册服务。见 http：//www.cstnet.cn。

4．中国金桥信息网（CHINAGBN）

CHINAGBN（China Golden Bridge Network）是我国国民经济信息化基础设施，支持金关、金税、金卡等"金"字头工程的应用。

Internet 的主干网主要由美国国家科学基金会网 NSFNET、Sprint 电信公司的 Sprint Link 等主干网络以及分布在欧洲、亚太地区的其他主干网构成。主干网在其他地区的延伸形成骨干网。

上述 CSTNET、CERNET、CHINANET、CHINAGBN 等网络均设置国际出口与 Internet 主干网的连接，从而实现与 Internet 的互连。用户只要与任何一个已经连入 Internet 的网络相连通就进入了 Internet。

4.5.4 下一代 IP 承载网

目前，各大电信运营商都在建设下一代 IP 承载网，下面以中国电信为例介绍中国电信的下一代 IP 承载网（ChinaNet Next Carrying Network）CN2。

CN2 是一个多业务的承载网络，它能够支持数据、语音、视频多种业务融合的应用。

中国电信的网络演进路线是，将 ChinaNet 升级到 CN1 后，进一步向 CN2 多业务的承载网络演进，形成了基于 IP/MPLS 技术的大容量多业务融合承载网。如图 4-40 所示。

综上所述，数据通信技术的发展可以从三个方面来看：

（1）从网络采用的技术上来看，提供数据业务的网络技术有 X.25 分组交换数据网、DDN、帧中继网、ATM 网、IP 网等。X.25 网具有提供低速数据的传输能力，但是技术复杂且数据传输能力有限，已经退出历史舞台；DDN 和帧中继能提供数据专线，已不再发展；ATM 网能提供综合数据业务，可以提供基于 PVC 且保证 QoS 的 VPN，曾是宽带

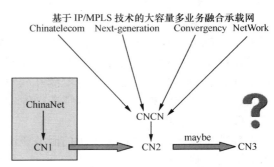

图 4-40　中国电信数据网的演进示意图

ISDN 的可选方案。以 IP 技术为载体的数据通信迅速发展，它代表了未来通信技术的趋势。

（2）随着宽带业务的迅速发展，数据业务也已经得到普及，随着网络的分组化，数据业务已初步形成替代话音通信的技术基础，宽带接入成为数据通信业务发展的核心拉动力，数

据业务运营模式逐步成熟。

（3）随着 NGN 在我国的开展，各运营商积极面对基础网络的改造，为了满足 QoS 和适应竞争形势的需要，各运营商扩建或新建了基于 MPLS 的 IP 网络，另外，随着 IPv6 技术的逐步成熟以及中国下一代互联网 CNGI 的建设，各运营商正在建设 IPv6 网络。

4.6 数据业务

数据业务包括数据传输、Internet 接入、互联网数据中心（Internet Data Center，IDC）、呼叫中心、虚拟专网、信息服务等。

1．IDC 业务

IDC 是数据业务的主要形式。电信运营商提供的基本 IDC 业务可分资源类、增值类、应用类三大类。资源类业务主要有：服务器托管、服务器租用、虚拟主机、机柜租用等业务；增值类业务主要是：域名代注册、集团邮箱申请、存储空间租用及数据备份、容灾备份、网络安全服务、门户网站映像、网站广告、网络游戏服务、负载均衡服务等业务；应用类业务主要是：企业网站设计及制作、企业移动办公系统研发、应用系统研发、电子商务等业务。

IDC 是指电信运营商利用已有的互联网通信线路、带宽资源，建立标准化的电信专业级机房环境，如图 4-41 所示，为企业、政府提供各项增值服务服务。

图 4-41　IDC 中心

IDC 有两个重要特征：在网络中的位置和总的网络带宽容量，它构成了网络基础资源的一部分，就像骨干网、接入网一样，它提供了一种高端的数据传输的服务，提供高速接入的服务。下面介绍几种主要的 IDC 业务。

（1）IDC 主机托管

拥有服务器的企业或政府单位将自己的主机托管给电信运营商进行管理。无需再建立自己的专门机房、铺设昂贵的通信线路，也无需聘请网络工程师。

IDC 主机托管主要应用范围是网站发布、虚拟主机和电子商务等。比如网站发布，单位通过托管主机，从电信运营商分配到互联网静态 IP 地址后，即可发布自己的 WWW 站点，将自己的产品或服务通过互联网广泛宣传。

（2）虚拟主机及 VPS 主机

虚拟主机是企业将自己主机的服务资源出租，为其他客户提供虚拟主机服务，使自己成为 ICP 服务提供商。

虚拟专用服务器 VPS 主机是利用虚拟服务器软件技术在一台物理服务器上分割创建多个相互隔离、相互独立的小服务器，这些小服务器本身都可分配独立公网 IP 地址、独立操作系统、独立空间、独立内存、独立 CPU 资源、独立执行程序和独立系统设置等。它的运行管理与独立服务器完全相同。虚拟专用服务器确保所有资源为用户独享，给用户最高的服务品质确保，让用户以虚拟主机的价格享受到独立主机的服务品质。

（3）电子商务

IDC 是伴随着互联网不断发展的需求而迅速发展起来的，它为互联网内容提供商（ICP）、企业、媒体和各类网站提供专业化服务器托管、空间租用、网络批发带宽以及应用服务提供（ASP）、电子商务等业务。

电子商务是指企业通过托管主机，建立自己的电子商务系统，通过这个商业平台来为供应商、批发商、经销商和最终用户提供完善的服务。

2．呼叫中心

通过数据网络，可以为企业单位提供呼叫中心（Call Center）客户服务，呼叫中心的服务形式有企业自建的呼叫中心、租用已有呼叫中心的台席和企业客户服务外包等多种形式。

3．数据网业务服务平台

数据网及业务应用平台的迅速发展及成熟，使基于 IP 的数据业务、多媒体业务提供方式、产生方式、服务方式发生了很大变化。目前电信运营提供的传统的数据业务有主机托管、VPS 主机、VPN、域名注册、虚拟主机、主页发布、国际、国内长途专线接入等功能，但随着人们对数据通信业务需求的个性化发展，这些统一制式的业务已不能满足用户的需要，为此，产生了数据网业务服务平台。

数据网业务服务平台可让用户"快速、自主、定制"开发各类业务系统、自定义 WEB 报表、多级数据上报等服务。用户可以根据自己的业务需求、管理思想、工作流程，在线定制、维护，打造符合自身业务需求的应用系统。

根据不同客户的需求，基于业务服务平台实现不同的应用，如对政府机关、大的企业集团，在信息化建设过程中，会产生多个数据库，面对分散的数据，很难进行决策分析。以业务服务平台作为数据集成总线，将这些数据库集成起来，方便从这些数据库中抽取数据，制作各类 WEB 报表，以供管理者分析决策。如"集团报表平台"、"实时历史数据查询、决策系统"等。

总的看来，IP 业务和用户的发展速度之快、发展势头之猛远远超过了其他数据业务，并且随着新技术、新业务的不断涌现，IP 业务还将在未来多年内保持快速、稳定的发展势头。

4.7　实做项目及教学情境

实做项目一：勘察校园内的一个局域网机房，设计一个能满足 40 人同时上网需要的一个计算机局域网，并能与 Internet 互联。

目的要求：掌握局域网的设计方法，理解局域网的组成。步骤：

（1）勘察机房。

（2）设计需要的网络设备，并用 CAD 画出组网图。

（3）数据网络安装调试。

实做项目二：局域网专线入网

目的要求：了解局域网与互联网的连接设备及配置方式，观察学习校园网的组网方式。

专线接入是指用户计算机以太网方式接入局域网，然后局域网再通过专线接入 Internet，如图 4-42 所示。

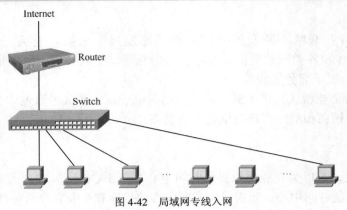

图 4-42　局域网专线入网

步骤：

（1）安装网卡；

（2）将计算机加入局域网然后通过局域网接入 Internet；

（3）安装与配置 TCP/IP 协议。

小结

- 带宽就像道路的宽窄。

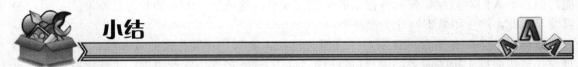

- 数据就像要跑在道路上的车。

- 数据通信网按网络的覆盖范围可分为：广域网（WAN）、城域网（MAN）和局域网（LAN）。

- 数据通信系统用来产生和接收数据，对数据进行编码、转换，以便满足数据传输系统的传送要求。

- 数据传输方式分为串行传输和并行传输。串行传输：数字信号码元序列按时间顺序一个接一个地在信道中传输。并行传输：将数字信号码元序列分割成两路或两路以上的数字信号码元序列同时在信道中传输。

- 实现发送端和接收端动作同步的技术称为同步技术。常用的串行传输的同步技术有两种：异步传输方式和同步传输方式。

- 数据在信道中的传输可分为基带传输和频带传输。

- 人与人交流有一定的规则，计算机之间的数据通信也需要遵循通信协议，通信协议是双方实体完成通信或服务所必须遵循的规则和约定。

- OSI 参考模型包括：物理层、链路层、网络层、传送层、会话层、表示层和应用层。
- 通常数字信号是经过编码进行传输的。数字编码分为信源编码与信道编码。信源编码的目的是提高信源的效率，去除冗余度。信道编码的目的适于信道传输、增加纠错能力。
- 数据通信的指标是围绕传输的有效性和可靠性来制定的。
- 数据交换方式可分为电路交换、报文交换和分组交换。电路交换适用于实时信息传送；报文交换的线路利用率高，可靠灵活，但延迟大；分组交换缩短了延迟，也能满足一般的实时信息传送。
- 电路交换是在通信开始前由主叫通过拨号在主叫和被叫之间建立一条电路连接，而在整个通信期间这种电路连接必须始终保持，直到通信结束才能拆除的交换方式。
- 分组交换是以分组（或称包）为单位在网络节点间进行存储转发的交换方式。
- 帧中继是一种快速分组交换，以 X.25 交换技术为基础，将差错控制、流量控制等留给智能终端去完成，因此比分组交换简单。
- ATM 是使用信元交换的快速分组交换，又叫异步转移模式，建立在异步时分复用基础上，以信元为单位的传输模式。
- IP 交换的基本思想是为了避免网络层转发的瓶颈，进行高速链路层交换。
- 为了更好地将 IP 与 ATM 的高速交换技术结合起来，发挥两者的优势，产生了多协议标签交换（Multi-protocol Label Switch，MPLS）技术。
- 我国的数据通信网有：CHINAPAC、CHINADDN、CHINAFRN、IP 数据网等。以这些公用物理通信链路为基础，先后建成几大互联网络：CHINANET（中国公用计算机互联网）、CHINAGBN（中国金桥信息网）、CERNET（中国教育和科研计算机网）、CSTNET（中国科技网）、UNINET（中国联通通信网）、CNCNET（中国网络通信网）、CMNET（中国移动通信网）。其中，CSTNET 和 CERNET 是为科研、教育服务的非营利性质的 Internet，而 CHINANET 和 CHINAGBN 是为社会提供服务的经营性 Internet。

 思考题与练习题

4-1 试述数据通信网络协议、OSI 七层网络模型的含义。

4-2 简述数据通信系统的组成。

4-3 局域网有哪些特征？局域网由哪些部分组成？

4-4 网络互连设备主要有哪些？各有哪些特点？

4-5 试比较各种数据编码技术的优劣。

4-6 简述基带传输与频带传输。

4-7 简述串行传输和并行传输。

4-8 简述电路交换、报文交换与分组交换。

4-9 试比较数据通信网各种交换方式异同。

4-10 试分析帧中继网的特点。

4-11 试述 IP 交换技术产生的背景。

4-12 简述 MPLS 交换的原理。

4-13 试述 Internet 的网络组成及其特点。

4-14 如何看待我国数据通信网的重复建设问题？

4-15 什么是 Internet？了解其起源及发展过程，包括在我国的发展情况。

4-16 什么是 IP 地址？了解其组成和常用的表示形式。

4-17 了解我国 Internet 应用现状。

4-18 常见上网方式速度和价格的比较。

4-19 上网前要做哪些准备工作？

4-20 调制解调器有哪些类型？特点各是什么？

4-21 Internet 通信中主要使用何种网络协议？

4-22 使用下述搜索引擎进行资料的搜索，比较各引擎的特色与区别。

Google 搜索引擎（http://www.google.com）

新浪搜索引擎（http://www.sina.com.cn）

雅虎中国搜索引擎（http://www.yahoo.com.cn）

搜狐搜索引擎（http://www.sohu.com）

百度中文搜索引擎（http://www.baidu.com）

第 5 章

移动通信

本章教学说明

- 主要介绍移动通信的特点、多址方式及服务区体制
- 重点学习 GSM 移动电话系统的组成、网络结构
- 简要介绍 CDMA 系统的原理
- 概要介绍第三代移动通信系统

本章内容

- 移动通信概述
- GSM 移动通信系统
- CDMA 移动通信系统
- 第三代移动通信系统
- 其他移动通信系统简介
- 移动通信业务及应用

本章重点、难点

- 移动通信的特点、工作方式和多址方式
- GSM 移动通信系统的组成
- GSM 无线接口信令
- 码分多址和扩频通信的基本原理
- 3G 移动通信的制式

学习本章的目的和要求

- 掌握移动通信的特点、工作方式、多址方式
- 了解蜂窝移动通信服务区体制
- 掌握 GSM 移动通信系统的组成
- 了解 GSM 移动台的基本组成
- 了解码分多址和扩频通信技术的基本原理及优点
- 了解 3G 移动通信的基本概念及原理
- 了解集群调度移动通信系统的构成和工作原理

本章实做要求及教学情境

- 参观移动机房的设备构成
- 观察移动通信系统的天馈系统
- 利用手机观察在不同环境下的通信效果
- 进行手机的各种操作

本章学时数：10 学时

移动通信是指通信双方至少有一方是处在移动状态下进行信息交换的通信方式。移动通信有多种方式，如蜂窝移动通信、集群调度移动通信、无线寻呼、无绳电话等。由于蜂窝移动电话集无线电技术、程控交换技术、计算机技术和传输技术等于一身，可在移动状态下进行双向通信，所以越来越受到人们的关注。

5.1　移动通信概述

当今的社会已经进入了一个信息化通信时代，人们期望随时随地、及时可靠、不受时空限制地进行信息交流，提高工作效率。

移动通信可以说从无线电发明之日就产生了。1897 年，马可尼所完成的无线通信实验就是在固定站与一艘拖船之间进行的。而蜂窝移动通信的发展是 20 世纪 70 年代中期以后的事。移动通信综合利用了有线、无线的传输方式，已成为人们必不可少的便捷的通信手段。

20 世纪 80 年代以后，从模拟到数字，从 2G 到 3G、4G，移动通信技术发展极为迅速，目前，全球手机用户已超 60 亿，移动互联网流量已达互联网总流量的 10%，移动通信和移动互联网的快速发展，正在对我们的生产和生活方式带来深刻变化。随着移动互联网的发展，宽带移动通信技术已经渗透到百姓生活的方方面面，奠定了移动互联的信息社会基础。

重点掌握

- 移动通信的特点
- 移动通信的工作方式
- 移动通信的多址方式
- 无线覆盖的区域结构

5.1.1　什么是移动通信

移动通信是指移动体之间或移动体与固定体之间的通信，通常是一个有线和无线相结合的通信系统。从 1897 年意大利科学家马可尼利用无线电波实现信息传输之后，无线通信经历了一个多世纪的发展，其技术已经渗透到各个领域。基于可移动性的特点，使人们随时随地进行各种信息交流成为可能。

按照移动体所处运动区域的不同，移动通信可分为：陆地移动通信、水上移动通信和空中移动通信。目前使用的移动通信系统有：航空航天通信系统、航海通信系统、国际卫星移动通信和陆地移动通信系统。陆地移动通信系统应用最为广泛，主要是蜂窝移动通信系统。

5.1.2　无线通信系统的组成

无线通信系统由发射机、接收机和相连接的天线（含馈线）构成，如图 5-1 所示。

发射机的主要作用是将所要传送的信号对高频载波进行调制，形成已调载波，已调载波信号经过上变频变成为射频载波信号，再经过功率放大器放大后送至天馈线。

天线是无线通信系统的重要组成部分，其主要作用是：把射频载波信号转换成电磁波，从天线发射出去，或者将接收的电磁波变成为射频载波信号。馈线的主要作用是：把发射机输出的射频载波信号送至天线。这就要求馈线的衰耗要小，又要求馈线的阻抗与发射机的输出阻抗和天线的输入阻抗相匹配。

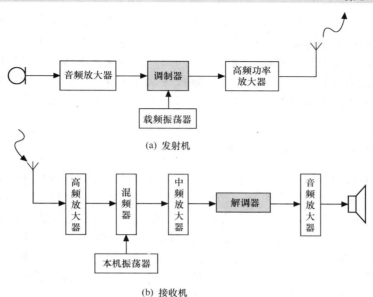

(a) 发射机

(b) 接收机

图 5-1　发射机和接收机原理方框图

接收机的主要作用是：把天线接收下来的射频载波信号经过低噪声高频放大，再经过下变频、中频放大和解调后还原出原始信号，最后经低频放大器放大后输出。

目前，无线通信系统大部分采用双工通信方式，即通信双方各自都有发射机、接收机以及相连接的天馈线。

5.1.3　移动通信的特点

由于移动通信属于无线通信，通过空间电磁波传送信息，所以与有线通信相比，有以下几个不同的特点。

1. 电磁波传播具有多径效应

在城市或乡村，移动台随车或人来往于建筑物、树林或别的电波障碍物之中，它接收的信号是由直射波和各反射波叠加而成的，如图 5-2 所示。

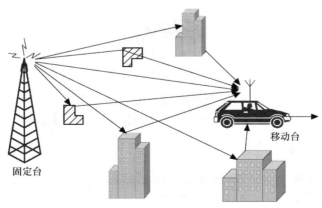

图 5-2　电磁波传播路径示意图

这些电磁波尽管都是从同一天线发射出来的，但由于传播的路径不同，到达接收点时的幅度和相位都不同；而且移动台又以各种不同的速度移动，它的方向也在变化，所以移动台在不同的位置时，它接收信号合成的强度是不同的。这样就造成移动台在移动时接收信号的强度起伏不定，最大可相差几十分贝以上，这种现象称为衰落，它严重地影响着移动通信的通话质量。要保证一定等级的通信质量，就要求在进行移动通信系统设计时，必须具有抗衰落能力。

2．移动通信是在强干扰环境下工作

　　移动通信其通信质量的优劣，不仅取决于设备本身的性能，还与外界的噪声及干扰有着密切的关系。发射机的发射功率再高，当噪声和干扰很大时，移动通信也不能正常工作。对于移动通信来说，其主要噪声来源是人为噪声，如汽车的点火系统就是一种噪声源。

　　移动通信的主要干扰有：互调干扰、邻道干扰和同频干扰等。互调干扰主要是由发信设备中元器件的非线性引起的，如接收输入回路的选择性不好时，就会使不少干扰信号随有用信号一起进入混频级，从而形成对有用信号的干扰。因此，要求移动通信设备必须具有良好的选择性，对接收机高频和中频放大器的选择性要求更高。

　　邻道干扰是指相邻或邻近的信道之间的干扰，邻近信道强的信号压倒邻近信道弱的信号，如图 5-3 所示。

　　用户 A 使用 K 信道，用户 B 使用（$K\pm1$）信道，原来它们之间是不存在干扰问题的。但是由于用户 A 距离基站很远，用户 B 距离基站却很近，信道之间的频率间隔又有限，在基站就会出现（$K\pm1$）信道接收的强信号，干扰 K 信道弱信号的现象，我们把这种现象称为邻道干扰。为了解决这个问题，在移动通信设备中使用了功率控制电路。当移动台靠近基站时，控制中心命令其降低发射功率，而远离基站时，命令其升高发射功率，这样就可以减少邻道干扰。由于移动站台 A、B 距基站台的远近不同，离基站台近的移动信号强，有时会阻断离基站台远的移动通信，这种现象就称远近效应。

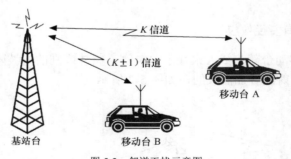

图 5-3　邻道干扰示意图

　　同频干扰是指相同载波频率移动台之间的干扰，它是蜂窝式移动通信所特有的，因为蜂窝式的各个小区可以使用相同的载频。移动通信在组网时，必须充分重视这一问题。

3．移动通信具有多普勒效应

　　当移动台达到一定速度时，基站台接收到的载波频率将随运动速度的不同，产生不同的频移，通常把这种现象称为多普勒效应。在移动台高速移动时，多普勒效应会导致快衰落，速度越高，衰落变换频率越高，衰落深度越深。

例如，卫星径向的运动速度在变化，位置也跟着变化，使到达接收机的电波载频也在变化，因而，使用一般的接收机是无法接收卫星信息的，必须使用有"锁相技术"的接收机才行。实际上，卫星地面站就是一部大型锁相接收机。它之所以能稳定地接收卫星信息，主要是由于"锁相技术"具有频率跟踪和低门限性能，也就是接收机在捕捉到卫星发来的载频信号以后，当载频信号随速度变化时，地面接收机本振信号频率相应变化，这样，可以不使信号丢失。另外还可以利用其窄带性能，把淹没在噪声中的微弱信号提取出来，这也是一般接收机做不到的，所以移动通信设备都毫无例外地采用了"锁相技术"。

4．用户在经常地移动

由于是移动通信，那么通信的双方（或一方）的位置必然不会固定在某一个地方，他们会因实际需要而不断移动自己的位置。而发射机在不通话时又处于关闭状态，即没有一条话音信道专门配备给一台移动电话机。为了实现可靠有效的通信，要求移动通信设备必须具有位置登记、越区切换及漫游访问等跟踪交换技术。

5.1.4　移动通信的工作方式

移动通信与固定通信一样，按照通话的状态和频率的使用方法可分为三种工作方式：单工、半双工和全双工。

全双工是指通信双方的收、发信机均同时工作，任何一方（A 方或 B 方）在发话的同时，都能听到对方的发话音，与普通市内电话的使用情况类似，如图 5-4 所示。

但是，采用这种通信方式，在使用过程中，不管是否发话，发射机总处于工作状态，故耗电较大，这一点对使用电池供电的移动台是十分不利的。因此，在某些系统中，移动电话的发射机仅在发话时才工作，而移动电台的接收机总是时刻在工作，通常称这种系统为准双工系统，它可以和双工系统兼容。目前，准双工工作方式在移动通信系统中得到广泛的应用。

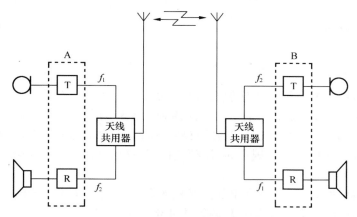

图 5-4　全双工通信方式

目前常见的双工方式有两种，一种是频分双工（FDD），即通过不同频率区分收发信号；另一种为时分双工（TDD），即通过不同时隙区分收发信号。

目前 3G 制式中 WCDMA 和 CDMA2000 使用的双工方式是 FDD，TD-SCDMA 使用的双工方式是 TDD。

5.1.5　移动通信中的多址方式

- 移动基站如何识别用户？
- 用户如何识别 BS 发给自己的信号？

探讨

在移动通信中，多个用户共享信道，因此，区分用户的方式称为多址技术，如图 5-5 所示。

实现无线多址通信的理论基础是信号分割技术。也就是在发送端，使发射的信号参量（如发射频率、信号出现的时间或空间、信号的码型或波形等）有所差异，而在接收端有信号识别能力，能从混合信号中分离选择出相应的信号。在移动通信系统中采用的多址方式主要有三种：频分多址、时分多址和码分多址。

1. 频分多址

频分多址（FDMA）是把通信系统的总频段划分成若干等间隔的互不重叠的频道，分配给不同的用户使用。这些频道的带宽可传输一路话音信息，各频道间互不重叠，相邻频道之间无明显干扰。为了实现双工通信，收、发使用不同的频率（称为双频双工），如图 5-6 所示。早期的模拟移动通信系统采用 FDMA 方式，FDMA 的缺点是频率利用率低。

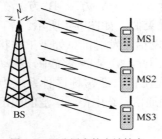

图 5-5　区分用户的多址技术

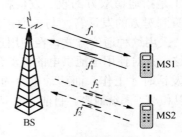

图 5-6　频分多址示意图

2. 时分多址

时分多址（TDMA）是把时间分割成周期性帧，每一帧又分割成若干个时隙（无论帧或时隙都互不重叠），然后根据一定的时隙分配原则，使移动台在每帧中按指定的时隙向基站台发送信号，而基站台可以分别在各时隙中接收到各移动台的信号而互不混扰；同时，基站台向多个移动台发送的信号都按规定的时隙发射，各移动台在指定的时隙中接收，从各路的信号中提取发给它的信息。

TDMA 数字移动通信系统的突出优点是频率利用率高，在同一频道可供几个移动台同时进行通信，抗干扰能力强。缺点是需要全网同步，技术比较复杂。

3. 码分多址

码分多址（CDMA）是各发送端用各不相同、相互正交的地址码调制其所发送的信号，在接收端利用码型的正交性，通过地址识别（相关检测），从混合信号中选出相符的信号。在 CDMA 移动通信中，各移动用户传输信息所用的信号，不是靠频率的不同或时隙的不同来区分的，而是用各自不同的编码序列（地址码）来区分的。码分多址的特点是：网内所有用户使用同一载波，共同占用整个带宽，各个用户可以同时发送或接收信号，所以各用户的发射信号，在时间上，频率上都可以互相重叠。频分多址、时分多址和码分多址的比较如图5-7 所示。

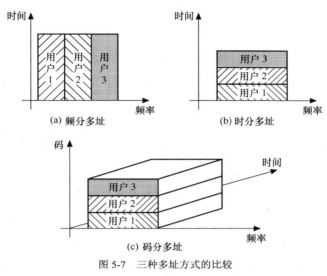

图 5-7 三种多址方式的比较

5.1.6 移动通信服务区体制

1. 移动通信网体制

根据无线电波的传输特性一个基站台发射的电磁波只能在有限的地理区域内被移动台接收，这个能为移动用户提供服务的范围称为无线覆盖区。按照无线覆盖区的范围，移动通信网的体制分为小容量的大区制和大容量的小区制两大类。

（1）大区制

大区制是指在一个比较大的区域中，只设置一个基站覆盖全地区，无论是单工还是双工工作，单信道还是多信道，都称这种组网方式为"大区制"。如图 5-8 所示。

大区制的特点是整个覆盖（服务）的地区只有一个基站，服务（覆盖）面较大，所需的发射功率也较大，多用于小城市的公共网。由于只有一个基站，基站的信道数有限，容量较小，一般只能容纳数百至数千个用户。在大区制中，为避免信道间的相互干扰，在服务区内的所有信道的频率都不能重复，因此这种体制的频率利用率以及容量都受到较大的限制。

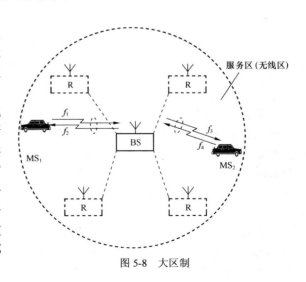

图 5-8 大区制

大区制的优点是：比较简单、投资省、见效快。在移动业务开展初期曾得到广泛的应用。随着业务的发展，为满足用户数量增长的需要，提高频谱的利用率，可以采用小区制方案。

（2）小区制

所谓小区制是相对大区制而言的，为了克服大区制容量不高和频率利用率低的缺点，多采用小区制的组网方式，如图 5-9 所示。

小区制是将整个覆盖（服务）的地区划分为几个小区，每个小区的半径可视用户的分布密度在一至数十千米左右，在每个小区设立一个基站为本小区范围内的用户服务，本小区内能服务的用户仍由这个基站的信道数来决定。每个小区和相隔较远的其他小区可再重复使用相同频率，称为频率复用。用这种组网方式，可以构成大区域大容量的移动通信系统，可以形成全省、全国或更大的服务系统。

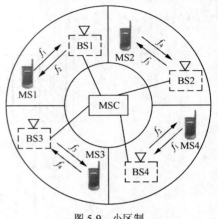

图 5-9　小区制

（3）小区制的形式

小区制从服务区几何形状来看，又分为面状服务区和带状服务区。

① 面状服务区

面状服务区有正三角形、正方形、正六边形等形状，如图 5-10 所示。用正六边形无线小区邻接构成整个面状服务区是最好的，因此，在现代移动通信网中得到了广泛的应用。由于这种面状服务区的形状很像蜂窝，所以又称为蜂窝式网。目前，世界各国都广泛采用蜂窝式小区制，它能从根本上解决日益增长的用户数量与通信信道不足的矛盾，可以有效利用频率资源，是一种十分灵活、方便，最有发展前途的移动通信网络结构。

(a) 正三角形　　　(b) 正方形　　　(c) 正六边形

图 5-10　面状服务区形状

② 带状服务区

除面状服务区外，还有带状服务区。对于铁路的列车无线电话、船舶无线电话系统等都属于带状服务区，小区是按纵向排列覆盖整个服务区的，如图 5-11 所示。

2．无线覆盖的区域结构

在小区制公用移动电话通信网中，基站很多，而移动台又没有固定的位置，为便于控制和交换，公用移动电话一般包括

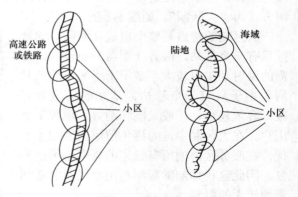

图 5-11　带状服务区

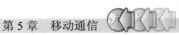

小区、基站区、位置区、移动业务交换区、服务区及系统区六种区域。如图 5-12 和图 5-13 所示。

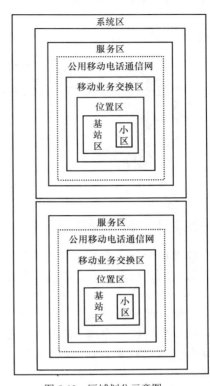

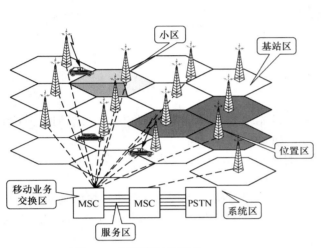

图 5-12 无线覆盖区域结构　　　　　图 5-13 区域划分示意图

（1）小区：是基站中的一付天线所覆盖的区域。

（2）基站区：是一个基站所覆盖的区域，一个基站区可包括多个小区。

（3）位置区：可由几个基站区组成，移动台在该区内可自由移动而无需更新位置登记。

（4）移动业务交换区：是一个移动业务交换中心覆盖的网络中的一部分，可以由一个或几个位置区组成。

（5）服务区：由几个移动业务交换区组成，在该服务区内，固定电话用户无需知道移动台的实际位置即可与该移动台建立连接。每个服务区可对应于一个移动运营商，如中国联通 GSM 网、中国移动 GSM 网，它们分别属于两个服务区。

（6）系统区：由一个或几个服务区组成，它可容纳全部制式相同的移动台。例如，GSM 系统区包括中国移动 GSM 服务区和中国联通 GSM 服务区。

5.1.7 同频复用

由于移动频率资源的稀缺性及移动覆盖范围的有限性，为实现大范围内的移动覆盖需要采用移动频率重复利用的方式，即同频复用技术。

实现蜂窝移动通信的关键是通过同频复用技术，可以充分利用频率资源。通过同频复用，相隔较远的小区可重复设置频率，不会产生同频干扰，如图 5-14 所示。同频复用有很多种模型，不管那一种模型，都是在无线覆盖区的半径、频道组数和要求的最小的载波/干扰比确定的情况下综合考虑其他因素来确定两个复用的频道组的间隔距离。

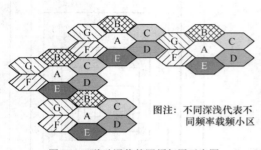

图注：不同深浅代表不同频率载频小区

图 5-14 移动通信的同频复用示意图

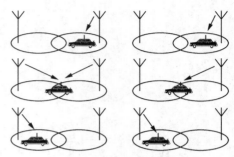

图 5-15 越区切换技术

5.1.8 越区切换技术

移动用户从一个基站覆盖区进入另一个基站覆盖区时，需要切换信道，这种过程称为切换。常见的切换方式有：硬切换和软切换，如图 5-15 所示。

（1）硬切换：移动台先断掉与原基站的联系，然后再寻找新进入的覆盖区的基站进行联系，这就是通常所说的"先断后接"，称为硬切换。

（2）软切换：在越区切换时，移动台并不断掉与原基站的联系而同时与新基站联系，当移动台确认已经和新基站联系后，才将与原基站的联系断掉，也就是"先接后断"，称为软切换。

5.1.9 我国蜂窝移动通信系统的频率分配

无线电频率资源属于重要的国家资源关系国计民生许多方面。从世界范围来讲，无线电频率是全人类共享的有限自然资源。我国对无线电频率规划、管理工作一直都十分重视，建立了相对完善的监管制度。1993 年国务院、中央军委颁布实施的《中华人民共和国无线电管理条例》明确提出："无线电管理实行统一领导、统一规划、分工管理、分级负责的原则，贯彻科学管理、促进发展的方针。"2002 年，经国务院批准，信息产业部发布了《中华人民共和国无线电频率划分规定》，该频率划分规定是参照国际电信联盟《无线电规则》，结合我国无线电技术应用的市场需求制定的，是我国使用无线电频率、从事无线电设备研制、生产、进口、销售、试验和设置使用的基础性和纲领性法规文件。

回顾无线电技术的发展，电信业务特别是移动通信始终是无线电技术的重要应用领域，通信市场的业务需求和无线电技术创新相互促进，产生了一代又一代的通信技术。从 20 世纪 80 年代以来，这种互动作用加速进行，移动通信网络覆盖达到前所未有的规模。随着语音、数据和移动视频等通信业务的出现和发展，通信产业对无线电频率资源的需求也呈现不断增加态势。

1．2G 移动通信系统频率划分

2001 年年底关闭全国模拟移动通信网，这标志着第一代移动通信系统在我国的结束，开始了以技术驱动的全数字第二代移动通信系统的运营服务。从无线电频率规划和管理角度来看，顺利地完成了公众移动通信网从第一代向第二代的演进。

在 GSM 移动通信系统的频段使用中，双工方式的工作频段的收发频率存在频率间隔 20MHz，一般下行频率高、上行频率低，如图 5-16 所示。第二代移动通信的频率指配如图 5-17 所示。

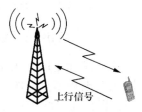

图 5-16 双工方式的工作频段

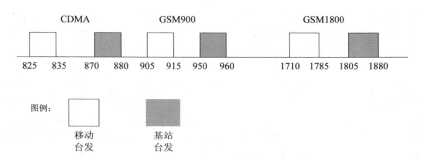

图 5-17 2 代移动通信系统频率指配图

（1）GSM900MHz 频率划分

我国 900MHz 数字蜂窝移动通信 GSM：

上行频率范围：890～915MHz 移动台发、基站收，

下行频率范围：935～960MHz 基站发、移动台收。

可用频段为 10MHz。

双工间隔为 45MHz。

相邻频道间隔为 200kHz。

GSM 移动通信网相邻信道间隔 200kHz，共有频点 125 个。

中国移动：1～95 频点

中国联通：96～125 频点

（2）DCS1800 频率划分

DCS1800 使用 1800MHz 频段，频率范围是

1710～1785MHz 移动台发、基站收，

1805～1880MHz 基站发、移动台收。

可用频段为 75MHz。

双工间隔为 95MHz。

频道间隔为 200kHz。

（3）CDMA 频率划分

825～835MHz 移动台发、基站收，

870～880MHz 基站发、移动台收。

频段宽度为 10MHz。

双工间隔为 45MHz。

频道间隔为 1.25MHz。

2．3G 移动通信系统频率划分

依据国际电联有关第三代公众移动通信系统（IMT-2000）频率划分和技术标准，按照我国无线电频率划分规定，结合我国无线电频谱使用的实际情况，信息产业部于 2002 年 12 月 23 日公布了我国第三代公众移动通信系统频率规划（信息产业部无[2002]479 号文件）。规定我国 3G 频率规划。我国 3G 频率规划如图 5-18 所示。

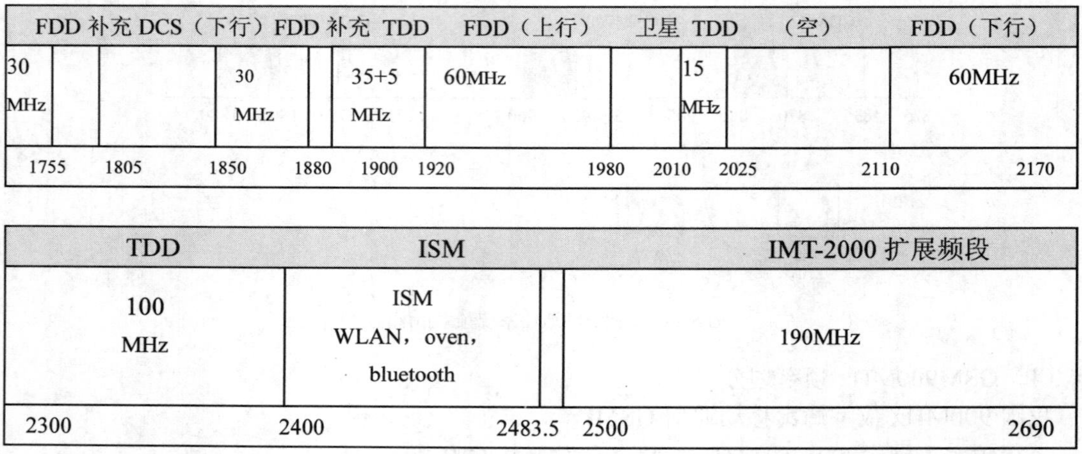

FDD 补充 DCS（下行）		FDD 补充	TDD	FDD（上行）	卫星	TDD	（空）	FDD（下行）	
30 MHz		30 MHz	35+5 MHz	60MHz		15 MHz		60MHz	
1755	1805	1850	1880	1900	1920	1980	2010 2025	2110	2170

TDD	ISM	IMT-2000 扩展频段
100 MHz	ISM WLAN, oven, bluetooth	190MHz
2300	2400 2483.5	2500 2690

图 5-18 中国的 3G 频率规划

主要工作频段有：

IMT～2000 FDD 方式为 1920～1980MHz/2110～2170MHz；

TDD 方式为 1880～1920MHz、2010～2025MHz。

补充工作频段：

对 FDD 方式为 1755～1785MHz/1850～1880MHz；

对 TDD 方式为 2300～2400MHz。

卫星移动通信系统 3GMSS 工作频段：

1980～2010 MHz /2170～2200MHz。

目前在 800MHz/900MHz 频段及 1800MHz 频段的 2G/2.5G 相应频带，规划为向 3G 演进的扩展频带，其上行、下行频率使用方式不变，以充分保证第三代移动通信业务市场需求。

在频率规划的基础上，中国电信 CDMA2000 分配的频率是 1920～1935MHz（上行）/2110～2125MHz（下行），共 15MHz×2；中国联通 WCDMA 分配的频率是 1940～1955MHz（上行）/2130～2145MHz（下行），共 15MHz×2；中国移动 TD-SCDMA 分配的频率是 1880～1900MHz 以及 2110～2025MHz，共 35MHz。

近年来，伴随着 3G 等移动通信的发展，蓝牙和 WLAN（无线局域网等）802 系列的计算机网络数据无线通信技术标准迅速崛起，这些新技术的出现和应用也为频率规划配置提出了新课题。无线局域网等计算机网络无线通信系统与 3G 等移动通信系统作为提供消费者业务需求的是互补关系，将长期共存，需要使用各自独立的无线电频率资源共同发展，我国目前给无线局域网规划频率已有 2400～2483.5MHz 和 5725～5850MHz。

从世界范围看，各国对移动通信频率的需求研究从未间断。在 2003 年召开的世界无线电通信大会（WRC-03）上，以无线电局域网为主要应用的移动业务新增加了 5150～5350MHz 和 5470～5725MHz 共计 455MHz 的频率资源。

近几年，宽带无线接入技术发展和市场应用势头良好，有关传统无线电业务占据的低频段资源有限，形成了无线电频率资源开发使用从低频段向高频段发展的态势。我国根据技术发展和市场需求适时调整频率规划，目前规划的无线电移动和固定通信频率资源从 400MHz 和 1800MHz 无线接入，到 3.5GHz 和 5.8GHz 的中宽带无线接入，一直到 26GHz LMDS 宽带无线接入等，涵盖了各个层面的需要。

总起来看，移动数据、移动视频等无线移动技术已成为当今移动通信业务发展战略的重要手段之一，随着无线传输速率 100Mbit/s 乃至 1Gbit/s 的超 3G 系统的提出，宽带频率资源的保证将更为重要，就发展而言，无线电频率资源短缺与业务需求增长的技术发展之间的矛盾将成为永恒的主题。

无线电频率是宝贵而有限的自然资源，结合中国国情做好有利于各种业务发展的频率规划、频率分配与频谱管理工作，积极展开各类前瞻性频率规划研究是至关重要的。

5.2　GSM 移动通信系统

GSM（Global system for mobile communication）是全球移动通信系统，是 20 世纪 80 年代中期，欧洲首先推出的数字蜂窝移动电话系统，它采用时分多址/频分双工（TDMA/FDD）方式入网，即用户在不同频道上通信，而且每一频道上可分为 8 个时隙，每一时隙为一个信道，又称物理信道。世界上第一个 GSM 网络于 1992 年在芬兰投入使用，揭开了第二代移动通信的序幕，成为陆地公用移动通信的主要系统。由于 GSM 采用了数字无线传输和无线小区之间的切换方法，因此能得到比模拟蜂窝移动电话系统更高的频率利用率，从而增加了服务的用户数量。

本节重点介绍 GSM 移动通信系统的组成、网络结构、工作原理，概要介绍数字移动台的组成和 GSM 无线接口知识。

重点掌握

- GSM 网络系统的组成
  a) BSC、BTS 的功能
  b) MSC、AUC 的功能
  c) VLR、HLR、EIR 的功能

5.2.1　GSM 网络系统的组成

一个 GSM 网络的基本配置结构与所有其他蜂窝无线网络相类似，系统是由相邻的无线蜂窝小区组成的网络实现的。这些蜂窝一起对移动网络服务区域提供完全的覆盖。每个蜂窝小区有一个基站接收机、发射机（BTS），它工作在一种特定的无线信道上，这些信道不同于相邻蜂窝小区所使用的信道。

GSM 移动电话系统由网络交换子系统（NSS）、基站子系统（BSS）、操作维护中心（OMC）和移动台（MS）等四大部分组成，如图 5-19 所示。

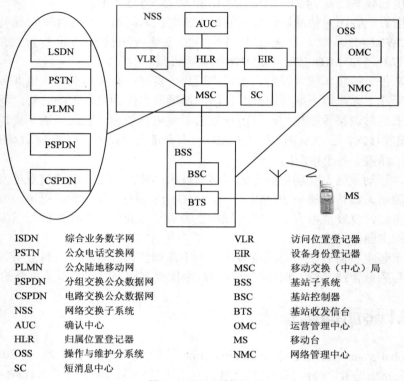

ISDN	综合业务数字网	VLR	访问位置登记器
PSTN	公众电话交换网	EIR	设备身份登记器
PLMN	公众陆地移动网	MSC	移动交换（中心）局
PSPDN	分组交换公众数据网	BSS	基站子系统
CSPDN	电路交换公众数据网	BSC	基站控制器
NSS	网络交换子系统	BTS	基站收发信台
AUC	确认中心	OMC	运营管理中心
HLR	归属位置登记器	MS	移动台
OSS	操作与维护分系统	NMC	网络管理中心
SC	短消息中心		

图 5-19　GSM 系统组成

1．基站子系统

基站子系统（BSS）是在一定的无线覆盖区中，由移动业务交换中心（MSC）控制、与 MS 进行通信的系统设备。一个 BSS 的无线设备，可包含一个或多个小区的无线设备。根据其功能，BSS 可分为基站控制器（BSC）和基站收发信台（BTS）两部分。

（1）基站收发信台（BTS）

由 BSC 控制，为一个小区提供服务的无线收发信设备。它的主要功能是提供无线电发送和接收。

（2）基站控制器（BSC）

具有对一个或多个 BTS 进行控制的功能。BSC 一般分为两个部分：译码设备和基站中央设备（BCE）。为了充分利用频谱，译码设备将 64kbit/s 的话音信道压缩编码为 13kbit/s 或 6.5kbit/s；基站中央设备（BCE），它主要用于对用户移动性的管理，对基站发信机和移动台发信机的动态功率控制，对无线网络、BTS、移动台接续和传输网络的管理。

2．移动台

移动台（MS）有手持机、车载台、便携台等三类。在 GSM 系统中，移动台与移动终端设备是有区别的，装有 SIM 卡的才是移动台，否则只能称为移动设备（Mobile Equipment, ME）。SIM 是（Subscriber Identification Module）的缩写，称为用户识别模块。SIM 卡是一种含有微处理器的智能卡片，SIM 卡中包含所有与用户有关的信息，其中也包括鉴权和加密信息。使用 GSM 标准的移动台都需要插入 SIM 卡，只有当处理异常的紧急呼叫时，可以在不用 SIM 卡的情况下操作移动台。SIM 卡使移动台设备与移动用户可以完全独立。也就是说，同一张 SIM 卡可以在不同的移动台设备上使用，而由此产生的费用自动记录在该 SIM 卡账户上。

3．网络交换子系统

网络交换子系统（NSS）由 5 部分组成，即鉴权中心（AUC）、归属位置寄存器（HLR）、拜访位置寄存器（VLR）、设备识别寄存器（EIR）和移动业务交换中心（MSC）等。

（1）移动业务交换中心（MSC）

它是整个系统的心脏，负责呼叫的建立、路由选择控制和呼叫的终止，负责管理 MSC 之间和 MSC 与 BSC 之间的业务信道的转换（BSC 内的业务信道转换由 BSC 负责）。所以，它是对位于它所覆盖区域中的移动台进行控制、交换的功能实体，除了完成固定网中交换中心所要完成的呼叫控制等功能外，还要完成无线资源的管理、移动性管理等功能。为了建立至移动台的呼叫路由，每个 MSC 还应能完成关口 MSC（GMSC）的功能，即查询位置信息的功能。此外，还负责支持附加业务，如主叫号码识别和限制、被叫号码识别和限制，各种不同的呼叫转移、三方通话，会议呼叫，收费通知，免费电话服务等和 ISDN 的各种附加业务。还负责搜集计费和账单信息等。MSC 还起到 GSM 网络和公众电信网络（如 PSTN，ISDN，PSPDN）等接口作用。

（2）归属位置寄存器（HLR）

它是管理移动用户的主要数据库。网络的运营者，对用户数据的所有管理工作都是通过留存在 HLR 中的数据完成的。每个移动用户都应在某归属位置寄存器注册登记。HLR 主要存储两类信息数据：

① 有关用户的信息，如：登记在该 HLR 中用户所注册的有关电信业务、承载业务和附加业务等方面的数据；

② 用户位置信息，因为移动用户是移动的，为了能正确选择路由，迅速寻呼该用户，因而，需要清楚地知道该用户目前所在的区域，即有关用户目前所处位置的信息，以便建立至移动台的呼叫路由，如 MSC，VLR 地址等。并随着业务的发展增加相应的存储内容。

GSM 对每一个注册的移动台，都要分配两个号码，并储存在 HLR 中：其一，国际移动用户识别码（IMSI）：它是在 GSM 网络中，唯一区分一个用户的信息。其二，移动台 ISDN 号（MSISDN）：它是在 PSTN/ISDN 编号中，唯一的区别一个注册的 GSM 移动台号码。

（3）拜访位置寄存器（VLR）

也叫访问位置登记器，它也是一个用户数据库。用于存储当前位于该 MSC 服务区域内所有移动台的动态信息，即存储与呼叫处理有关的一些数据，如用户的号码，所处位置区的识别，向用户提供的服务等参数。因此，每个 MSC 都有一个它自己的 VLR。HLR 和 VLR 除位置信息不同外（HLR 存储的是移动用户目前所在的 MSC/VLR 位置信息，而 VLR 存储的是移动用户目前所在位置区域（LA）的信息），其余均相同。

当需要寻呼某移动用户时，首先通过入口 MSC（GMSC）或叫做关口局向该用户登记的 HLR 询问该用户现在的 MSC/VLR 位置，然后 HLR 向该 VLR 索取该用户在该 MSC 的移动用户漫游号码（MSRN），经 HLR 送至 GMSC，这样 GMSC 局可以根据该用户的漫游号（MSRN）确定路由，接至该移动用户现在所处的 MSC，然后根据 VLR 内存储的信息，在该位置区域寻呼该移动用户。

（4）鉴权中心（AUC）

也称认证中心。AUC 与 HLR 连接在一起，AUC 的功能是为 HLR 提供与特定用户有关的，并用于安全方面的鉴别参数和加密密钥。GSM 系统采取了特别的安全措施，例如用户鉴权、对无线接口上的话音、数据和信号信息进行保密等。因此，鉴权中心（AUC）存储着鉴权算法和加密密钥，用来防止无权用户接入系统和保证通过无线接口的移动用户通信的安全。

AUC 保证各种保密参数的安全性，并以加密形式在 AUC 与管理中心传输。AUC 应能根据 HLR 请求，一次向 HLR 提供 5 组鉴权三参数组。鉴权三参数组（RAN、SRES、Kc）是根据随机数 RAND 及 Ki，再根据相应算法产生的，鉴权三参数组存储于 HLR 中，支持鉴权、保密功能。

（5）设备识别寄存器（EIR）

也叫设备身份登记器。它是存储有关移动台设备参数的数据库。主要完成对移动设备的识别、监视、闭锁等功能。每个移动台有一个唯一的国际移动设备识别码（IMEI），以防止被偷窃的、有故障的或未经许可的移动设备非法使用本 GSM 系统。移动台的 IMEI 要在 EIR 中登记。MSC 利用 EIR 来检查用户使用设备的有效性。

（6）短消息中心

短消息中心主要功能是接收、存储和转发用户的短消息。通过短消息能可靠的将信息传达到目的地。如果失败，短消息中心保存失败的消息直到成功为止。手机即使处于通话状态仍然可以同时接收短信息。

4．操作与维护分系统

操作与维护分系统（OSS）是一个功能实体。操作人员通过 OSS 来监视和控制 GSM 系统，对基站分系统和交换分系统分别进行操作和维护，以保证系统的正常运转。GSM 的技术规范确定了关于如何实现操作和维护功能的基本原则。

重点掌握

- 用户码号资源的结构
- 移动用户码
- IMSI 码
- IMEI 码

5.2.2　移动电话的编号方式

数字移动电话系统由于采用了先进的数字运算技术来建立通信链路，所以在系统内部有许多数据和号码以保证通信的保密性和安全性，现就介绍几种典型的号码。

1．移动用户号码

用户向电信经营部门申请数字移动电话使用权时，电信部门就会给每位用户指定一个移动用户号码，对于数字移动用户来说，这个号码是最直观的，也是最具有实际使用意义的号码。每一个数字移动用户号码在全国范围内是唯一的，不会有重复，用户码号资源的结构、位长和含义，见表 5-1。

表 5-1　　　　　　　　　　移动用户码号资源的结构、位长、含义

电信网种类	码号种类和结构	相关名词含义
数字蜂窝移动通信网（GSM）	用户号码： 国家（地区）码+网号+$H_0H_1H_2H_3$+ABCD 最大位长为 15 位，目前的长度为 13 位。 例如：86 139 0123 4567	1．国家（地区）码：由国际电联管理的用来标识国家或特定地区的代码。如我国的国家码是 86 2．网号：标记一个网路的号码，在号码结构中位于国家号码后面。如 139、130、150、159、188 等 3．$H_0H_1H_2H_3$：HLR 的标识码 4．短号码：目前是指长度小于 11 位的号码（包含国家码）
码分多址移动通信网（CDMA）全球卫星系统	国际移动台识别码： 国家（地区）码+移动网络识别码+移动台识别码 长度为等位长 15 位 例如：460 00 1234567890	1．国家（地区）码：由国际电联管理的，在国际移动台中，用来标识国家或特定地区的代码。如我国国际移动台的国家码是 460 2．移动网络识别码：用于识别不同运营者的网路，位长 2 位。例如中国移动的 GSM 网为 00，中国联通的 GSM 网为 01 3．移动台识别码：识别移动台的号码

2．国际用户识别码

国际用户识别码（IMSI）是全球统一编码的唯一能识别用户的号码。它能使网络识别用户归属于哪一个国家，哪一个电信经营部门，甚至归属于哪一个移动业务服务区。它不同于用户的电话号码，而用户识别码是为网络识别用户时使用的，用户识别码被存储在 SIM 卡中。同时用户识别码与用户的电话号码又被一一对应地存储在网络的归属用户数据库中。

3．国际设备识别码

每一个移动台设备本身就具有一个唯一的国际移动设备识别码（IMEI），用户可以用 *#06# 读出自已手机的 IMEI 码。世界上每一个生产数字移动台的厂家在生产时必须给每个移动台输入一个设备识别码方能出厂。设备识别码共有 15 位数组成，是全球统一编制的唯一的号码，而且是无法更改的。IMEI 就注明在每个移动台的商标上，IMEI 只与移动台设备本身有关。

在 GSM 数字蜂窝移动电话系统中有一个移动台识别中心（EIR），它是一个数据库，存储着移动台识别号码。这些号码被分成三类，第一类是经过认证的移动台的识别号码。第二类是怀疑有故障或有问题的移动台识别号码。第三类是被盗、丢失或走私来的等禁止使用的移动台识别号码。全世界有一个最大的移动台识别系统，同时各国电信经营部门又建有各自的移动台识别系统，并分别与世界的移动台识别系统相连。如果某个用户的手机被盗或丢失了，该用户可立即向有关电信部门报告，电信部门通知移动台识别系统，这时，该移动台的识别号码就作为第三类（即禁止使用类）存储在数据库中。同时，移动台识别系统还将此信息及移动台识别号码传输到世界移动台识别系统，该系统会通知全球各个国家的移动台识别系统。这样，这台丢失的移动台在世界任何一个地方都无法使用。

4．移动台漫游号

移动台漫游号（MSRN）是系统赋给来访用户的一个临时号码，其作用是供移动交换机路由选择用。在公用电话网中，交换机是根据被叫号码中的长途和交换局号判知被叫所在地点，从而选择中继路由的。固定用户的位置和其用户电话号码有固定的对应关系，但是移动台的位置是不确定的，它的用户号码只反映其原籍地，当它漫游至其他地区时，该地区的移动系统分配给一个漫游号，并通知其原籍地。当移动台离开该访问区域后，该漫游号将被释放，可再分配给其他用户。

5.2.3　数字移动台的构成

数字移动台构成如图 5-20 所示。

数字移动台（MS）包括两部分：ME和 SIM。ME 是移动台设备，包括射频收发单元，数字处理逻辑控制单元以及键盘显示操作单元。电源是手机工作的动力源泉和保证，一般使用镍氢电池或锂电池。SIM 卡是数字蜂窝移动电话的用户识别卡，它是由一块大规模集成电路芯片制成的。它的外形尺寸有两种，和信用卡的标

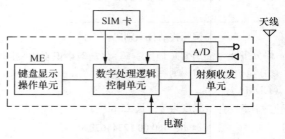

图 5-20　数字移动台构成框图

准尺寸一样的称为大卡，还有一种可以从大卡上面拆下的称为小卡。

SIM 卡是数字移动通信系统所特有的。移动台只有装上了 SIM 卡才能正常使用。因为 SIM 卡是 GSM 的用户资料卡，它存储着用户的个人电话资料和保密算法、密钥等。在通信时提供给网络对移动用户的身份进行鉴别和对用户话音、数据信息进行加密。SIM 卡的使用有效地防止手机的被盗用和通信信息的被窃听。以下是 SIM 卡所存储的内容和作用介绍。

1．用户身份识别

移动台用户在归属地或在漫游地进入系统，当地的网络系统均能首先从用户的 SIM 卡中获取用户识别码，也就可以确定用户的身份了。每一个用户，当他申请 GSM 使用权时，就被指配了一个与他的移动用户号码相对应的唯一的国际移动用户识别码（IMSI）。实际上，IMSI 是一小段信息，IMSI 和与之对应的一个密钥（Ki）被分别储存在 SIM 卡和系统的"鉴权中心（AUC）"这个密钥是在保密的情况下按一定的保密算法产生的，不同的用户具有不同的个人识别号码和密钥。

2．用户的密钥和保密算法

在 SIM 卡中存储用户的密钥和两种保密算法。用户的密钥被称为 Ki，两种保密算法分别被称为 A3，A8。用户的密钥与用户识别号码是一一对应的，它们和保密算法一起被分别存在 SIM 卡和用户鉴权中心内。每次用户鉴权中心对用户进行身份鉴别时，都要使用一个随机数和用户的密钥一起经过 A3、A8 的加密运算，然后，通过无线信道核对移动台和鉴权中心的计算结果是否一致，这样既鉴别了用户的身份，又防止了非法用户进入网络。

当用户鉴权中心对用户进行身份鉴别时，首先产生一个随机数自己作鉴别运算，同时也

送给移动台。由于 SIM 卡具有运算功能，而且它内存的数据和算法与鉴权中心相同，所以如果是有权用户，计算的结果数一定和鉴权中心一致，否则就反之。因此，其他的无线电接收设备即使侦听到了用户被鉴权过程中的信号，也不可能破译出来。

3. 个人密码（PIN）和 SIM 卡解锁密码（PUK）

PIN 码是 SIM 卡的个人密码。为了防止别人擅自用 SIM 卡，当移动台接通电源，将 SIM 卡插入移动台时，就会被要求输入 4 位～8 位的 PIN 码。不然，移动台就不能进行正常的通信。如果用户连续三次输入错误的 PIN 码，移动台就会提示用户卡已被锁住，用户须输入 SIM 卡的 PUK 码才能解开。如果用户连续 10 次错误地输入 PUK 码，此 SIM 卡就自动报废，永远无法使用了。这时应该向电信经营部门重新购买一张代表自己电话号码的 SIM 卡。在我国，电信经营部门没有将 PUK 码告诉用户，所以当 SIM 卡被锁住时，请要求电信部门用 PUK 码帮助解锁。

4. 用户使用的存储空间

SIM 卡上的大部分信息都是防止修改的，在某些情况下也是不可读出的，但用户可以读出或修改存储在 SIM 卡中的部分个人信息，也可将一些固定的短信息、号码簿等个人信息存入 SIM 卡中，用户可以用移动台的键盘来完成上述个人信息的存储和读出，也可使用一种更简便的方法—将 SIM 卡与个人计算机相连，然后，使用相关软件处理个人信息。

目前，一些新的增值业务对 SIM 卡的存储容量有相应的要求，如 8K 字节的 SIM 卡可通过短消息方式进行信息点播，16K 字节以上的 SIM 卡可以利用菜单方式进行信息点播，32K 字节以上的 SIM 卡具有手机银行业务等功能。

- 个人密码 PIN 若连续三次输入错误，则 SIM 卡被锁。需要到移动营业厅解锁。
- SIM 卡解锁密码 PUK 若连续十次输入错误，则 SIM 卡自动报废。

警　示
- 充放电电池前三次充足 14 小时。

5.2.4　GSM 无线接口信令

- GSM 系统 TDMA 的帧结构
- 信道的类型及功能
- 逻辑信道的两种类型及功能
- 控制信道的应用——与网络同步

了　解

信令具有信号和指令的双重含意，它在移动通信系统内部实现自动控制中起着关键作用。对于一个公用移动电话网，由移动交换中心到市话网的局间信令和基站到移动交换中心之间的信令，这些信令属于有线信令。而基站台到移动台之间的信令属于无线传输，所以是无线接口信令。目前，大容量的移动电话系统中，均采用数字信令。

1. GSM 移动通信系统的帧结构

（1）超高帧、超帧、复帧

GSM 的特性之一是用户信息的保密性，这是通过在发送信息前对信息进行加密实现的。加密机制要用 TDMA 帧号作为参数之一，因此 BTS 必须以循环形式对每一帧进行编号。选定的循环长度为 2715648，相当于 3 小时 28 分 53 秒 760 毫秒，这种结构称为超高帧。一个超高帧分为 2048 超帧，每个超帧持续时间 6.12 秒。

一个超帧又可有两种类型的复帧。

① 26 帧的复帧：包含 26 个 TDMA 帧，持续时间为 120ms。这种复帧用于携带 TCH 和 SACCH 加 FACCH，主要用于业务信道，51 个这样的复帧组成一个超帧。

② 51 帧的复帧：包含 51 个 TDMA 帧，持续时间为 235.385ms，这种复帧用于携带 BCH，CCCH 主要用于控制信道，26 个这样的复帧组成一个超帧。超高帧、超帧、复帧和 TDMA 帧之间的关系如图 5-21 所示。

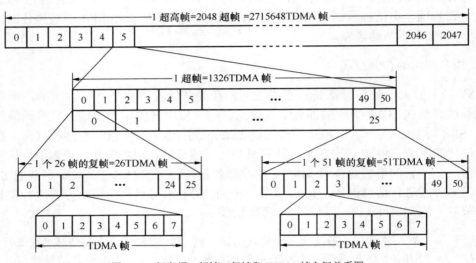

图 5-21　超高频、超帧、复帧和 TDMA 帧之间关系图

（2）TDMA 帧、时隙及突发脉冲序列的结构

在系统中有不同的逻辑信道，这些逻辑信道以某种方式在物理信道上传递。每个 TDMA 帧包含八个时隙，一个时隙中的信息格式称为突发脉冲序列，如图 5-22 所示。移动台只在指定的时隙中发送信息，其余时隙让其他移动台用，处于一种间断性的突发工作状态。

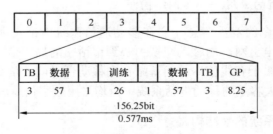

图 5-22　TDMA 帧时隙及突发脉冲序列的结构

2．GSM 移动通信系统信道

无线接口是移动台与基站收发信台之间接口的统称，从基站到移动台的方向称为下行，移动台到基站的方向称为上行。

移动台和基站之间传递信息的通道，统称为信道。GSM 的信道分为两类：物理信道和逻辑信道。

物理信道：一个载频上的 TDMA 帧的一个时隙称为一个物理信道，它相当于 FDMA 系统中的一个频道，GSM 中每个载波有 8 时隙，即应有 8 个物理信道。

逻辑信道：按功能划分的信道称为逻辑信息，根据传递信息的种类，可定义不同的逻辑信道，这些逻辑信道又映射到物理信道上。逻辑信道分两大类：业务信道和控制信道。

（1）业务信道（TCH）

业务信道用于传递用户数据，包括编码后的话音或数字数据。分为上行和下行，是点对点进行的。

（2）控制信道

控制信道用于传送控制信令或同步数据，根据任务的不同，可分为三种控制信道：广播信道、公共控制信道和专用控制信道。

3．在移动通信过程中控制信道的作用

当一个移动台被打开电源时，它必须与基站取得联系。下面以用户登记接入和呼叫建立过程来说明移动台与网络的工作情况，工作时一般经过以下几个状态。

（1）与网络同步

移动台在打开电源后，即进行初始化，初始化分以下三步。

① 在频率上与系统同步

移动台找到信息在哪个频率上被传送出来，在 GSM 系统中基站必须在每个时隙发射一定的内容，这称为广播信道。基站发射广播信道信息的能量要高于其他信道，这样移动台很容易找到它的频率。当移动台找到广播信道后，移动台保持与系统在频率上同步。

② 在时间上与系统同步

此项工作主要通过 SCH 来完成，移动台读取 SCH，找出 BTS 的识别码 BSIC，并同步到超高帧 TDMA 的帧号上。

③ 从广播信道上读取系统数据

移动台通过基站广播信道上读取小区的位置。

通过以上三步完成初始化，与网络同步基本完成，所用时间一般为 2～5s，但在某种条件下可能会需要 20s 来完成。所用时间的长短取决于移动台的设计和移动台是否在这个小区内关掉过，因为移动台关掉时，它存储了小区的一些信息在 SIM 卡上，如果又在这个小区打开，则同步会非常迅速。

（2）位置更新

有两种原因会造成位置更新，由于网络原因或移动台到新的地址，会发生位置更新。

移动台开启电源与网络同步后，移动台就必须登记，使系统知道它已打开电源以及其所在位置。移动台接入请求消息，然后，系统移动台分配一个独立专用控制信道，完成登记。移动台发送控制信令以后，返回空闲模式，处于守听状态。

此时，移动台作好了寻呼和接入的准备，处于空闲状态，监听控制信道。当移动台在与上次区域不同的区域中打开电源时，或到新的区域时，移动台又会自动进行位置更新，将其新位置通知给网络。

（3）来话呼叫建立

系统寻呼信道在 MSC 的所有基站上寻呼移动台，移动台通过发寻呼响应来应答。系统又通过允许接入信道为移动台分配一个独立专用控制信道，移动台转入该信道，系统与移动台交换必要的信息，完成与 BS 的各项确认，在 MSC 内进行鉴权和加密，向 BS 发送测试报告，监测其余频道，若有更新的频道，则重新登记注册，准备切换。完成各项确认后，为移动台分配业务信道进行正常通话，当移动台和基站切换到指配的业务信道上后，信令消息就转为相关信道上发送。

通话结束，用户挂机，拆线，回到守听状态。

5.3 CDMA 移动通信系统

CDMA 是 "Code Division Multiple Access" 的缩写，译为 "码分多址"，CDMA 移动通信系统（以下简称为 CDMA 系统）是一种以扩频通信为基础，载波调制和码分多址技术相结合的移动通信系统。本节重点介绍码分多址和扩频技术的基本原理，CDMA 系统的主要优势，并介绍 CDMA 系统的同步问题。

- 码分多址的基本原理
- 码分直接序列扩频通信
了解
- CDMA 系统的主要优点

5.3.1 码分多址技术的基本原理

码分多址的基础是要有足够的周期性码序列作为地址码，该序列码应具有很强的自相关性和互相关性。即码组内只有本身码相乘叠加后为 1（自相关值为 1），任意两个不同的码相乘叠加后为 0（互相关值为 0），如沃尔什码，m 序列伪随机码及戈尔德码等。码分多址通信系统中，在发送端，利用地址码与用户信息数据相乘（或模 2 加），经过调制发送出去，在接收端以本地产生的已知地址码做参考，对解调的信号，根据相关性差异对收到的所有信号进行鉴别，从中将地址码与本地地址码一致的信号选出，把不一致的信号除掉（称为相关检测）。其工作原理简要叙述如下：

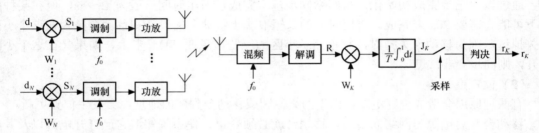

图 5-23 码分多址收发系统示意图

码分多址收、发系统示意图如图 5-23 所示，其中：$d_1 \sim d_N$ 分别是 N 个用户的信息数据。$W_1 \sim W_N$ 分别是相对应的地址码。为简明起见，假定系统内只有 4 个用户（即 N=4），各自的地址码分别为：

W_1=[1   1   1   1]

W_2=[1   -1   1   -1]

W_3=[1   1   -1   -1]

W_4=[1   -1   -1   1]

对应的波形如图 5-24（a）所示。

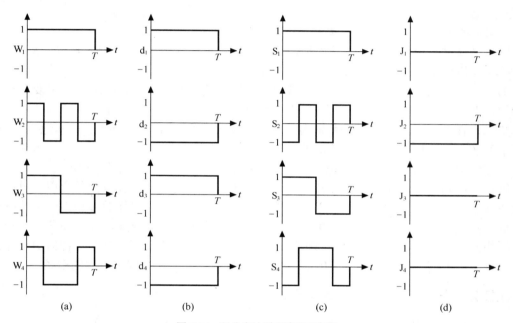

图 5-24   码分多址原理波形示意图

若在某一时刻用户信息数据分别为：

d_1=[1] d_2=[-1] d_3=[1] d_4=[-1]

对应的波形如图 5-24（b）所示。

与各自对应的地址码相乘后的波形 $S_1 \sim S_4$ 如图 5-24（c）所示。

在接收端，当系统处于同步状态和忽略噪声的影响时，在接收机中解调输出 R 端的波形是 $S_1 \sim S_4$ 的叠加。如果欲接收某一用户（例如用户 2）的信息数据，本地产生的地址码应与该用户的地址码相同（$W_K=W_2$），并且用此地址码与解调输出 R 端的波形相乘，再送入积分电路，然后经过采样判决电路得到相应的信息数据。如果本地产生的地址码与用户 2 的地址码相同（$W_K=W_2$），经过相乘积分电路后，产生的波形 $J_1 \sim J_4$ 如图 5-24（d）所示，即

J_1={0}； J_2={1}； J_3={0}； J_4={0}

也就是在采样、判决电路前的信号是：0+（1）+0+0。此时，虽然解调输出 R 端的波形是 $S_1 \sim S_4$ 的叠加，但是，因为要接收的是用户 2 的信息数据，本地产生的地址码与用户 2 的地址码相同，经过相关检测后，用户 1，3，4 所发射的信号加到采样、判决电路前的信号是 0，对信号的采样、判决没有影响。采样、判决电路的输出信号是 r_2={1}，是用户 2 所发

送的信息数据。

如果要接收用户 3 的信息数据，本地产生的地址码应与该用户 3 的地址码相同（$W_k=W_3$），经过相乘、积分电路后，产生的波形 $J_1 \sim J_4$ 是：

$J_1=\{0\}$；　　$J_2=\{0\}$；　　$J_3=\{1\}$；　　$J_4=\{0\}$

也就是在采样、判决电路前的信号是：0+0+1+0。此时，虽然解调输出 R 端的波形是 $S_1 \sim S_4$ 的叠加，但是，因为要接收的是用户 3 的信息数据，本地产生的地址码与用户 3 的地址码相同，经过相关检测后，用户 1，2，4 所发射的信号加到采样、判决电路前的信号是 0，对信号的采样、判决没有影响。采样、判决电路的输出信号是 $r_3=\{1\}$，是用户 3 所发送的信息数据。

如果要接收用户 1，4 的信息数据，其工作机理与上述相同。

以上是通过一个简单例子，简要地叙述了码分多址通信系统的工作原理。实际上，码分多址移动通信系统并不是这样简单，要复杂得多。

第一，要达到多路多用户的目的，就要有足够多的地址码，而这些地址码又要有良好的自相关特性和互相关特性。这是"码分"的基础。

第二，在码分多址通信系统中的各接收端，必须产生本地地址码（简称本地码），该本地码不但在码型结构与对端发来的地址码一致，而且在相位上也要完全同步。用本地码对收到的全部信号进行相关检测，从中选出所需要的信号。这是码分多址最主要的环节。

第三，由码分多址通信系统的特点，即网内所有用户使用同一载波，各个用户可以同时发送或接收信号。这样，接收的输入信号干扰比将远小于 1（负的若干 dB），这是传统的调制解调方式无能为力的。为了把各用户之间的相互干扰降到最低限度，并且使各个用户的信号占用相同的带宽，码分系统必须与扩展频谱（简称扩频）技术相结合，使在信道传输的信号所占频带极大的展宽（一般达百倍以上），为接收端分离信号完成实际性的准备。

5.3.2　扩频通信的基本原理

扩展频谱（简称扩频）通信技术是一种信息传输方式。其系统占用的频带宽度远远大于要传输的原始信号带宽（或信息比特速率）且与原始信号带宽（或信息比特速率）无关。在发送端，频带的展宽是通过编码及调制（扩频）的方法来实现的。在接收端，则用与发送端完全相同的扩频码进行相关解调（解扩）来恢复信息数据。

有许多调制技术所用的传输带宽大于传输信息所需要的最小带宽，但它们并不属于扩频通信，例如宽带调频等。

设 W 代表系统占用带宽，B 代表信息带宽，则一般认为：W 与 B 的比值 1～2 为窄带通信，100 以上为扩频通信。

扩频通信系统用 100 倍以上的信息带宽来传输信息，最主要的目的是为了提高通信的抗干扰能力，即在强干扰条件下保证安全可靠地通信。扩频通信系统的基本组成框图。如图 5-25 所示。

信息数据（速率 R_i）经过信息调制器后输出的是窄带信号，如图 5-26（a）所示，经过扩频调制（加扩）后频谱被展宽，如图 5-26（b）所示，其中 $R_c >> R_i$，在接收机的输入信号中加有干扰信号，其功率谱如图 5-26 中（c）所示，经过扩频解调（解扩）后，有用信号变成窄带信号，如图 5-26（d）所示，再经过窄带滤波器，滤掉有用信号带外的干扰信号如图 5-26（e）所示，从而降低了干扰信号的强度，改善了信噪比。这就是扩频通信系统抗干扰的基本原理。

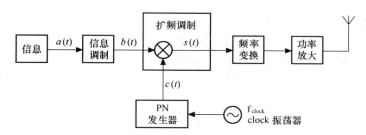

图 5-25　扩频通信系统组成框图

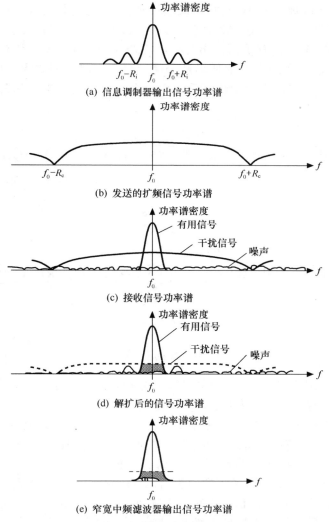

(a) 信息调制器输出信号功率谱

(b) 发送的扩频信号功率谱

(c) 接收信号功率谱

(d) 解扩后的信号功率谱

(e) 窄宽中频滤波器输出信号功率谱

图 5-26　扩频通信系统频谱变换图

5.3.3 码分多址直接序列扩频通信系统

直接序列扩频，简称直扩（DS），它是直接用高速率的伪随机码在发端去扩展信息数据的频谱。在收端，用完全相同的伪随机码进行解扩，把展宽的扩频信号还原成原始信号。

由于码分多址通信系统中的各个用户，同时工作于同一载波，占用相同的带宽，这样各用户之间必然相互干扰。为了把干扰降到最低限度，码分多址必须与扩频技术结合起来使用。在民用移动通信中，码分多址主要与直接序列扩频技术相结合，构成码分多址直接序列扩频通信系统。

1. 直接序列扩频系统的两种方式

（1）第一种系统的简单框图如图 5-27（a）所示。在这种系统中，发端的用户信息数据 d_i 首先与之相对应的地址码 W_i 相乘（或模 2 加），进行地址码调制；再与高速伪随机码（PN 码）相乘（或模 2 加），进行扩频调制。在收端，扩频信号经过由本地产生的与发端伪随机码完全相同的 PN 码解扩后，再与相应的地址码（$W_k=W_i$）进行相关检测，得到所需的用户信息（$r_i=d_i$）。系统中的地址码是采用一组正交码，例如沃尔什（Walsh）码，各个用户分配其中的一个码，而伪随机码系统中只有一个，用于加扩和解扩，以增强系统的抗干扰能力。

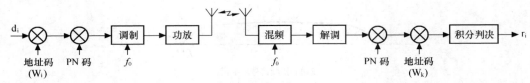

（a）码分直扩系统（一）

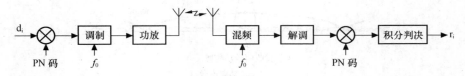

（b）码分直扩系统（二）

图 5-27 码分直扩系统

这种系统由于采用了完全正交的地址码组，各用户之间的相互影响可以完全除掉，提高了系统的性能，但是整个系统更为复杂，尤其是同步系统。

（2）第二种系统的简单框图，如图 5-27（b）所示。在这种系统中，发端的用户信息数据 d_i 直接与之对应的高速伪随机码（PN_i 码）相乘（或模 2 加），进行地址调制同时又进行了扩频调制。在收端，扩频信号经过与发端伪随机码完全相同的本地产生的伪随机码（$PN_k=PN_i$）解扩，相关检测得到所需的用户信息（$r_k=d_i$）。在这种系统中，伪随机码不是一个，而是采用一组正交性良好的伪随机码组，其两者之间的互相关值接近于 0。该组伪随机码既用作用户的地址码，又用于加扩和解扩，增强系统的抗干扰能力。

这种系统较第一种系统，由于去掉了单独的地址码组，用不同的伪随机码来代替，整个系统相对简单一些。但是，由于伪随机码组不是完全正交的，而是准正交的，也就是码组内任意两个伪随机码的互相关值不为 0，各用户之间的相互影响不可能完全除掉，整个系统的性能将受到一定的影响。

2．直扩通信的同步问题

同步技术是扩频的关键技术，在扩频通信系统中，在发端的伪随机码（PN 码）对信息数据进行扩频，在收端首先是利用本地产生的伪随机码（本地码）解除接收到的频谱扩展（即解扩），然后，才能进行信息解调。要实现解扩，就必须使本地码的频率和相位与接到的伪随机码完全一致。所以，在数字通信中除了载波同步、位同步、帧同步外，伪码序列同步是它特有的。扩频通信系统的同步问题比一般数字通信系统更复杂。

在扩频通信中，同步过程包括两个阶段，第一阶段是捕获阶段，接收机首先搜索对方的发送信号，把对方发来的伪随机码与本地码在相位上纳入可同步保持（可跟踪）的范围中，即在一个伪随机码码元之内。然后，就进入跟踪阶段，同步系统能自动地加以调整，使收端的本地码与接收到的伪随机码保持精确地同步。

5.3.4 CDMA 系统的主要优势

CDMA 系统的组成和网络结构与 GSM 系统基本相似，但是，由于 CDMA 系统采用码分多址技术及扩频通信的原理，这使得在系统中可以使用多种先进的信号处理技术，为该系统带来许多独特优点，主要有以下几个方面。

1．系统容量高

由于 CDMA 系统本身所固有的码分扩频技术，加上先进的内、外环功率控制，话音激活技术，所以，容量明显大于 FDMA 和 TDMA 系统，它的信道容量是模拟系统的 10～20 倍，是 TDMA 系统的 4 倍。

2．越区软切换，切换的成功率高

在 CDMA 系统中，由于所有的小区（或扇区）都使用相同的频率，小区（或扇区）之间是以码型的不同来区分的，当移动用户从一个小区移动到另一个小区时，不需要让手机的收、发频率切换，只需在码序列上作相应的调整，称为软切换。其优点是：首先与新的基站接通，然后再切断原通话链路，这种先通后断的越区切换方式，不会产生"乒乓"效应（信道来回频繁切换），而且切换时间短，越区切换的成功率远大于 FDMA 和 TDMA 系统，尤其在通信的高峰期。

3．CDMA 的保密性好

CDMA 系统的信号扰码方式提供了高度的保密性，使这种数字蜂窝系统在防止串话、盗用等方面具有其他系统不可比拟的优点。

4．CDMA 手机符合环保的要求

手机发射对人体的辐射的影响越来越受到关注。目前普遍使用的 GSM 手机 900MHz 频段最大发射功率为 2W（33dBm），1800MHz 频段最大发射功率为 1W（30dBm），同时规范要求，对于 GSM900 和 1800 频段，通信过程中手机最小发射功率分别不能低于 5dBm 和 0dBm。而 CDMA IS-95A 规范，对手机的最大发射功率要求为 0.2～1W（23～30dBm），实际上目前网络上允许手机的最大发射功率为 23dBm（0.2W），CDMA 手机在通信过程中平均发射功率保持在十几毫瓦，峰值不过几十毫瓦，辐射功率很小，从而享有"绿色手机"的美誉。

5．覆盖范围大

正常情况下，CDMA 系统的小区半径可达 60km，覆盖范围的扩大所带来的直接优点使基站数量减少。这些都是 CDMA 技术本身带来的，是 GSM 技术所没有的。从另一角度讲，对于相同的覆盖半径，CDMA 系统所需要的发射功率更低，手机的电池使用寿命长。

6．CDMA 的话音音质好

现有的 CDMA 商用网表明，CDMA 系统的话音质量明显高于 GSM 系统，更为接近固定网的话音质量，特别是在强背景噪声环境下（如娱乐场所、商场、餐馆等），由于采用了伪随机序列进行扩频/解频，用户通话中有明显的噪声抑制优点。

7．可提供数据业务

在数据通信方面，CDMA 系统传送单位比特成本，比 GSM 系统的平台上使用 WAP，GPRS，EDGE 等补充技术都要低，因此，更适合作为无线高速分组数据（如 144kbit/s）业务或实时数据业务的接入手段，为移动/无线与 Internet 的融合提供了更好的技术条件。

8．CDMA 系统可以实现向第三代移动通信系统平滑过渡

基于 IS-95 标准的 CDMA 技术具有较好的后向兼容，从 IS-95A 到 IS-95B，再到 CDMA2000-1x、CDMA2000-3x，或跳过 IS-95B 直接过渡到 CDMA2000-1x 可提供峰值速率达 144kbit/s，语音业务的容量是 IS-95 的 1.6～1.8 倍，而 CDMA2000-1x，实际上标志着 CDMA 系统已从第二代平滑进入第三代移动通信 CDMA 2000 的第一阶段。

5.4　第三代移动通信系统

5.4.1　3G 发展概述

- 3G 的概念
- 2G 到 3G 的演进
- GPRS、HSDPA
- WIMAX

1．移动通信技术的发展

（1）第一代移动通信技术（1G）

第一代移动通信系统是模拟制式的蜂窝移动通信系统，时间是 20 世纪 70 年代中期至

80 年代中期。1978 年美国贝尔实验室研制成功先进移动电话系统 AMPS（Advanced Mobile Phone System）建立了蜂窝式移动通信系统。随后其他工业化国家也相继开发出各种制式的蜂窝式移动通信网，如英国研制的全接入通信系统 TACS（Total access Communication system）和北欧的北欧移动电话 NMT（Nordic Mobile Telephone）。

第一代移动通信系统相对于以前的移动通信系统最重要的突破是采用了蜂窝网的概念来实现频率复用，从而大大提高了系统容量，它的主要特点是采用 FDMA 模拟制式，语音信号为模拟调制。

第一代移动通信系统在商业上取得成功的同时也逐渐暴露出一些弊端：频谱利用率低、业务种类有限、无高速数据业务、保密性差（易被窃听和盗号）、设备成本高、不能提供自动漫游等。

（2）第二代移动通信技术（2G）

第二代数字蜂窝移动通信系统的典型代表是美国的数字高级移动电话系统 DAMPS（Digital Advanced Mobile Phone System）、IS-95 和欧洲的全球移动通信系统 GSM（Global Systems of Mobile Communication）。

GSM 发源于欧洲，是作为全球数字蜂窝通信的 TDMA 标准而设计的，支持 64kbit/s 的数据速率，可与 ISDN 互连。GSM 使用 900MHz 频带，使用 1800MHz 频带的称为 DCS1800。GSM 采用频分双工 FDD（Frequency Division Duplex）双工方式和 TDMA 多址方式，每载波支持 8 个信道，信号带宽 200kHz。GSM 标准体制较为完善，技术相对成熟。我国移动通信也主要是 GSM 体制。但其存在不足之处，相对于模拟系统而言，其容量增加不多，而且无法和模拟系统兼容。

DAMPS 也称 IS-54（北美数字蜂窝），使用 800MHz 频带，是两种北美数字蜂窝标准中推出较早的一种，使用 TDMA 多址方式。IS-95 是北美的另一种数字蜂窝标准，使用 800MHz 或 1900MHz 频带，使用 CDMA 多址方式。

在 2G 与 3G 技术之间，市场上还推出了 2.5G 技术，如通用无线分组业务 GPRS（General Packet Radio Service）、高速电路交换数据服务 HSCSD（High Speed Circuit Switched Data）、全球增强型数据率 EDGE（Enhanced Data rates for Global Evolution）等。其中以 GPRS 技术为代表。GPRS 是在 GSM 基础上发展起来的技术，是一种基于 GSM 系统的无线分组交换技术，提供端到端的、广域的无线 IP 连接。

（3）第三代移动通信技术（3G）

随着日益增长的无线业务需求，第二代陆地移动通信系统如 GSM、CDMA IS-95 等已经超出容量，希望更高质量的语音业务和在无线网络中引入高速数据和多媒体业务。第二代移动通信的主要服务仍然是语音以及低速率数据服务。由于网络的发展，数据和多媒体通信发展迅猛，人们对移动通信的要求也逐渐从话音业务为重点，转到数据业务为重点。在这样的大背景下，第三代移动通信技术应运而生。

ITU 在 1985 年提出的"未来公用陆地移动通信系统"（FPLMTS）成为第三代移动通信系统。1996 年，ITU 为了便于读写，并考虑到系统将工作在 2000MHz，2000 年左右进入商用市场，而且最高业务速率为 2000kbit/s，故将 FPLMTS 正式更名为 IMT-2000（International Mobile Telecommunication-2000）。于是，IMT-2000 便成为"第三代移动通信"（俗称 3G）的正式名称。

IMT-2000 最主要的目标和特征为：

① 全球统一频段、统一制式，全球无缝漫游；

② 能提供语音、可变速率的数据、视频、多媒体等多种业务；

③ 高频谱效率；

④ 高速传输以支持移动多媒体业务，即：室内环境支持 2Mbit/s，步行室外到室内支持 384kbit/s，室外车速环境支持 144kbit/s，卫星移动环境至少 9.6kbit/s。

2．移动通信技术的演进路线

随着日益增长的无线业务需求，第二代陆地移动通信系统如 GSM、CDMA IS-95 等已经超出容量，希望更高质量的语音业务和在无线网络中引入高速收据和多媒体业务。蜂窝移动通信标准的演进如图 5-28 所示。

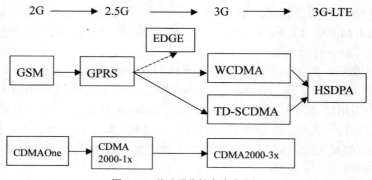

图 5-28　移动通信技术演进路标

（1）GPRS

GPRS（General Packet Radio Service）是通用无线分组业务。它是基于 GSM 系统的无线分组交换技术，提供端到端的、广域的无线 IP 连接。简单的说，GPRS 是一项数据处理技术，其方法是以"分组"的形式传送数据。网络容量只在所需时分配，不需要时就释放、这种发送方式称为统计复用。目前，GPRS 移动通信网的传输速率可达到 115kbit/s。由于 GPRS 是在 GSM 基础上发展起来的，是介于第二代数字移动业务和第三代分组型移动业务之间的技术，所以通常称为 2.5G。

（2）EDGE

EDGE 是英文 Enhanced Data Rate for GSM Evolution 的缩写，即增强型数据速率 GSM 演进技术。它是针对 800/900/1800/1900MHz 的 GSM 网络所采用的一项技术。它能在利用现有频率资源下提供高速的数据业务，最高传输速率可达 474kbit/s，并使网络的容量和质量都有所提高。EDGE 是一种从 GSM 到 3G 的过渡技术，它能利用 GSM 的现有资源，对网络软件及硬件做一些小的改动，就能向移动用户提供部分多媒体服务。

（3）CDMA1x

CDMA1x 是指 CDMA2000 的第一阶段（频率高于 IS-95，低于 2Mbit/s），前向链路数据的速率可达到 144kbit/s，网络部分引入分组交换，可支持移动 IP 业务。它可作为话音业务的承载平台，也可作为无线接入 Internet 分组数据的承载平台。其话音业务容量约是 IS-95 的 2 倍。

（4）3G 制式

国际电信联盟在 2000 年 5 月，将 WCDMA、CDMA2000 和 TD-SCDMA 确定为第三代移动通信（3G）的三大主流技术标准，写入了 3G 技术指导性文件《2000 年国际移动通信计划》（简称 IMT-2000）。

（5）3G-LTE

HSDPA（High Speed Downlink Packges Access）是高速下行分组接入，是现有 WCDMA 的升级，是一种非对称解决方案，允许下行（即网络至终端）吞吐能力远远超过上行吞吐能力，理论上数据传输最高可达 10～14Mbit/s，平均可提供 2～3Mbit/s 的下行速率，上升速率将为 128kbit/s，是目前 WCDMA 系统的两倍。享有 3.5G 的技术美誉。

HSUPA（High Speed Uplink Packet Access）是高速上行分组接入，它是继 HSDPA 后，WCDMA 标准的又一次重要升级，用户的峰值速率可提高到 1.4～5.8Mbit/s，向 4G 方向迈进。

3．3G 标准

第三代移动通信技术的标准化工作由 3GPP（3rd Generation Partner Project）和 3GPP2 两个标准化组织来推动和实施。目前，在世界范围内应用最为广泛的第三代移动通信系统体制为宽带码分多址 WCDMA（Wideband Code Division Multiple Access）、CDMA2000 和时分同步码分多址 TD-SCDMA（Time Division Synchronous CDMA）。2007 年 10 月 19 日，ITU 又批准 WiMAX 成为第四个全球 3G 标准。

（1）WCDMA

WCDMA 的中文译名是"宽带码分多址"，它可支持 384kbit/s 到 2Mbit/s 不等的数据传输速率，在移动状态下，移动速度越低，可提供的数据传输速率越高。在这些传输通道中，它可以提供电路交换和分组交换服务，因此消费者可以利用电路交换方式接听电话，同时以分组交换方式访问因特网，大大提高了移动电话的使用效率。

（2）CDMA2000

CDMA2000 是由美国高通公司为主导提出，摩托罗拉、朗讯和韩国三星都有所参与，它是从窄频 CDMAOne 数字标准衍生来的，可以从原有的 CDMAOne 结构直接升级到 3G。

CDMA2000 标准由 3GPP2 组织制定，其中 CDMA2000 EV-DO 版本采用单独的载波支持数据业务，可以在 1.25MHz 的标准载波中，同时提供话音和高速分组数据业务。

（3）TD-SCDMA

TD-SCDMA，即时分双工、同步码分多址，是由中国提出的国际通信标准。系统带宽为 1.6MHz，码片速率是 1.28Mchip/s。TD-SCDMA 作为 TDD 方式，其上行和下行链路在同一频点，不同时隙进行双工通信，可以按上、下行链路所需的数据量动态分配。它不仅适用于对称业务（如传统的话音业务），还适应于日益增长的非对称的实时、非实时数据业务（如多媒体、互联网等业务）。动态的按需分配时隙，可以使频谱资源得以最大最优的利用。

除以上特点外，它采用了智能天线、上行同步、软件无线电、联合检测、接力切换等新技术，具有较高的频谱利用率和较低的成本。

（4）WiMAX

WiMAX 是一项新兴的宽带无线接入技术，能提供面向互联网的高速连接，在城域网一点对多点的多厂商环境下，可实现有效的互操作的宽带无线接入手段。其优势是：可实现 50km 的无线电信号传输；可提供更高速的宽带接入，能提供 70Mbit/s 的最高接入速率；可提供优良的"最后 1 公里"网络接入服务；可提供多媒体通信服务。

中国移动、中国联通和中国电信，分别采用三种 3G 的技术标准：TD-SCDMA、WCDMA 和 CDMA2000。它们的基本特征见表 5-2 所示。

表 5-2　　　　　　　　　　　　　　3G 技术基本特征比较表

基本技术特征	WCDMA	CDMA2000	TD-SCDMA
信道间隔	5MHz	1.25MHz	1.6MHz
接入方式	单载波宽带直接序列扩频 CDMA	单载波宽带直接序列扩频 CDMA	TDMA+CDMA
双工方式	FDD	FDD	TDD
码片速率	3.48Mchip/s	1.2288Mchip/s	1.28Mchip/s
基站同步方式	异步（不需 GPS）	同步需 GPS	同步需 GPS
帧长	10ms	20ms	5ms 子帧
调制方式	QPSK（前向），BPSK（后向）	QPSK（前向），BPSK（后向）	QPSK
切换	软切换，频间切换，与 GSM 间的切换	软切换，频间切换，与 IS-95 间的切换	硬切换或接力切换
语音编码	自适应多速率	可变速率	自适应多速率
功率控制	开环，闭环（最高 1500Hz），外环	开环，闭环（最高 800Hz），外环	开环，闭环（最高 200Hz），外环

三种 3G 标准的性能比较见表 5-3。

表 5-3　　　　　　　　　　　　　　3G 标准的性能比较表

性能比较	WCDMA	CDMA2000	TD-SCDMA
可支持的数据速率	最高 2.048Mbit/s	1x 最高可支持 307kbit/s，1x EV-DO 可支持 2.4Mbit/s	最高 2.048Mbit/s
频率使用方式	与 CDMA2000 频率利用率相似，对称的上下行频率使用技术，必须占用 5MHz 宽带	成对地使用上下行频率，频率根据需要由 1.25MHz 逐渐扩至 5MHz	每信道需要 1.6MHz 频率带宽，上下行共用同一个频率信道，尤其适合于上下行非对称的数据业务
最大容量（纯话音）	大约 100 个用户/5MHz/扇区（实际容量尚待验证）	大约 150 个用户/5MHz/扇区（约为 IS-95 系统容量的 1.5～2 倍）	最大 24 个 12.2kbit/s 话音用户/1.6MHz/扇区（实际容量尚待验证）
业务特征	适合于对称业务，如语音，交互式实时数据业务，支持非对称业务	适合于对称业务，如语音，交互式实时数据业务，支持非对称业务	尤其适合于非对称数据业务，如 Internet 下载
应用场合	适合各种蜂窝组网制式，适合城区、郊县和乡村	同 WCDMA	适合城区组网

5.4.2　CDMA2000

1．CDMA2000 的特性

（1）CDMA2000 系统发展

CDMA2000 是一种宽带 CDMA 技术，也称为 CDMA Multi-Carrier，是美国向 ITU 提出的第三代移动通信空中接口的标准建议，它是 CDMAOne（IS-95）向 3G 演进的技术体制方案。CDMA2000 室内最高数据速率为 2Mbit/s 以上，步行环境时为 384kbit/s、车载环境时为 144kbit/s 以上。

CDMA2000 标准是一个体系结构，它包含一系列子标准。由 CDMAOne 向 3G 演进的途径为：CDMAOne、CDMA20001x（3x）、CDMA20001xEV-DO。其中从 CDMA20001x 之后均属于第三代技术。CDMA2000 标准的技术细节主要由 3GPP2（3rd Generation Partnership Project 2）组织完成。

CDMA20001x 在无线接口性能上较 IS-95 系统有了很大的增强。CDMA20001x 系统的话音业务容量是 IS-95 系统的两倍，而数据业务容量是 IS-95 的 3.2 倍。CDMA20001x 的无线 IP 网络接口采用成熟的、开放的 IETF 协议，支持 Simple IP 和 Mobile IP 的 Internet/Intranet 的接入方式，实现了真正的 Internet 接入的移动性。

CDMA20001x 能实现对 IS-95 系统的完全兼容，技术延续性好，可靠性较高。在无线接入网和核心网增加支持分组业务的网络实体，版本稳定。

CDMA2000 的第一阶段是 CDMA2000 1x。由于无线 Internet 等高速分组业务需求的不断增长，CDMA2000 1x 已经不能完全满足业务发展的需要。在 CDMA2000 1x 的基础上，3GPP2 制定了 CDMA2000 1x 增强标准，分为两个分支：1x EV-DO 和 1x EV-DV。在 1x EV-DV 技术中，数据和话音共用一个载波；而在 1x EV-DO 中，则采用独立的载波传输高速分组数据。

与 CDMA2000 1x 相比，1x EV-DO 在无线传输技术上进行了许多创新，这一点在前向链路上尤为突出。在前向链路上，1x EV-DO 标准增加时分复用、自适应编码和调制、满功率的时分导频、虚拟软切换、智能调度算法、H-ARQ 等；在反向链路上，1x EV-DO 也增加了自适应调制、辅助导频、速率控制和 H-ARQ 等新技术，这些技术大大提高了 1x EV-DO 的分组数据接入能力。

由于 1x EV-DO 在前、反向链路上的优化和改进，使得 1x EV-DO 在技术特点上与传统的码分多址方式有了较大的不同，干扰模型也发生了很大的变化。

（2）CDMA2000 系统的特点

CDMA2000 系统作为一种开放式结构和面向未来设计的系统具有下列主要特点：

① CDMA2000 1x 的沿用基于 CDMA 核心网标准（ANSI-41）；

② 具有灵活和方便的组网结构，移动交换机的话务承载能力一般都很强，保证在话音和数据通信两个方面都能满足用户对大容量、高密度业务的要求；

③ 抗干扰能力强，覆盖区域内的通信质量高；

④ 加密和鉴权功能完善，能确保用户信息和网络安全；

2．CDMA2000 的系统结构

CDMA2000 系统是由几个子系统组成的，并且可与 PSTN、ISDN、Internet 等通信网互

连互通。各子系统之间或各子系统与各种公用通信网之间都明确和详细定义了标准化接口规范，保证任何厂商提供的 CDMA 系统或子系统能互连。

CDMA2000 1x 网络主要有 BTS、BSC、MSC 和 PCF、PDSN 等节点组成。基于 ANSI-41 核心网的系统结构如图 5-29 所示。

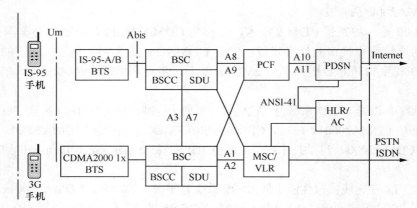

图 5-29　CDMA2000 1x 系统结构

其中：

BSC	Base Station Controller	基站控制器
BTS	Base Transceiver Station	基站收发信机
MSC	Mobile services Switching Center	移动交换中心
AC	Authentication Centre	鉴权中心
EIR	Equipment Identification Register	设备识别寄存器
HLR	Home Location Register	归属位置寄存器
VLR	Visitor Location Register	拜访位置寄存器
PCF	Packet Control Function	分组控制功能
PDSN	Packet Data Support Node	分组数据支持节点
SDU	Service Data Unit	业务数据单元
BSCC	Base Controller Connector	基站控制器连接
MS	Mobile Station	移动台
ISDN	Integrated Service Digital Network	综合业务数字网
PSTN	Public Switching Telephone Network	公用电话交换网

由图 5-29 可见，与 IS-95 相比，核心网中的 PCF 和 PDSN 是两个新增模块，通过支持移动 IP 协议的 A10、A11 接口互联，可以支持分组数据业务传输。而以 MSC/VLR 为核心的网络部分，支持话音和增强的电路交换型数据业务，与 IS-95 一样，MSC/VLR 与 HLR/AC 之间的接口基于 ANSI-41 协议。

图 5-29 中，移动台可以是 IS-95 或 CDMA2000 1x 手机，BTS 在小区建立无线覆盖区用于移动台通信，BSC 可对多个 BTS 进行控制。新增节点 PCF（分组控制单元）用来转发无线子系统和 PDSN（分组控制单元）之间的消息。PDSN 节点为 CDMA2000 1x 接入 Internet 的接口模块。CDMA2000 1x 各接口功能见表 5-4。

表 5-4　　　　　　　　　　　　　　　　CDMA2000 1x 各接口功能

接口名称	功能	备注
Abis 接口	用于 BTS 和 BSC 之间连接	接口与 IS-95 系统需求相同
A1 接口	用于传输 MSC 与 BSC 之间的信令信息	
A2 接口	用于传输 MSC 与 BSC 之间的话音信息	
A3 接口	用于传输 BSC 与 SDU（交换数据单元模块）之间的用户话务（包括语音和数据）和信令	
A7 接口	用于传输 BSC 之间的信令，支持 BSC 之间的软切换	
A8 接口	传输 BS 和 PCF 之间的用户业务	CDMA2000 1x 新增接口；A10/A11 接口是无线接入网和分组核心网之间的开放接口
A9 接口	传输 BS 和 PCF 之间的信令信息	
A10 接口	传输 PCF 和 PDSN 之间的用户业务	
A11 接口	传输 PCF 和 PDSN 之间的信令信息	

从接口协议上看，CDMA2000 1x EV-DO 定义了新的 Um 接口协议，其 Abis 接口功能及其通信协议与 CDMA2000 1x 大致相似；其核心网内部接口协议及其与外部 IP 网络之间的接口协议与 CDMA2000 1x 基本一致，均遵从 CDMA2000 无线 IP 网络标准中的有关规定。

5.4.3　WCDMA

1. WCDMA 系统特点

欧洲电信标准化协会（ETSI）早在 20 世纪 90 年代初期就开始了第三代移动通信标准化的研究工作，成立了一个"通用移动通信系统（Universal Mobile Telecommunication System，UMTS）论坛"，其成员主要来自欧洲各国的运营商、生产厂家和电信主管机构。WCDMA（带宽 5MHz）建议是多种方案之一。1998 年，日本和欧洲在宽带 CDMA 建议的关键参数上取得一致，使之正式成为 UMTS 体系中 FDD（频分双工）频段空中接口的入选技术方案，并由此通称为 WCDMA。

- -

重点掌握

- WCDMA 的中文译名是"宽带码分多址"；
- 它是由欧洲提出、以 GSM 系统为基础、采用 WCDMA 空中接口技术的第三代移动通信系统。

在 3G 技术中，WCDMA 和 CDMA2000 采用频分双工（FDD）方式，需要成对的频率规划。WCDMA 即宽带 CDMA 技术，其扩频码速率（码片速率）为 3.84Mchip/s，载波带宽为 5MHz，而 CDMA2000 的扩频码速率为 1.2288Mchip/s，载波带宽为 1.25MHz；另外，WCDMA 的基站间同步是可选的，而 CDMA2000 的基站间同步是必需的，因此需要全球定位系统（GPS），以上两点是 WCDMA 与 CDMA2000 相比的主要的区别和特点。除此以外，在其他关键技术方面，例如功率控制、软切换、扩频码以及所采用分集技术等都是基本相同的，只有很小的差别。

2．WCDMA 系统结构

WCDMA 系统主要由核心网（Core Network,CN）、UMTS 陆地无线接入网（UTRAN）和用户设备（User Equipment，UE）三部分组成。

WCDMA 的无线接入网 UTRAN（Universal Terrestrial Radio Access Network）是在 UMTS 通用移动通信系统体系中提出的。

WCDMA 目前有 R99、R4、R5、R6、R7 等标准。其中 R99、R4、R5 较为成熟，各厂家也有较多产品。作为全 IP 的 R5 和 R6，其主要区别在于核心网侧。3GPP R99 版本功能于 2000 年 3 月确定，标准已相当完善，后续版本都向 3GPP R99 版兼容。下面介绍 WCDMA 网络结构，如图 5-30 所示。

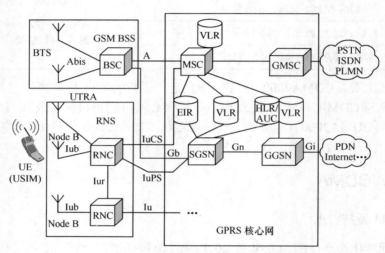

图 5-30　WCDMA/UMTS 网络结构

其中：

UTRAN	UMTS Terrestrial Radio Access Network	UMTS 陆地无线接入网
BSC	2G Base Station Controller	2G 基站控制器
BTS	2G Base Transceiver Station	2G 基站收发信机
Node B	2G Node of Base Transceiver station	WCDMA 的基站收发信机
RNC	Radio Network Controller	WCDMA 无线网络控制器，相当于 2G 的 BSC
RNS	Radio Network Sub-system	WCDMA 无线网络子系统
MSC	Mobile services Switching Center	移动交换中心
HLR	Home Location Register	归属位置寄存器
AUC	Authentication Centre	鉴权中心
VLR	Visitor Location Register	拜访位置寄存器
EIR	Equipment Identification Register	设备识别寄存器
GMSC	Gateway Mobile Switching Center	移动交换中心网关
GGSN	Gateway GPRS Support Node	网关 GPRS 支持节点
SGSN	Serving GPRS Support Node	服务 GPRS 支持节点

UE	User Equipment	用户设备即移动台
ISDN	Integrated Service Digital Network	综合业务数字网
PSTN	Public Switching Telephone Network	公用电话交换网
PDN	Public Data Network	公用数据网
PLMN	Public Land Mobile Network	公用陆地移动网

无线接入网 UTRAN 的结构如图 5-31 所示，它包括许多通过 I_u 接口连接到核心网 CN 的无线网络子系统（RNS）。一个 RNS 包括一个 RNC 和一个或多个 Node B。Node B 通过 I_{ub} 接口连接到 RNC 上，Node B 包括一个或多个小区。WCDMA 主要接口功能见表 5-5。

表 5-5　　　　　　　　　　　　　WCDMA 主要接口功能

接口名称	功能	备注
I_u 接口	CN 与 RNC 之间的接口	I_u 接口包括 I_u-CS、I_u-PS 接口
I_{ur} 接口	RNC 与 RNC 之间的接口	
I_{ub} 接口	RNC 与 Node B 之间的接口	

在 UTRAN 内部，RNS 中的 RNC 能通过 I_{ur} 接口交互信息，I_u 接口和 I_{ur} 接口是逻辑接口。I_{ur} 接口可以是 RNC 之间物理的直接相连，也可以通过适当的传输网络实现。

WCDMA 无线接口的扩频方式为可变扩频比（4～256）的直接扩频。码片速率可达 3.84M chip/s，载波速率达 16～256kbit/s，每载波带宽为 5 MHz（可扩展为 10/20MHz），其帧长度为：10ms，采用 QPSK 调制，开环功控和自适应闭环方式（功控速率为 1.6kbit/s）功控两种方式，功控组的时隙长度为 0.625ms。

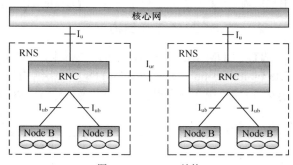

图 5-31　UTRAN 结构

5.4.4　TD-SCDMA

1．TD-SCDMA 系统的特点

TD-SCDMA，即时分双工、同步码分多址移动通信系统。TD-SCDMA 标准是由 3GPP 组织制订，目前采用的是中国无线通信标准组织（China Wireless Telecommunication Standard，CWTS）制订的 TSM（TD-SCDMA over GSM）标准，基于 TSM 标准的系统其实就是在 GSM 网络支持下的 TD-SCDMA 系统。TSM 系统的核心思想就是在 GSM 的核心网上使用 TD-SCDMA 的基站设备，基站与核心网 MSC 的接口（A 接口）与 GSM 完全相同，只需对 GSM 的基站控制器进行升级。一方面利用 3G 的频谱来解决 GSM 系统容量不足，特别是在高密度用户区容量不足的问题，另一方面可以为用户提供初期最高达 384kbit/s 的数据业务。随着 TD-SCDMA 的发展，其结构中融入了 3GPP 的 R4 及后续标准。

由于 TD-SCDMA 系统使用 TDD 的双工方式，因此具备 TDD 系统的优缺点。

（1）优点

① 由于 TD-SCDMA 具有频谱利用率高的特点，不需要成对的频率，因此可以有效的节约和利用稀缺的频谱资源。

② 在第三代移动通信中，数据业务将占主要地位，尤其是不对称的 IP 业务。TDD 方式特别适用于上下行不对称、不同传输速率的数据业务。

③ TDD 上下行工作于同一频率，对称的电波传播特性使之便于利用智能天线等新技术，可达到提高性能、降低成本的目的。

除以上优点外，TD-SCDMA 采用了智能天线、上行同步、软件无线电、联合检测、接力切换等新技术，具有较高的频谱利用率。中国移动 TD-SCDMA 采用 TDD 方式，目前使用的是 2010～2025MHz，不区分上下行。

（2）缺点

TDD 系统主要缺陷在于终端的移动速度和覆盖距离：

① 采用多时隙不连续传输方式，抗快衰落和多普勒效应能力比连续传输的 FDD 方式差，因此 ITU 要求 TDD 系统用户终端的移动速度最高可达 120km/h，而 FDD 系统则可达到 500km/h；

② TDD 系统平均功率与峰值功率之比随时隙数增加而增加，考虑到耗电和成本因素，用户终端的发射功率不可能很大，故通信距离（小区半径）比 FDD 系统的小。

2．TD-SCDMA 系统结构

TD-SCDMA 系统的网络结构与标准化组织 3GPP 制定的通用移动通信系统（Universal Mobile Telecommunications System，UMTS）网络结构是一样的，主要由 CN（核心网）、UTRAN（无线接入网）和 UE（用户设备）三部分组成。TD-SCDMA 的网络结构如图 5-32 所示。

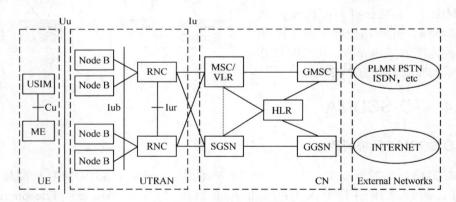

图 5-32　TD-SCDMA 的网络结构

其中：

UTRAN	UMTS Terrestrial Radio Access Network	UMTS 陆地无线接入网
RNC	Radio Network Controller	无线网络控制器
Node B	Base Transceiver Station	基站收发信机
MSC	Mobile services Switching Center	移动交换中心
EIR	Equipment Identification Register	设备识别寄存器

HLR	Home Location Register	归属位置寄存器
VLR	Visitor Location Register	拜访位置寄存器
GMSC	Gateway Mobile Switching Center	移动交换中心网关
GGSN	Gateway GPRS Support Node	网关 GPRS 支持节点
SGSN	Serving GPRS Support Node	服务 GPRS 支持节点
UE	User Equipment	用户终端设备
ISDN	Integrated Service Digital Network	综合业务数字网
PSTN	Public Switching Telephone Network	公用电话交换网
PLMN	Public Land Mobile Network	公用陆地移动网

UTRAN 是 UMTS 陆地无线接入网，负责完成所有与无线有关的功能。无线接入网包括一系列物理实体来管理接入网资源，为 UE 提供接入核心网的机制。主要负责生成与维护用户设备（UE）和核心网（CN）之间用于通信的 RAB（无线接入承载：Radio Access Bearer）业务。

CN 主要处理 TD-SCDMA 系统内部所有的话音呼叫、数据连接和交换，以及与外部其他网络的连接和路由选择。核心网包括支持网络特征和通信服务的物理实体，提供包括用户位置信息管理、网络特征、服务控制、信令和用户信息的交换传输机制等功能。从逻辑上，核心网可划分为 CS 电路交换域、PS 分组交换域。

探讨

- 移动通信过程中的手机是如何与基站联络的？
- 思考移动漫游通信过程中，各网元是如何发挥作用的？
- TD-SCDMA 网络由 UE、UTRAN、CN 组成，各部分是如何分工的？

3．3G 三种技术体制的比较

3G 的三大主流标准是 WCDMA、CDMA2000 和 TD-SCDMA 的比较见表 5-6。

表 5-6　3G 三种技术体制的比较

制式	WCDMA	CDMA2000	TD-SCDMA
采用国家和地区	欧洲、日本等	美国、韩国等	中国等
继承基础	GSM	窄带 CDMA	GSM
同步方式	异步	同步	异步
码片速率	3.84Mchip/s	N×1.25Mchip/s	1.28Mchip/s
信号带宽	5MHz	N×1.25MHz	1.6MHz
空中接口	WCDMA	CDMA2000 兼容 IS-95	TD-SCDMA
核心网	GSM MAP	ANSI-41	GSM MAP

归纳思考

- 3G 的三大主流标准是 WCDMA、CDMA2000 和 TD-SCDMA
- CDMA 是 3G 标准的核心技术

5.4.5 WiMAX

1. WiMAX 系统特点

WiMAX 的全名是 World wide Interoperability for Microwave Access（全球微波接入互操作性），最初是以无线宽带接入标准提出的。WiMAX 能提供面向互联网的高速连接，在城域网一点对多点的多厂家设备环境下，可实现有效的、可互操作的宽带无线接入。

IEEE（美国电气和电子工程师学会）把无线网络标准分成以下几种：

（1）IEEE 802.15——个人区域网络（PAN）（如蓝牙）；

（2）IEEE 802.11——无线局域网（WLAN）；

（3）IEEE 802.16（WiMAX）——无线城域网（MAN）；

（4）IEEE 802.20——无线广域网（WAN）。

WiMAX 是基于 IEEE 802.16 的宽带无线技术。该系列标准目前有两个发展方向：一个是固定宽带无线技术，即 IEEE 802.16d，支持多种业务类型的固定宽带无线接入；另外一个是移动宽带无线技术，其标准为 IEEE 802.16e，支撑移动宽带无线接入。我们称之为移动 WiMAX。

IEEE802.16e 出现以后，人们对它与传统 3G 的异同非常关注，表 5-7 示出了 IEEE802.16e 与 WCDMA 的比较情况。

表 5-7　　　　　　　　　　　　　　IEEE802.16e 与 WCDMA 比较

比较项目	IEEE 802.16e	WCDMA
标准化进展	2006 年 2 月发布	R99/R4 版本 2000 年 3 月发布
信道带宽	支持 1.25M（或 1.75M、1.5M）Hz×2n，n=0~4	5M
双工方式	FDD/TDD	FDD
用户速率	10M 带宽时可达 30Mbit/s	5M 带宽，达 2~10Mbit/s
覆盖范围	1~3km（与频段有关）	1~3km（与频段有关）
移动性	120km/h，中低速	200~400km/h，高速
承载技术	OFDM/OFDMA	CDMA
业务定位	数据、语音（数据为主）	语音、数据（语音为主）
切换的支持	支持	支持

随着 WiMAX 在移动方面的标准及性能不断成熟，最终被国际电联确定成为 3G 标准。由于 WiMAX 采用了正交频分复用 OFDM 技术，使其具有如下的优势：

（1）抗多径衰落；

（2）频谱效率高；

（3）频谱资源可灵活分配；

（4）OFDM 易于和其他多种接入方式结合使用，构成 OFDMA 系统；

（5）带宽扩展性强；

（6）实现多输入多输出（MIMO）技术较简单。

2. WiMAX 系统结构

WiMAX 系统的参考架构将整个网络分成接入网（ASN）和核心网（CSN）两大部分，

在支持漫游和不支持漫游的情况下，两者的网络架构稍有不同。WiMAX 网络系统结构图如图 5-33 所示。

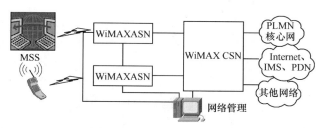

图 5-33　WiMAX 网络系统结构图

其中：

WiMAX ASN	WiMAX Access Service Network	WiMAX 系统的接入网
WiMAX CSN	WiMAX Connectivity Service Network	WiMAX 核心网
IMS	IP Multimedia Subsystem	IP 多媒体子系统
MSS	Mobile Subscriber Station	移动用户站
PDN	Public Data Network	公用数据网
PLMN	Public Land Mobile Network	公用陆地移动网

（1）ASN

ASN（Access Service Network）是 WiMAX 系统的接入网，为 WiMAX 用户提供无线接入，ASN 主要包括基站、接入网关等功能实体。一个接入网可以连接到多个 WiMAX CSN。

（2）CSN

CSN（Connectivity Service Network）是 WiMAX 核心网，为 WiMAX 用户提供 IP 连接服务。CSN 包含很多功能实体，例如路由器、AAA 代理/服务器、用户数据库、互联网关等。

在 WiMAX 单独建网时，作为独立的网络进行建设，与其他 3G 互联混合组网时，可以与 3G 核心网共用一些功能实体。

5.5　其他无线通信系统

除上述介绍的移动通信系统外，还有其他无线通信系统，如：集群调度移动通信系统、卫星移动通信系统、无线宽带接入系统、无绳电话通信系统、个人通信系统和无线寻呼系统等。

1．集群调度移动通信系统

集群调度移动通信系统是为了解决无线频率紧缺而使多个部门共用一组信道的专用通信系统。

集群调度移动通信系统由控制中心、基站、调度台、移动台（车载台、手机）组成，如图 5-34 所示。调度系统，是指用来控制一组移动台（如一个车队））工作的无线系统。集群调度系统是个多信道系统。该系统信道的占用，是采用自动选择方式，并且可供多个单位同时使用，以实现集中管理、共享系统及频率资源，使公用性和独立性兼而有之。目前，很多城市出租车上安装的车载系统，就是一种集群调度系统。集群调度移动通信系统广泛应用于厂矿企业、公安系统、出租车等行业。

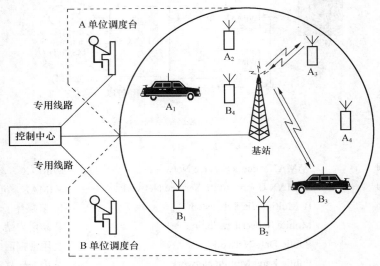

图 5-34　集群调度系统的组成图

2．卫星移动通信系统

卫星移动通信系统有高轨道卫星移动通信系统和中低轨道卫星移动通信系统两种。高轨道卫星就是同步轨道卫星，中低轨道卫星是在地球上方 500～2000km 处设置一系列卫星。

3．无线宽带接入系统

无线宽带接入系统是通过各类无线接入设备实现无线移动通信的形式，如：Wi-Fi、本地多点分配业务（Local Multipoint Distribution Services，LMDS）等。

4．无绳电话通信系统

无绳电话通信系统用无线信道代替普通电话机的绳线，从而在限定的业务区内自由移动的电话系统。

5．无线寻呼系统

无线寻呼系统作为移动通信的补充，是在一定范围内的单向广播式无线寻呼系统。

5.6　移动通信业务应用

蜂窝移动通信的主要特征是终端的移动性，并具有越区切换和跨本地网自动漫游功能。蜂窝移动通信业务是指蜂窝移动通信网提供的话音、数据、视频图像等业务。

蜂窝移动通信业务包括：GSM 第二代数字蜂窝移动通信业务、CDMA 第二代数字蜂窝移动通信业务、第三代数字蜂窝移动通信业务。

5.6.1　2G 移动通信业务

1．GSM 第二代数字蜂窝移动通信业务

GSM 第二代数字蜂窝移动通信（简称 GSM 移动通信）业务是指利用工作在 900/1800MHz 频段的 GSM 移动通信网络提供的话音和数据业务。GSM 第二代数字蜂窝移动通信业务包括的主要业务以话音与短信为主，数据服务为辅。

我国对 900/1800MHz GSM 第二代数字蜂窝移动通信业务的经营有明确的规定，运营商必须自己组建 GSM 移动通信网络，所提供的移动通信业务类型可以是一部分或全部。提供一次移动通信业务经过的网络可以是同一个运营者的网络，也可以由不同运营者的网络共同完成。提供移动网国际通信业务，必须经过国家批准设立的国际通信出入口。目前，我国可以运营 GSM 网络的是中国移动和中国联通。

2．CDMA 第二代数字蜂窝移动通信业务

800MHz CDMA 第二代数字蜂窝移动通信（简称 CDMA 移动通信）业务是指利用工作在 800MHz 频段上的 CDMA 移动通信网络提供的话音和数据业务。

800MHz CDMA 第二代数字蜂窝移动通信业务包括的业务类型与 GSM 的相同，这里不在赘述。与 GSM 网络一样，800MHz CDMA 第二代数字蜂窝移动通信业务的经营者必须自己组建 CDMA 移动通信网络。目前，可以运营 CDMA 网络的是中国电信。

5.6.2　3G 移动通信业务

第三代数字蜂窝移动通信（简称 3G 移动通信）业务是指利用第三代移动通信网络提供的话音、数据、视频图像等业务。第三代数字蜂窝移动通信业务的主要特征是可提供移动宽带多媒体业务。第三代数字蜂窝移动通信业务包括第二代蜂窝移动通信可提供的所有业务类型和移动多媒体业务。

3G 通信与 2G 相比，最大的优势是它能提供至少 384kbit/s 的高速数据接入，可支持分组域的多媒体业务——具有实时的基于分组的业务。3G 的开启为电信运营商提供了一个业务开发和创新的平台，使电信服务无处不在，3G 通信业务应用主要表现在：

（1）高级话音业务：话音质量高，可提供移动视频电话、数字电话、多媒体电话。

（2）移动接入互联网业务：实现移动业务和互联网业务的统一，上网速度快，用户可以随时随地接入互联网，浏览信息或者处理公务等。

（3）定位业务：3G 网络比 2.5G 网络有更强的定位功能，如：手机导航系统可为用户提供电子地图、路况信息、所处位置等信息服务。

（4）监测和控制业务：能实时地在手机屏幕上，监视到设在家中和商店等处的摄像头的录像和声音，也可以控制家内的电器设备等。

（5）移动多媒体业务：如视频点播、音乐点播、互动游戏、远程医疗等。

（6）金融证券业务：与银行证券公司合作，通过手机可以转账、支付或买卖股票、查看

股票信息、外汇信息等。

（7）电视媒体广播业务：与广播服务商合作，提供手机电视、节目预告、媒体信息、彩信服务等。

（8）视频社区业务：可以通过手机进行交流、联欢、开会等，如：移动电话会议、视频聊天室等。

2009 年 3G 牌照发放后，工信部发布了《第三代移动通信服务规范（试行）》（工信部电管（2009）176 号）明确规范了第三代移动通信业务的通信质量指标。具体规范了可视电话业务、增值业务、语音业务、短消息业务以及网络的通信质量指标，如：规定同一移动网内的本地可视电话呼叫的网络接通率必须大于 85%；拨号后时延平均值小于 15 秒。规范的出台为移动业务健康发展奠定了基础。

近几年，我国移动通信市场一直呈现高速增长的势头。各运营商积极开拓移动数据业务的运营模式，打造了"移动梦网"、"联通在线"、"天翼空间"等业务品牌，但在业务模式、销售策略等方面仍然存在一些问题。其中，移动数据业务标准的不完善性是制约业务发展的一个重要因素。产业界一致希望通过运营商、设备制造商（平台和终端）、互联网内容提供商（ICP）、科研单位等的共同努力，形成面向市场、科学有效的技术规范，促进移动通信市场的发展。

但移动业务与应用技术更新速度十分快，新技术层出不断，很难预测。因此，移动业务与应用的标准化问题已经越来越为移动通信业界所关注，目前 OMA（Open Mobile Alliance，开放移动联盟）、3GPP 等标准化组织都在积极进行相关领域的研究工作。中国通信标准化协会无线技术委员会新设立了移动业务与应用工作组（WG7），全面负责相关研究工作。通过加强国内标准化组织与国际组织之间的联系，推动我国业务与应用的发展。

从 2G 到 3G，从 3G 到 4G，新的业务会越来越丰富多彩，移动通信的应用将更加广泛，更加深入到人们的生活、工作、学习的各个方面。

5.7 实做项目与教学情境

实做项目一：参观移动机房

要求：参观移动机房，了解移动交换中心及基站机房的设备构成，观察 2G 设备（BTS、BSC、MSC）或 3G 设备的组网情况，认识移动系统的配套设备。

实做项目二：参观天馈线系统

要求：观察移动通信系统的天馈线系统，记录各类移动通信系统的天馈线系统的位置、高度、天线规格、下倾角等信息，写出天馈线系统的考察报告。

实做项目三：手机信号观察

要求：利用手机观察在不同环境下的通信效果，分析所在地的移动通信环境。

实做项目四：手机操作

要求：进行手机的各种操作，完成新业务开通及注销操作。

实做项目五：视频通话

要求：通过 3G 手机，实现视频通话，考察通话质量及资费情况。

 小结

1．移动通信的特点是：电波传播路径比较复杂；在较强干扰环境下工作；具有多普勒效应；用户移动性大。

2．无线通信有三种方式，即单工、半双工和全双工。移动通信中为了减少移动台的电池消耗，采用准双工的通信方式：移动台的收信机总在工作，而发信机仅在发话时才工作。

3．移动通信系统中的多址方式主要有三种：FDMA（频分多址）、TDMA（时分多址）、CDMA（码分多址）。

4．移动通信网络服务区域覆盖方式有：大区制、小区制和蜂窝式小区制三种。在蜂窝式小区制的公用移动电话网中，服务区域结构分为：小区、基站区、位置区、移动业务交换区、服务区和系统区。

5．GSM 系统由网络交换子系统（NSS）、基站子系统（BSS）、操作与维护子系统（OSS）和移动台等四大部分组成。NSS 子系统由移动业务交换中心（MSC）、归属位置寄存器（HLR）、设备识别寄存器（ELR）、拜访位置寄存器（VLR）和鉴权中心（AUC）五部分构成。基站子系统（BSS）由基站控制器（BSC）、基站收发信台（BTS）构成。

6．移动通信系统的网络结构可分为：本地网、省内网和全国网。在大区设立一级移动业务汇接中心，各省设立若干个二级汇接中心。

7．数字移动电话系统为确保通信的保密性和安全性，采用的编号主要有：移动用户号码、用户识别码（IMSI）、国际设备识别码（IMEI）。国际设备识别码（IMEI）由 15 位数字组成，是全球统一编制的唯一的号码。移动台漫游号（MSRN）是系统赋给来访漫游用户的一个临时号码，供移动交换机选择路由时使用。

8．数字移动台（MS）包括两部分：移动台设备 ME（手机）和 SIM 卡。ME 由射频收、发单元、A/D 转换、数字处理逻辑控制单元和键盘显示操作单元等组成。

9．SIM 卡是数字移动电话的用户识别卡，是 GSM 用户的资料卡，它存储着用户的个人电话资料和保密算法、密钥等。PIN 码是 SIM 卡的个人密码，三次错误地输入 PIN 码，SIM 被锁住。PUK 码为解锁码，用户连续 10 次输入错误的 PUK 码，SIM 卡就自动报废。

10．GSM 系统的信道分为物理信道和逻辑信道两类。

物理信道是一个载频上的 TDMA 帧的一个时隙，每个载频有 8 个时隙，即 8 个物理信道。

逻辑信道分为业务信道和控制信道两类。业务信道（TCH）用于传递用户数据，从传输速率上分有全速率（22.8kbit/s）和半速率（11.4kbit/s）两种。控制信道用于传送控制信令或同步数据，根据任务的不同又可分为广播信道、公共控制信道和专用控制信道等，这三个信道还可以细分。

11．移动台在打开电源后，与网络同步需进行初始化，需经过三个步骤：①在频率上与系统同步；②在时间上与系统同步；③从广播信道上读取系统数据。

12．码分多址的基础是要有足够的互为正交的码序列作为地址码，该正交序列码应具有很强的自相关性和互相关性，即只有本身码相乘叠加后为 1（自相关值为 1），任意两个不同的码相乘叠加后为 0（互相关值为 0）。

13．扩频通信技术是一种信息传输方式，扩频通信系统是用 100 倍以上的原始信息带宽（或信息比特速率）来传输信息，主要目的是提高通信的抗干扰能力。

14．CDMA 系统的主要优点是系统容量大，保密性好，越区软切换、切换成功率高，话音音质好，手机辐射功率小、符合环保要求，可提供数据业务等。

15．CDMA 系统是由若干个子系统或功能实体组成。其中基站子系统（BSS）在移动台（MS）和网络子系统（NSS）之间提供和管理传输通路。

16．CDMA2000 也称为 CDMA Multi-Carrier 是美国向 ITU 提出的第三代移动通信空中接口的标准建议，是 IS-95 向 3G 演进的技术体制方案。

17．WCDMA 是由欧洲提出的标准，它是以 GSM 系统为基础的 3G 移动通信系统。WCDMA 的无线接入网 UTRAN 是基于通用移动通信系统 UMTS 体系的。

18．TD-SCDMA 系统的网络结构与标准化组织 3GPP 制定的 UMTS 网络结构是一样的，主要由核心网 CN、无线接入网 UTRAN 和 UE 三部分组成。

19．在 3G 技术中，WCDMA 和 CDMA2000 采用频分双工（FDD）方式，TD-SCDMA 采用时分双工（TDD）方式。

20．WiMAX 标准的发展经历了 IEEE 802.16d（固定漫游接入）和 IEEE 802.16e（移动接入）两个阶段。

21．与 2G 相比，3G 通信最大的优势是它能提供至少 384kbit/s 的高速数据接入，可支持分组域的多媒体业务——具有实时的基于分组的业务。

22．集群调度移动通信是为了解决无线频率紧缺而使多个部门共用一组信道的专用通信系统。

23．蜂窝移动通信业务是指蜂窝移动通信网提供的话音、数据、视频图像等业务。

 思考题与练习题

5-1 移动通信的特点是_____、_____、_____、_____。

5-2 移动通信系统中，主要采用的工作方式为（　　）。

A．单工　　　B．半双工　　　C．双工　　　D．准双式

5-3 GSM 移动通信系统中，采用的多址通信方式为（　　）。

A．FDMA　　B．CDMA　　　C．TDMA　　D．SDMA

5-4 蜂窝式小区制 GSM 移动网中，无线覆盖区域结构分为哪六种？

5-5 GSM 移动电话系统由_____、_____、_____、_____四部分组成。

5-6 GSM 移动电话系统中，网络交换子系统（NSS）由哪几部分构成？各部分的主要功能是什么？

5-7 GSM 移动电话系统中，基站子系统（BSS）由哪两部分构成？各部分的主要功能是什么？

5-8 IMSI 是（　　）。

A．用户识别码　　　　　　　　B．国际设备识别码

C．移动台漫游码　　　　　　　D．个人密码

5-9 SIM 卡的主要功能是什么？使用时应注意什么？

5-10 数字移动台（MS）包括_____、_____两部分。

5-11 什么是信道？GSM 信道分为_____、_____两类。

5-12 GSM 系统的业务信道（TCH）的功能是什么？

5-13 GSM 系统的控制信道用于传送什么信息？根据任务的不同分为哪几类？

5-14 移动台打开电源后进行初始化，分哪三个步骤？

5-15 实现 CDMA 移动通信系统的关键技术是什么？

5-16 CDMA 移动通信的主要优势有哪些？

5-17 3G 的技术标准有哪几种？

5-18 WCDMA 系统由哪几部分组成？

5-19 CDMA2000 系统由哪几部分组成？

5-20 简述 TD-SCDMA 系统组成。

5-21 智能天线和联合检测是否应配合使用？

5-22 为什么 TD-SCDMA 系统可以采用接力切换方式？

5-23 TD-SCDMA 系统是如何实现上行同步的？

5-24 试分析 WCDMA 的标准发展。

5-25 WiMAX 的传输范围一定比 Wi-Fi 大吗？

5-26 试述电信运营商的移动数据业务及资费标准。

第三篇

传输与接入篇

第 6 章

光纤通信

本章教学说明

- 重点学习光纤通信的特点，光纤的结构、种类，光纤通信系统组成
- 主要介绍光缆的结构、种类，SDH 的特点
- 概括介绍 SDH、波分复用等光纤通信传输技术基本原理
- 简单介绍全光网络

本章内容

- 光纤通信概述
- 光纤与光缆
- 光纤通信系统
- 光纤通信传输技术
- 全光网络
- 光纤传输业务

本章重点、难点

- 光纤和光缆的结构、种类
- 光纤通信系统组成
- SDH 的特点、帧结构
- 波分复用的概念

本章学习目的和要求

- 掌握光纤通信的特点
- 掌握光纤和光缆的结构、种类
- 理解 SDH 的特点和帧结构以及波分复用的概念
- 理解 OTN、PTN 的基本网络应用
- 了解全光网络和光纤传输业务

本章实做要求及教学情境

- 开剥光缆，认识光缆结构
- 考察通信线路，认识光缆的种类
- 认识激光器，测量光功率
- 参观运营商的机房，认识光纤传输设备

本章学时数：6 学时

6.1 光纤通信概述

- 光信号可以用于传输信息吗？
- 光通信具有什么样的特点？

伴随着社会的进步与发展以及人们日益增长的物质和文化需求，通信向大容量、长距离的发展已经是必然趋势。由于光波具有极高的频率（约 $3 \times 10^8 \mathrm{MHz}$），也就是说具有很宽的带宽，可以容纳巨大的通信信息，所以用光波作为载体进行通信也随着发展起来。光波沿着光导纤维传输就是光纤通信，即光纤通信是以光纤为传输媒质，以光信号为信息载体的通信方式。

6.1.1 光纤通信的工作波长

光纤通信传输的信号是光波信号，光波是人们熟悉的电磁波的一种，其波长在微米级，频率为 $10^{14} \sim 10^{15} \mathrm{Hz}$ 数量级。根据电磁波谱可知，紫外光、可见光、红外光均属于光波的范畴，目前光纤通信使用的波长范围是在近红外区，即波长为 $0.8 \sim 1.8 \mu\mathrm{m}$，如图 6-1 所示。光纤通信使用的光波有三个工作波长，也叫工作窗口，分别是 $0.85 \mu\mathrm{m}$、$1.31 \mu\mathrm{m}$ 和 $1.55 \mu\mathrm{m}$。

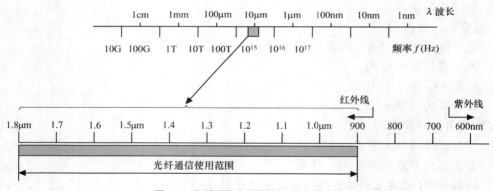

图 6-1 光纤通信中使用的电磁波谱范围

6.1.2 光纤通信的特点

目前光纤通信已经成为通信中的最主要的传输技术，它与其他通信传输系统相比，具有以下优点。

（1）传输频带宽，通信容量大

由信息论知道，载波频率越高，通信容量越大。目前光纤通信使用的光载波频率在 $10^{14} \sim 10^{15} \mathrm{Hz}$ 数量级，比常用的微波频率高 $10^4 \sim 10^5$ 倍，因而，通信容量原则上比微波通信高 $10^4 \sim 10^5$ 倍。目前用一根光纤可同时传输 24 万个话路，比传统的同轴电缆、微波要高出几十倍甚至上千倍。

（2）传输损耗小，中继距离长

普通传输线的传输损耗，主要是由铜线的电阻以及导线间电容的漏电引起的，要想降低损耗，就得增大传输线的尺寸。而光纤传输损耗不同于普通传输线，其损耗几乎与光纤尺寸无关，且在使用的光波段内，光纤对每一频率的损耗几乎是相同的，提高纯度可以降低损耗。目前，使用 1550nm 波长时，损耗可以降为 0.2dB/km。

传统电缆的中继距离为 1.5km，微波的中继距离为 50km，光纤的中继距离可以达到几百千米，因此，光纤通信适用于长途干线传输，在不久的将来实现全球无中继的光纤通信也是完全有可能的。

（3）抗电磁干扰，传输质量好

制造光纤的材料石英是绝缘媒质，它不受输电线、电气化铁路的馈电线和高压设备等电器干扰的影响，不会在光纤中产生感应电磁干扰，也可避免雷电等自然因素产生的损害和危险。

（4）体积小、重量轻、便于施工

国际上规定通信裸光纤的直径为 125μm，约为头发丝的一半细，当然，裸光纤外面还要有保护层，再将若干光纤制成光缆。与电缆相比，无论是尺寸还是重量都少得多，由于光缆线径细，重量轻，可以节约地下管道建设投资，而且便于敷设、运输和施工。

（5）原材料丰富，节约有色金属，有利于环保

制造光纤的原材料是石英，材料丰富，并且可以代替电缆的铜线或铝线，节约有色金属。

光纤本身也有缺点：如光纤质地脆，机械强度低；光纤的切断和接续需要一定的工具设备和技术；光缆的弯曲半径不能过小等。

6.1.3　光纤通信的发展

光纤通信起始于人类对光通信的认识。早在 1880 年，美国科学家贝尔就发明了光电话，即标志着光通信发展的起源，但当时没有合适的光源。直到 1960 年，美国人梅曼发明了第一台红宝石激光器，为光通信奠定了光源基础。

1966 年，华裔学者高锟博士在英国电气工程师学会（IEE）会议上发表了一篇十分著名的文章《光频率介质纤维表面波导》，论文从理论上分析和证明了用光纤作为传输媒质实现光通信的可能性，并设计了通信用光纤的结构。更重要的是他科学地预言了制造通信用的超低损耗光纤的可能性，即如果能够减少玻璃中的杂质含量，就可以制造出损耗低于 20dB/km 的光纤。而当时世界上只能制造用于工业、医学方面的光纤，其损耗在 1000dB/km 以上，制造 20dB/km 以下的光纤，被认为是可望不可及的。以后的事实发展证明了高锟博士文章的理论性和科学大胆预言的正确性，所以这篇文章被誉为光纤通信的里程碑，高锟博士被誉为"世界光纤之父"。2009 年高锟获得诺贝尔物理学奖的一半奖项。

1970 年美国康宁公司首先研制出衰减为 20dB/km 的单模光纤，取得重大突破；同年，美国贝尔公司研制出能够在室温下连续运转的半导体激光器，为光纤通信找到了合适的光源，光纤通信从此进入飞速发展。此后，世界各国纷纷开展光纤通信研究，出现了玻璃光纤、塑料光纤、液芯光纤等多种光纤类型，其中利用媒质全反射原理导光的石英光纤被广泛采用。

从光纤的损耗看，1970 年是 20dB/km，1972 年是 4dB/km，1974 年是 1.1dB/km，1976 年是 0.5dB/km，1979 年是 0.2dB/km，1990 年是 0.14 dB/km，已经接近石英光纤的理论损耗极限值 0.1dB/km。

从 1976 年开始，半导体激光器的寿命达到 10^6 小时，各种光纤通信系统出现。1976 年，美国在亚特兰大（Atlanta）进行了世界上第一个实用光纤通信系统的现场试验，信息速率为 45Mbit/s，中继距离为 10km。1980 年，140Mbit/s 光纤通信系统投入商业应用。1983 年敷设了纵贯日本南北的光缆长途干线。随后，由美、日、英、法发起的第一条横跨大西洋海底光缆通信系统于 1988 年建成。第一条横跨太平洋海底光缆通信系统于 1989 年建成。1990 年，565Mbit/s 的光纤通信系统进入商用化阶段，并开始进行波分复用（WDM）的现场实验，陆续制定同步数字系列（SDH）的技术标准。1993 年，速率 622Mbit/s 以下 SDH 产品开始商用化。1995 年，速率 2.5G bit/s 的 SDH 产品开始商用化。1996 年，10G bit/s 的 SDH 产品开始商用化。1997 年，用于波分复用技术的 20G bit/s 和 40G bit/s 的 SDH 产品试验取得重大突破。近年来，密集型波分复用（DWDM）技术取得了较大的进展，美国 AT&T 实验室等机构已成功地研究了速率为 Tbit/s 数量级的传输系统。

光纤通信是我国高新技术中与国际差距较小的领域之一。全国通信网的传输光纤化基本达到国际同类水平，自主开发的光纤通信产品也接近国际同类产品水平，但实验室的研究水平还有一定的差距。

我国的光通信研究从 20 世纪 70 年代开始，1977 年我国第一根光纤问世。2005 年，3.2Tbit/s 超大容量的光纤通信系统在上海至杭州开通，这是当时世界最大容量的实用光纤线路。在光纤研制方面，我国已基本掌握了常规单模和多模光纤的生产技术，并已研制出了各种特殊要求的光纤，并能达到生产水平。我国现已有了一定规模的光纤通信产业，能生产光纤、光缆、光电器件、光端机和光仪表，除满足国内市场需求外，并进入国际市场。

6.2   光纤与光缆

重点掌握
- 光纤的结构、分类；
- 光纤的传输特性；
- 光缆的结构、分类。

6.2.1   光纤的结构

光纤由纤芯、包层、涂覆层和套层组成，如图 6-2 所示。

光纤的中间两层是纤芯与包层，纤芯位于光纤中心，作用是传输光波。包层位于纤芯外层，作用是将光波限制在纤芯中。纤芯和包层都是硅材料，但是折射率不同，一般用掺杂的办法来调整两者的折射率。设纤芯和包层的折射率分别为 n_1 和 n_2，包层折射率 n_2 比纤芯折射率 n_1 小，n_1

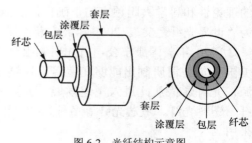

图 6-2   光纤结构示意图

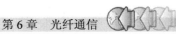

和 n_2 差的大小直接影响着光纤的性能。

只有纤芯和包层的光纤称为裸光纤，经过涂敷后的裸光纤称为光纤芯线。由于石英玻璃质地脆、易断裂，为保护光纤不受损害，提高抗拉度，一般需要在裸光纤外面经过两次涂覆。一次涂覆层是为了保护裸纤而在其表面涂上的聚氨基甲酸乙脂或硅酮树脂层，二次涂覆或被覆层，多采用聚乙烯塑料或聚丙烯塑料、尼龙等材料。最外边套层一般为塑料或有机材料的包覆层。

按套塑结构的不同，将光纤分为紧套光纤和松套光纤，如图 6-3 所示。

紧套光纤中光纤被套管紧紧地箍住，不能在其中松动，它与塑料套层是一个整体结构。而松套光纤是指经过预涂敷后的光纤松散地放置在塑料套管内，可在套管中移动，套管内填充油膏，以防水渗入。松套光纤不需再进行二次涂覆，制作工艺简单、光纤特性良好。图 6-4 是紧套光纤和松套光纤实物。

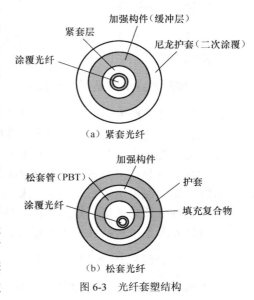

图 6-3 光纤套塑结构

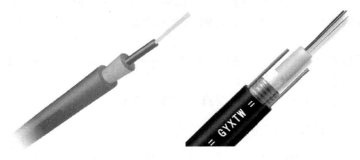

（a）紧套光纤实物　　　　　（b）松套光纤实物

图 6-4 紧套光纤和松套光纤实物

设备、仪表间相连使用的光纤一般称为尾纤。尾纤通常为紧套结构光纤，图 6-5 是工程中使用的各种形式的尾纤实物。

（a）带状尾纤

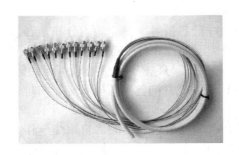

（b）束状尾纤

图 6-5 尾纤实物

6.2.2　光纤的分类

光纤的种类很多，根据不同的分类方法和标准，同一根光纤将会有不同的名称。常用的分类方法有：

1．按照光纤的制造材料分类

按照制造光纤所用的材料可分为石英系列光纤、塑料光纤和液体（如：氟化物）光纤。

石英系列光纤一般是由石英纤芯和包层构成的光纤。这种光纤具有很好的传输特性，目前通信用光纤绝大部分为石英系列光纤。

塑料光纤是用高度透明的聚苯乙烯或聚甲基丙烯酸甲酯（有机玻璃）制成的。塑料光纤具有纤芯粗，制造成本低，与光源耦合效率高等优点，但同时具有传输损耗大，接续困难等缺点，这种光纤只适用于短距离低速率通信。

液体光纤是一种特殊的光纤形式。

2．按照光纤的传输模式分类

根据光纤传输模式的数量，光纤可分为多模光纤（Multi Mode Fiber，MM）和单模光纤（Single Mode Fiber，SM）。

多模光纤的纤芯较粗（例如 50 或 62.5μm），可传多种模式的光。但其模间色散较大，这就限制了传输数字信号的速率，而且随距离的增加会更加严重。因此，多模光纤传输的距离就比较近。

单模光纤的纤芯很细（芯径一般为 9 或 10μm），只能传一种模式的光。因此，其色散很小，适用于大容量、长距离通信。

不管单模光纤还是多模光纤，包层直径均为 125μm。

3．按照光纤的折射率分布分类

按照光纤折射率分布的不同，光纤可分为阶跃型光纤（SIF）和渐变型光纤（GIF）。

阶跃型光纤的纤芯和包层的折射率呈均匀分布，包层的折射率稍低一些，光纤纤芯到包层的折射率是突变的，有一个台阶，所以称为阶跃型折射率光纤，简称阶跃光纤，也称突变光纤，如图 6-6（a）所示。

渐变型光纤纤芯折射率呈非均匀分布，在纤芯轴心处最大，而在光纤横截面内沿半径方向逐渐减小，在纤芯与包层的交界面上降至包层折射率 n_2，渐变光纤的包层折射率分布与阶跃光纤一样，为均匀的，如图 6-6（b）所示。渐变型光纤具有如同透镜那样的"自聚焦"作用，对光脉冲的展宽要小得多，提高了光纤带宽，多模光纤常采用这种折射率分布。

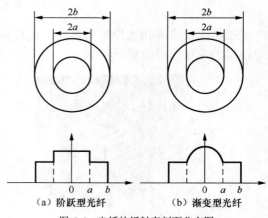

（a）阶跃型光纤　　　（b）渐变型光纤

图 6-6　光纤的折射率剖面分布图

4．按工作波长分类

按光纤的工作波长可分为短波长光纤、长波长光纤和超长波长光纤。短波长光纤是指 $0.8\sim0.9\mu m$ 的光纤；长波长光纤是指 $1.0\sim1.7\mu m$ 的光纤；而超长波长光纤则是指 $2\mu m$ 以上的光纤。

6.2.3　光纤的导光原理

分析光纤的导光原理，一般可采用两种方法：一种是波动理论法，另一种是射线法。波动理论法是根据电磁场理论，分析其传输特性。当媒质的几何尺寸远大于光波波长时，光可用一条表示光的传播方向的几何射线来表示，这条几何射线就称为光射线。用光射线来研究光波传输特性的方法，称为射线法。射线法比较简单、直观，下面用射线法分析光波在光纤中的传输。

1．光的反射和折射

光波属于电磁波的范畴，在均匀媒质中传输时，其轨迹是一条直线，当光射线射到两种媒质交界面时，将发生反射和折射，如图 6-7 所示。

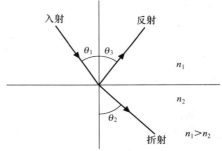

图 6-7　光的反射和折射

发生反射时，反射角等于入射角，$\theta_1=\theta_3$；发生折射时，$n_1\sin\theta_1=n_2\sin\theta_2$。当光从光密物质（折射率大的物质）入射进光疏物质（折射率小的物质）时，折射角大于入射角，随着入射角的增加，折射角也增加，当入射角大于一定程度时，折射角等于 $90°$，折射光线正好和两种媒质的交界面重合，如图 6-8（a）所示。这时的入射角叫临界角，写为 θ_c，此时，$n_1\sin\theta_c=n_2\sin90°=n_2$。当入射角大于临界角时，折射光线消失，只有反射光线，这种现象叫做全发射，如图 6-8（b）所示。

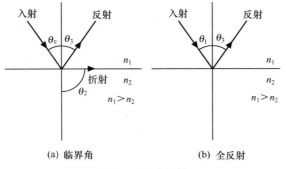

（a）临界角　　　　　　　　（b）全反射

图 6-8　光的全反射

归纳思考

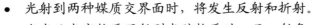
- 光射到两种媒质交界面时，将发生反射和折射。
- 当光从光密物质照射到光疏物质时，且入射角 θ_1 大于临界角 θ_c 时，会发生全反射现象。
- 为什么纤芯的折射率大于包层的折射率？
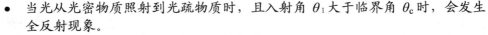

2. 阶跃型光纤的传输原理

阶跃型光纤折射率是沿径向呈阶跃分布，在轴向呈均匀分布，n_2 是包层折射率，n_1 是纤芯折射率。若光线以某一角度（ϕ）从空气入射到光纤端面时，光线进入纤芯会发生折射。当光线到达纤芯与包层的交界面时，发生全反射或折射现象。若要使光线在光纤中实现长距离传输，必须使光线在纤芯与包层的交界面上发生全反射，即入射角大于临界角。

由光的全反射特性，可知光纤的临界角 $\theta_c = \arcsin(\dfrac{n_2}{n_1})$，阶跃型光纤就是利用光波的全反射原理，将光波限制在纤芯中以"之"字形向前传播，如图 6-9 所示。

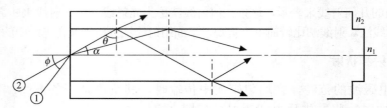

图 6-9　阶跃型光纤导光原理示意图

设空气的折射率为 n_0，因为光线要在纤芯和包层的交界面上发生全反射，所以需要入射角 $\theta > \theta_c$，那么光线从空气到光纤端面的入射角 ϕ 就有一个最大值 ϕ_{max}，根据反射和折射以及全反射的临界状态条件有

$$n_0\sin\phi_{max}=n_1\sin\alpha=n_1\cos\theta_c, \quad n_1\sin\theta_c=n_2\sin 90^0$$

ϕ_{max} 记为光纤的端面临界角，由空气入射到光纤端面的角小于 ϕ_{max} 的光线进入纤芯内才能在纤芯中传输，如图 6-9 中光线②，故光纤的受光区域是一个圆锥形区域，如图 6-10 所示，圆锥半锥角的最大值就等于光纤的端面临界角。图 6-9 中光线①由空气进入纤芯时的角度大于 ϕ_{max}，进入光纤后在纤芯和包层的交界面上不满足全反射条件，光线会折射进包层中，传不多远，光线就消失了。

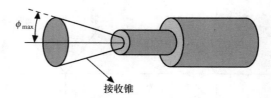

图 6-10　光纤端面受光区域示意图

为表示光纤的捕捉光线能力的大小，定义了数值孔径（NA），

$$NA = n_0 \sin \phi_{max} = n_1 \cos \theta_c$$

经过简单推导，有

$$NA = \sqrt{n_1^2 - n_2^2}$$

NA 是表示光纤特性的重要参数，它反映光纤与光源等元件耦合时的耦合效率。若纤芯和包层的相对折射率差越大，NA 值就越大，即光纤的集光能力就越强。

ITU-T（原 CCITT）建议多模光纤的数值孔径取值范围为 0.18～0.23，其对应的光纤端

面接收角 $\phi_{\max} = 10° \sim 13°$。

警示 光纤的数值孔径与光纤的几何尺寸无关,只与纤芯和包层两者的折射率差有关。

3. 渐变型光纤的传输原理

为了分析渐变型光纤中光的传播,将纤芯划分成若干同轴的薄层,假设各层内折射率均匀分布,而每层折射率从里到外逐渐减小,即有 $n_{11} > n_{12} > n_{13} > n_{14} >$ 等。若光以一定的入射角从轴心处第一层射向与第二层的交界面时,由于是从光密媒质射向光疏媒质,折射角大于入射角,光线将折射进第二层(这时也会有极少部分光反射回第一层,这部分光能损失掉了),射向与第三层的交界面,再次发生折射进入第三层,依次递推,由于光线都是从光密媒质射向光疏媒质,入射角将随折射次数增大。当在某一交界面处(图中是在第三层和第四层的交界面上),入射角大于临界角,将出现全反射,方向不再朝向包层而是朝向轴心。之后光线是从光疏媒质射向光密媒质,入射角逐渐减小,直至穿过轴心后,光线又出现从光密媒质射向光疏媒质,重复上述折射过程。因此,当纤芯分层数无限多,其厚度趋于零时,渐变型光纤纤芯折射率呈连续变化,光线在其中的传播轨迹不再是折线,而是一条近似于正弦型的曲线。渐变型光纤的导光原理如图 6-11 所示。

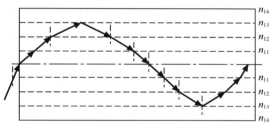

图 6-11 渐变型光纤的导光原理

渐变型光纤的折射率分布是非均匀的,光纤是靠折射原理将通过光纤轴线的光限制在纤芯中向前传播。在渐变型光纤中,如果选用合适的折射指数 $n(r)$ 分布,就有可能使纤芯中的不同射线以同样的轴向速度前进,从而可以减小光纤中光脉冲的展宽,此时的射线指数分布叫作最佳折射指数分布。在渐变型光纤中,不同光线具有相同轴向速度的这种现象,称为自聚焦现象,具有这种自聚焦现象的光纤称为自聚焦光纤。

6.2.4 光纤的传输特性

1. 光纤的损耗特性

光信号在光纤内传播,随着距离的增大,能量会越来越弱,其中一部分能量在光纤内部被吸收,一部分可能突破光纤纤芯的束缚,辐射到了光纤外部,这叫做光纤的传输损耗(或传输衰减)。

光纤传输总损耗（或总衰减）定义为：

$$A(\lambda) = 10\lg\frac{P_1(\lambda)}{P_2(\lambda)}(\text{dB})$$

式中：$P_1(\lambda)$和$P_2(\lambda)$分别为入射光功率和出射光功率，单位为 mW 或 W。

光纤的损耗（衰减）系数是指单位距离的光纤损耗值，即：

$$\text{衰减系数}\ \alpha(\lambda) = \frac{A(\lambda)}{L} = \frac{10}{L}\lg\frac{P_1(\lambda)}{P_2(\lambda)}(\text{dB/km})$$

式中：L 表示传输距离，单位为 km。

损耗系数是光纤的一个很重要的传输参量，是光纤传输系统中限制光信号中继传输距离的重要因素之一。光纤本身损耗的原因，大致可以分为吸收损耗、散射损耗和其他损耗。

（1）吸收损耗

吸收损耗是指光波通过光纤材料时，有一部分光能变成热能，造成光功率的损失。吸收损耗可以分为本征吸收和杂质吸收两类。由于光纤材料本身吸收光能量产生的损耗叫本征吸收损耗，主要存在红外波段的分子振动吸收和紫外波段的电子跃迁吸收。杂质吸收损耗主要是由于光纤中含有的各种过渡金属离子和氢氧根（OH⁻）离子在光的激励下产生振动，吸收光能量造成的。

（2）散射损耗

散射损耗是由于光纤的材料、形状、折射率分布等的缺陷或不均匀，使光纤中传导的光发生散射，从而使一部分光不能到达接收端所产生的损耗。主要包含瑞利散射损耗、非线性散射损耗和波导效应散射损耗。

瑞利散射损耗是由于光纤材料折射率分布尺寸的随机不均匀性所引起的本征损耗。瑞利散射损耗与波长的四次方成反比，即波长越短，损耗越大。因此对短波长窗口影响较大。

非线性散射损耗是当光强度大到一定程度时，输入光信号的能量部分转移到新的频率成分上而形成损耗。因此，非线性散射损耗是随光波频率变化的。在常规光纤中由于半导体激光器发送光功率较小，该损耗可忽略。

波导效应散射损耗是由于光纤波导结构缺陷引起的损耗，与波长无关。光纤波导结构缺陷主要由熔炼和拉丝工艺不完善造成。

（3）其他损耗

其他损耗主要是连接损耗、弯曲损耗和微弯损耗。

连接损耗是由于进行光纤接续时端面不平整或光纤位置未对准等原因造成的接头处出现的损耗。其大小与光纤连接使用的工具和操作者技能有密切关系。

弯曲损耗是由于光纤中部分传导模在弯曲部位成为辐射模而形成的损耗。它与弯曲半径成指数关系，弯曲半径越大，弯曲损耗越小。

微弯损耗是由于成缆时产生不均匀的侧压力，导致纤芯与包层的交界面出现局部凹凸引起的损耗。

归纳思考

- 光纤的传输损耗影响光信号的中继距离。
- 光纤损耗可以分为吸收损耗、散射损耗和其他损耗。
- 为什么光纤的工作窗口选择 0.85μm、1.31μm、1.55μm？

光纤损耗的大小与波长有密切的关系，损耗与波长的关系曲线叫做光纤的损耗谱，在谱线上，损耗值比较高的地方，叫做光纤的吸收峰，较低的损耗所对应的波长叫做光纤的工作波长（或工作窗口），石英光纤的损耗谱如图 6-12 所示。根据该图可知，光纤通信常用的工作窗口主要有三个波长，即 $\lambda_1=0.85\mu m$（850nm），$\lambda_2=1.31\mu m$（1310nm），$\lambda_3=1.55\mu m$（1550nm）。

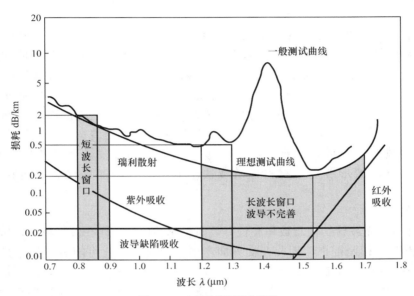

图 6-12　光纤的损耗谱曲线图

2．光纤的色散特性

光纤的色散是在光纤中传输的光信号，随传输距离增加，由于不同成分的光传输时延不同引起的脉冲展宽的物理效应。色散主要影响光纤通信系统的传输容量，也对中继距离有影响。色散的大小常用时延差表示，时延差是光脉冲中不同模式或不同波长成分传输同样距离而产生的时间差。简单地说，光纤的色散就是由于光纤中光信号中的不同频率成分或不同的模式，在光纤中传输时，由于速度的不同而使得传播时间不同，因此，造成光信号中的不同频率成分或不同模式的光到达光纤终端有先有后，形成时间的展宽，从而产生波形畸变的一种现象。色散的大小通常用色散系数表示，即每千米的光纤由于单位谱宽所引起的脉冲展宽值，色散系数单位是 ps/（nm·km）。从光纤色散产生的机理来看，它主要包括模式色散、材料色散、波导色散和偏振模色散。

（1）模式色散

模式色散是指即使同一波长的光，若其模式不同，则传播速率也不同，从而引起色散，又称为模间色散，只存在于多模光纤中。

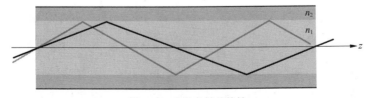

图 6-13　光的色散的特性

如图 6-13 所示的阶跃型光纤中，若每条光线代表一种模式，不同入射角的光线代表不同的模式，不同入射角的光线在光纤中的传播路径不同，因此不同路径的光线到达输出端的时延不同，从而产生脉冲展宽，形成模式色散。只有多模光纤才存在模式色散，它主要取决于光纤的折射率分布。

（2）材料色散

材料色散是由于光纤的折射率随波长变化而使模式内不同波长的光时延不同而产生的色散。材料色散是由光纤材料自身特性造成的色散。严格地说，石英玻璃的折射率，并不是固定的，对不同的传输波长有不同的折射率。而光纤通信实际应用的光源，并不是只有理想的单一波长，而是有一定的波谱宽度的光波。当光在折射率为 n 的媒质中传播时，其速度 v 与真空中的光速 c 之间的关系为 $v=c/n$。由于光的波长不同，光纤的折射率 n 就不同，因此光传输的速度也不同。当把具有一定光谱宽度的光源发出的光脉冲射入光纤内传输时，光的传输速度将随光波长的不同而改变，到达终端时将产生时延差，从而引起脉冲波形展宽。材料色散取决于制造光纤的二氧化硅母料和掺杂剂的分散性。

（3）波导色散

由于光纤中的光波导结构参数与波长有关而引起的色散，叫作波导色散。因为光纤的纤芯与包层的折射率相差很小，因此在交界面产生全反射时，就可能有一部分光进入包层之内。这部分光在包层内传输一定距离后，又可能回到纤芯中继续传输。进入包层内的这部分光强的大小与光波长有关，这就相当于光传输路径长度随光波波长的不同而不同。把有一定波谱宽度的光源发出的光脉冲射入光纤后，由于不同波长的光传输路径不完全相同，所以到达终点的时间也不相同，从而出现脉冲展宽。具体来说，入射光的波长越长，进入包层中的光强比例就越大，这部分光走过的距离就越长。

材料色散与波导色散都与波长有关，所以又统称为波长色散或色度色散。波导色散比材料色散小很多，通常可以忽略。对于单模光纤来说，在某一波长附近，材料色散和波导色散相互抵消，没有脉冲展宽，通常称这个波长为零色散波长，如图 6-14 所示。石英单模光纤的零色散波长在 $1.31\mu m$ 附近。

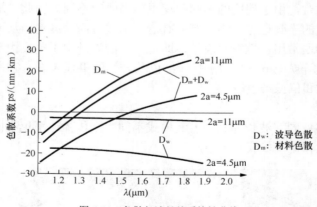

图 6-14　色散与波长关系特性曲线

（4）偏振模色散

由于光纤本身形状不对称或光纤受到外界磁场的干扰等因素造成双折射现象，引起了偏振模色散（Polarization Mode Dispersion，简称 PMD）。PMD 是一种随机色散。

以上介绍的多种色散形式，并不一定同时出现。例如：对于多模光纤，其色散有模式色散和色度色散，这些色散都会对光传输脉冲展宽产生影响，但主要是模式色散。对于单模光纤，不存在模式色散，只有色度色散和偏振模色散，主要影响的是色度色散中的材料色散。

归纳思考

- 色散主要包括模式色散、色度色散和偏振模色散三种。
- 对于多模光纤，主要是模式色散。
- 对于单模光纤，不存在模式色散，主要是材料色散。
- 损耗和色散对于光脉冲传输中的影响有什么不同？

6.2.5　光纤的标准

按 ITU-T 标准划分，常见的光纤有 ITU-T G.651 多模光纤、ITU-T G.652 常规单模光纤、ITU-T G.653 色散位移单模光纤、ITU-T G.654 截止波长位移单模光纤以及 ITU-T G.655 非零色散位移单模光纤、ITU-T G.656 适用于宽带传送的非零色散位移单模光纤及 2006 年年末新增的 ITU-T G.657 弯曲损耗不敏感单模光纤等。

1. G.651 光纤

G.651 光纤为渐变多模光纤（GIF 型光纤），工作波长为 1.31μm 和 1.55μm，在 1.31μm 处光纤有最小色散，而在 1.55μm 处光纤有最小损耗。G.651 光纤适用于中小容量和中短距离的传输，主要用于计算机局域网或接入网。

2. G.652 光纤

G.652 光纤为常规单模光纤（Single Model Fibre，SMF），也称为非色散位移光纤，它是第一代 SMF。常规型单模光纤的零色散波长为 1.31μm，在 1.55μm 处有最小损耗，传输距离受损耗限制，适用于大容量传输，是目前应用最广的光纤。

3. G.653 光纤

为了使光纤较好地工作在 1.55μm 处，人们设计出一种新的光纤，叫做色散位移光纤（DSF）。这种光纤可以对色散进行补偿，使光纤的零色散点从 1.31μm 处移到 1.55μm 附近。这种光纤是第二代单模光纤（SMF），又称为色散位移光纤，在 1.55μm 处实现最低损耗与零色散波长一致，但由于在 1.55μm 处存在四波混频（即当几个不同波长的光波混合后产生新的波长的光波）等非线性效应，阻碍了其应用。

4. G.654 光纤

G.654 光纤为性能最佳的单模光纤，在 1.55μm 处具有极低损耗（大约 0.18dB/km），1.31μm 处色散为零，弯曲性能好。最佳工作波长范围为 1500～1600nm。G.654 光纤主要用于远距离无需插入有源器件的无中继海底光纤通信系统，其缺点是制造困难，价格昂贵。

5．G.655 光纤

G.655 光纤为非零色散位移单模光纤，是新一代的单模光纤，在 1.55μm～1.65μm 处色散值为 0.1～6.0ps/（km·nm）。G.655 光纤将光纤的零色散点由 1.31μm 移到 1.55μm 工作区以外的 1.60μm 以后或在 1.53μm 以前，但在 1.55μm 波长区内仍保持很低的色散。这种非零色散位移光纤适用于波分复用系统，能提供更大的传输容量。

G.652 和 G.655 类光纤是国内常用的单模光纤，G.653 和 G.654 类光纤在国内很少使用。

6．G.656 光纤

G.656 光纤是宽带光传输用非零色散光纤，即在宽阔的工作波长 1460～1625nm 内色散非零。G.656 光纤实质上是一种宽带非零色散平坦光纤，一种适用于 DWDM 系统的新型光纤，在波分复用波段为非零色散的光纤。

7．G.657 光纤

G.657 光纤，又称 B6 光纤，它是一种接入网用弯曲不灵敏性单模光纤，其最主要的特性是具有优异的耐弯曲特性。主要用于制造皮线光缆用于光纤到户工程。

6.2.6　光缆

光缆是为了满足光学、机械或环境的性能规范而制造的，它是利用置于包覆护套中的一根或多根光纤作为传输媒质并可以单独或成组使用的通信线缆组件。

1．光缆的结构

光缆的基本结构一般由缆芯、加强构件、填充物和护层等几部分构成，除了这些基本结构之外，根据实际需要还要有防水层、缓冲层、绝缘金属导线等构件，如图 6-15 所示。

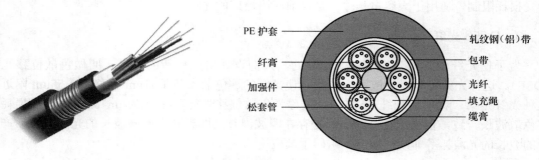

图 6-15　光缆结构示意图

（1）缆芯

为了进一步保护光缆，增加光纤的强度，一般将带有涂敷层的光纤再套上一层塑料层，通常称为套塑。将套塑后且满足机械强度要求的单根或者多根光纤芯线以不同的形式组合起来，就形成了缆芯。光缆缆芯的基本结构大体上有层绞式、骨架式、束管式和带状式四种，如图 6-16 所示。

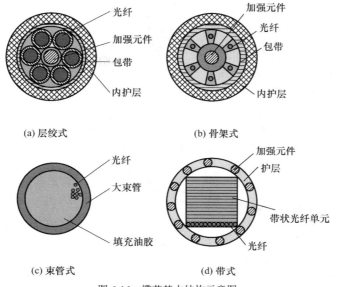

(a) 层绞式　　　　　　　　(b) 骨架式

(c) 束管式　　　　　　　　(d) 带式

图 6-16　缆芯基本结构示意图

（2）加强构件

加强构件的作用是增加光缆的抗拉强度，提高光缆的机械性能。一般光缆的加强构件采用镀锌钢丝、钢丝绳、不锈钢或者高强度塑料加强构件等。一般加强构件位于光缆的中心，也有位于护层的，叫做护层加强构件。

（3）护层结构

护层的主要作用是保护缆芯，提高机械性能和防护性能。不同的护层结构适合不同的敷设条件。光缆的护层分为外护层和护套两部分，护套用来防止钢带、加强构件等金属构件损伤光纤；外护层进一步增强光缆的保护作用。

（4）填充结构

填充结构用来提高光缆的防潮性能，在光缆缆间空隙中注入填充物，以防止水汽进入光缆。

2．光缆的种类

光缆的种类很多，分类方法也很多，下面介绍一些习惯分法。

（1）根据传输性能、距离和用途光缆可分为市话光缆、长途光缆、海底光缆和用户光缆。

（2）按光纤的种类可分为多模光缆和单模光缆。

（3）按光纤芯数可分为单芯光缆、双芯光缆、四芯光缆、六芯光缆、八芯光缆、十二芯光缆、二十四芯光缆等。

（4）按敷设方式可分为管道光缆、直埋光缆、架空光缆和水底光缆。

（5）按护层材料性质可分为聚乙烯护层普通光缆、聚氯乙烯护层阻燃光缆和尼龙防蚁防鼠光缆。

（6）按传输导体、媒质状况可分为无金属光缆、普通光缆和综合光缆。

（7）目前通信用光缆标示时，采用下面的分类方法。

室（野）外光缆—用于室外直埋、管道、槽道、隧道、架空及水下敷设的光缆。

软光缆—具有优良的曲挠性能的可移动的光缆。

室（局）内光缆—用于室（局）内布放的光缆。

设备内光缆—用于设备内布放的光缆。

海底光缆—用于跨海洋敷设的光缆。

特种光缆—除上述几类之外，作特殊用途的光缆。

- 光缆的基本结构包括缆芯、加强构件、填充物和护层等。
- 不同敷设方式的光缆结构上应有什么不同？

归纳思考

6.3　数字光纤通信系统

- 光纤系统组成框架；
- 光通信线路码型。

重点掌握

典型的数字光纤通信系统如图 6-17 所示，从图中可以看出光纤通信系统由光端机、光缆、中继器和电端机组成。

电端机的作用是将低速支路电信号复用成高速信号，然后送往光端机，完成电/光转换，进行传输。

光端机包括光发送机与光接收机两部分。光发送机的主要作用是将电端机送来的数字基带电信号变换为光信号，并耦合进光纤线路中进行传输。电/光转换是用承载信息的数字电信号对光源进行调制来实现的，光发送机中的光源是整个系统的核心器件。

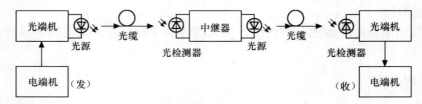

图 6-17　数字光纤通信系统示意图

光接收机的主要作用是将光纤传输后的幅度被衰减、波形产生畸变的、微弱的光信号变换为电信号，并对电信号进行放大、整形、再生成与发送端相同的电信号，输入到电接收端机，光接收机中关键器件是半导体光检测器。

中继器是可对微弱的光信号直接进行放大的器件，其主要功能是提供光信号的增益，以补偿光信号在传输过程中的衰减，增加传输系统无中继距离。

结合图 6-17 说明光纤通信的过程。发送端的电端机将信号（如话音信号）进行模数转换，转换后的数字信号，经调制后，由光源（激光器）发送，此时激光器（LD）发出的就是携带了信息的光波信号。当数字信号为"1"时，则发送一个"传号"光脉冲；当数字信号为"0"时，则发送一个"空号"（不发光）。光波经光纤传输后到达接收端，光接收机将数字信号从光波中检测出来，送给电端机，电端机再进行数模转换，恢复原始信息。至此完成了一次光纤通信过程。

6.3.1　光源与光发送机

1．光源

光源是光纤通信设备的核心，它的作用是将电信号转换为光信号，并将此光信号送入光纤线路中进行传输。光纤通信中用到的光源有半导体激光器（LD）和发光二极管（LED）两种，发光二极管用于短距离、低速光纤通信系统，光纤通信干线的光源均为半导体激光器。

光纤通信系统对通信用光源的要求如下。

（1）发光波长与光纤的低损耗窗口相符。

（2）有足够的光输出功率。

（3）可靠性高、寿命长。

（4）温度特性好。

（5）光谱宽度窄。

（6）调制特性好。

（7）与光纤的耦合效率高，体积小、重量轻等。

2．光发送机

光发送机是将电脉冲信号变换成光脉冲信号，然后经码型变换成适当的波形再经光缆进行传输。光发送机的原理方框图如图 6-18 所示。

图 6-18　数字光发射端机原理机框图

线路编码电路将数字电信号编码转换为适合光信道传输的线路码型，调制电路将数字电信号通过光源调制转换为光信号，并送到光缆线路进行传输，控制电路实现由于器件老化或者温度变化时稳定激光器的输出功率。

6.3.2　光电检测器与光接收机

1．光电检测器

光纤传输过来的光信号，到达接收端遇到的第一个器件就是光电检测器，它的功能是实现光信号转换为电信号。光电检测器是利用半导体材料的光电效应来实现光电转换的。

光纤通信系统对光电检测器的基本要求如下。

（1）在系统的工作波长上具有足够高的响应度，即对一定的入射光功率，能够输出尽可能大的光电流。

（2）具有足够快的响应度。

（3）具有尽可能低的噪声。

（4）具有良好的线性关系。

（5）具有较小的体积、较长的工作寿命。

2．光接收机

光接收机组成方框图如图 6-19 所示。

图 6-19　光接收机组成方框图

组成方框图中各部分的功能如下。

（1）光电检测：将光信号变换为电信号。

（2）均衡放大：将检测出的较小电信号进行整形和放大。

（3）再生判决：按照门限值判决生成电脉冲。

（4）码型变换：将光信号码型反变换为电信号码型。

6.3.3　光中继器

光脉冲信号从发送机输出经光纤传输若干距离后，由于光纤损耗和色散的影响，光脉冲信号的幅度受到衰减，波形出现失真，这样就限制了光脉冲信号在光纤中的长距离传输。为此就要在光信号传输一定距离后，加设一个中继器，以放大衰减信号，恢复失真的波形，使光脉冲得到再生。

中继器分为光-电-光中继器和光中继器两种，光-电-光中继器是早期使用的用于光信号再生和放大的设备，需要经过光/电转换、电信号放大和电/光转换三个过程，这种中继器已成为网络中信号传输处理的瓶颈，正被光中继器所取代。

通用的光中继器结构如图 6-20 所示。

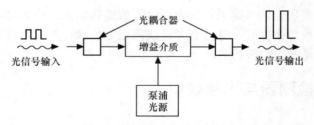

图 6-20　通用的光中继器结构图

目前使用的光中继器可分为半导体光中继器和光纤光中继器两种，常用的光纤光中继器是掺铒光纤放大器（EDFA）和拉曼光纤放大器。铒（Er）是一种稀土元素，将它注入到纤芯中，即形成了一种特殊光纤，它在泵浦光的作用下可直接对某一波长的光信号进行放大。

归纳思考

- 光信号通过光发送机送到光缆传输，中间经过光中继器进行信号波形修整、再生、放大后，继续传输，直至传到光接收机。
- 光端机中为什么需要码型变换？

6.3.4　光纤通信系统的码型

1. 光纤对所传信号码型的要求

光纤数字传输系统并不是直接传输由电端机传送过来的数字信号，而是要经过编码处理变换成码速略高一点的适合在光纤数字传输系统中传的线路码型。电接口的接口码型一般为双极性伪三元码，都是以"+1"、"−1"和"0"分别对应正、负和零电平。光源不可能发射负的光脉冲，因而，其线路码型一般只考虑二电平码，即采用光脉冲的"有"和"无"来表示二进制码中的"1"和"0"。

对于线路传输码型的具体要求如下。

（1）要便于在不中断通信业务的条件下进行误码检测，这就要求码型有一定的规律性。

（2）尽量减少码流中连"0"、连"1"码的个数，便于定时信号的提取。

（3）码率增加要少。

（4）要求码流中的"1"、"0"码分布均匀，否则不利于接收端的再生判决。

2. 常用光纤线路码型

（1）分组码（mBnB 码）

把输入的二进制原始码流按 m 比特为一组进行分组，然后，把每个分组变换成一个 *n* 比特的二进制码，并在同样大小的时隙内输出。

特点：

① 码流中"1"、"0"码概率相等，连"1"或连"0"的数目减少，定时信息丰富；

② 高低频分量少；

③ 码流中引入一定冗余度，便于在线误码检测。

（2）插入码（mB1X 码）

把输入的二进制原始码流按 m 比特为一组进行分组，然后，在每个分组末尾按一定规律插入一个码，组成（m+1）位为一组的线路码流。可分为 mB1P 码、mB1C 码、mB1H 码。

mB1P 码中插入的"P"是奇偶校验位，mB1C 码中插入的"C"是补码，mB1H 码中插入的"H"是混合码。

优点：码速提高不大；可实现在线误码监测、区间通信和辅助信息传送。

缺点：码流的频谱特性不如 mBnB 码。

6.4　光纤通信传输技术

重点掌握

- SDH 的特点
- SDH 的帧格式和速率
- 波分复用的概念
- OTN、PTN 的基本概念

6.4.1　SDH 传输技术

1．SDH 产生的背景

原 CCITT 推荐了两类准同步数字复接系列（Plesiochronous Digital Hierarchy，PDH）：北美和日本等国采用 PCM 24 路系统，即以 1.544Mbit/s 作为一次群的数字速率系列；欧洲和中国等国家采用 PCM 30/32 路系统，即以 2.048Mbit/s 作为一次群的数字速率系列。以一次群为基础，采用 4 个一次群复接成二次群，再逐级复接，构成更高速率的三、四次群，PDH 数字复接等级如表 6-1 所示。

表 6-1　　　　　　　　　　　　　　PDH 数字复接等级

群号	欧洲、中国		北美		日本	
	速率（Mbit/s）	话路数	速率（Mbit/s）	话路数	速率（Mbit/s）	话路数
一次群	2.048	30	1.544	24	1.544	24
二次群	8.448	30×4=120	6.312	24×4=96	6.312	24×4=96
三次群	34.368	120×4=480	44.736	96×7=672	32.064	96×5=480
四次群	139.264	480×4=1920	274.176	672×6=4032	97.728	480×3=1440

由于各分路信号流大部分来自不同地方，瞬时数码率不同，PDH 在数字复接时采用的是异步时钟复接，所以叫准同步复接，复接前首先要解决的问题就是使被复接的各一次群信号在复接前有相同的数码率，即码速调整。如我国采用将一次群速率 2.048Mbit/s 统一调整到 2.112Mbit/s，再复接到二次群。由于是在原低速支路信号中填充空闲比特的方法将其速率调整在同一个数值上，然后再进行复接，所以在高次群中分出低速支路信号是很困难的。

同步数字系列（Synchronous Digital Hierarchy，SDH）的研究工作始于 1986 年，其目的是建立光纤通信的通用标准，通过一组网络单元提供一个经济、简单、灵活的网络应用。美国贝尔通信研究所最先提出了光同步传输网的概念，并称之为同步光网络（SONET）。1988 年，美国国家标准协会（ANSI）通过了两个最早的 SONET 标准。CCITT 于 1988 年接受了 SONET 的概念，重新命名为同步数字系列（SDH），建立了世界性的统一标准。

2．SDH 的主要特点

（1）把北美、日本和欧洲、中国 PDH 的 1.5Mbit/s 和 2Mbit/s 两种数字传输体制融合在统一的标准之中，即在 STM-1 等级上得到统一，第一次真正实现了数字传输体制上的世界性标准。

（2）采用同步复用方式和灵活的复用映射结构，使低阶信号和高阶信号的复用/解复用一次到位，大大简化了设备的处理过程。

（3）能与现有的 PDH 网实现完全兼容，同时还可以容纳各种新的数字业务信号。

（4）具有全世界统一的网络节点接口，并对各网络单元的光接口提出严格的规范要求，从而使得任何网络单元在光路上得以互联互通，实现了横向兼容性。

（5）帧结构中安排了丰富的开销比特，使网络的运行、管理、维护与指配能力大大加强，促进了先进的网络管理系统和智能化设备的发展。

（6）采用先进的光纤传输设备，使组网能力和网络自愈能力大大增强，同时也降低了网络的维护管理费用。

3．SDH 帧格式

原 CCITT 建议（G.709）规定了 SDH 帧格式，它采用的信息结构等级称为同步传送模块 STM-N，$N=1$、4、16、64 等。最基本的模块为 STM-1，4 个 STM-1 同步复用构成 STM-4，16 个 STM-1 或 4 个 STM-4 同步复用构成 STM-16。SDH 采用块状的帧结构来承载信息，每帧由纵向 9 行和横向 270×N 列字节组成，每个字节含 8 比特，帧结构如图 6-21 所示。

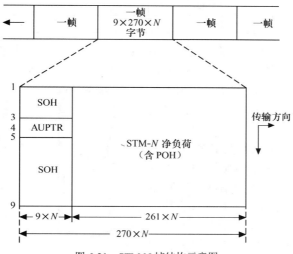

图 6-21　STM-N 帧结构示意图

整个帧结构分成段开销（Section OverHead，SOH）、STM-N 净负荷区和管理单元指针（Administration Unit Pointer，AU-PTR）三个区域，其中：

段开销区主要用于网络的运行、管理、维护及指配等功能，是在 STM-N 帧结构中保证信息净负荷正常灵活地传送所必须的附加字节。SOH 位于纵向第 1～3 行、横向第 1～9×N 列和纵向第 5～9 行、横向第 1～9×N 列，共 8×9×N=72×N 个字节。它又分为再生段开销（Regeneration Section OverHead，RSOH）和复用段开销（Multiple Section OverHead，MSOH）。

管理单元指针用来指示净负荷区域内的信息首字节在 STM-N 帧内的准确位置以便接收时能正确分离净负荷。管理单元指针（AU-PTR）位于纵向第 4 行、横向第 1～9×N 列，共 9×N 个字节。

净负荷区域用于存放真正用于信息业务的比特和少量用于通道维护管理的通道开销字节。信息净负荷区位于纵向第 1～9 行、横向第（9×N+1）～第（270×N）列，共 9×261×N=2349×N 个字节。在信息净负荷中，还存放着少量用于通道性能监视、管理和控制的通道开销（POH）字节。这些通道开销是作为信息净负荷的一部分与信息码一起在网络中传送的。

4．SDH 的传输速率

SDH 的帧传输时按由左到右、由上到下的顺序排成串行码流依次传输，每帧传输时间为 125μs，每秒传输 8000 帧，对 STM-1 而言每帧比特数为：8 比特/字节×（9×270×1）字节 ＝19440 比特，则 STM-1 的传输速率为 19440×8000＝155.520Mbit/s。SDH 系统以 STM-1 为基本速率，并将其整数倍 STM-N（即 155Mbit/s×N）作为传输速率，N=1、4、16、64、256 等。SDH 信号标准模块速率见表 6-2。

表 6-2   SDH 信号标准模块速率

SDH 模块等级	速率（kbit/s）	SDH 模块等级	速率（kbit/s）
STM-1	155520	STM-64	9953280
STM-4	622080	STM-256	39813120
STM-16	2488320	STM-0	51840

SDH 传输技术是利用了光纤的高速传输特性，采用 SDH 设备将低速数据复接成高速数据进行传输，以提高传输速率。光纤通信经过 30 多年的发展，单信道实用化系统的传输速率从 1976 年的 45Mbit/s 发展到了 40Gbit/s，线路的利用率得到了很大提高。图 6-22 就是典型的 SDH 网元设备。

SDH 复用技术的采用虽然使传输速率有很大的提高，但与光纤巨大的带宽潜力相比这点带宽还微不足道。为了适应通信网传输容量的不断增长的要求，在 SDH 复用技术的基础上，又出现了光波分复用（WDM）技术，WDM 与 SDH 的结合使光纤传输速率提高到 Tbit/s 数量级。

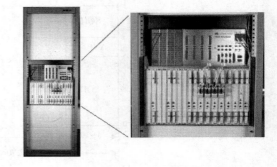

图 6-22   SDH 网元设备实物图

- 为什么会出现光波分复用技术？
- 什么是全光通信网？

探讨

6.4.2 波分复用传输技术

1．波分复用的基本概念

光波分复用（Wavelength Division Multiplexing，WDM）技术是指在一芯光纤中同时传输多波长光信号的一项技术。其基本原理是在发送端将不同波长的光信号组合起来，并耦合到光缆线路上的同一根光纤中进行传输，在接收端将组合波长的光信号分开，并作进一步处理，恢复出原信号后送入不同的终端。

人们通常把光信道间隔较大（甚至在光纤不同窗口上）的复用称为 WDM，把在同一窗口中信道间隔较小的光波分复用称为密集波分复用（Dense Wavelength Division

Multiplexing，DWDM）。DWDM 可以实现波长间隔为零点几个纳米级的复用，WDM、DWDM 在本质上没有多大区别，只是在器件的技术要求上更加严格而已。以往技术人员习惯采用 WDM 和 DWDM 来区分是 1310/1550nm 简单复用还是在 1550 nm 波长区段内密集复用，但目前在电信行业应用时，都采用 DWDM 技术，所以经常用 WDM 这个更广义的名称来代替 DWDM。

目前波分复用光纤通信系统多是在 1550nm 波长区段内，同时用 8、16 或更多个波长在一对光纤上（也可采用单光纤）构成光通信系统，其中各个波长之间的间隔为 1.6nm、0.8nm 或更低，约对应于 200GHz，100GHz 或更窄的带宽。图 6-23 示出了波分复用系统的基本结构。

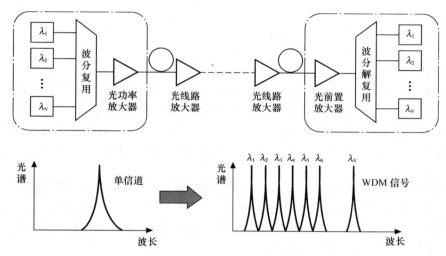

图 6-23　波分复用系统基本结构图

在图 6-23 中，波长分别为 λ_1、λ_2……λ_n 的光信号通过波分复用器复用到一根光纤中，经过功率放大在光纤中传输。传输一定距离后，进行线路放大，弥补光信号的衰减。到达接收端，先进行光功率的放大，然后进行解复用，分解出与发送端一致的 λ_1、λ_2……λ_n 的光信号。

2．波分复用的特点

（1）充分利用光纤的巨大带宽资源

光纤的低损耗波段具有巨大的带宽资源，WDM 技术使一根光纤的传输容量比单波长传输增加几倍至几十倍甚至几百倍，从而增加光纤的传输容量，降低成本，具有很大的应用价值和经济价值。

（2）同时传输多种不同类型的信号

由于 WDM 技术使用的各波长的信道相互独立，因而可以传输特性和速率完全不同的信号，完成各种电信业务信号的综合传输，如 PDH 信号和 SDH 信号，数字信号和模拟信号，多种业务（音频、视频、数据等）的混合传输等。

（3）节省线路投资

采用 WDM 技术可使 N 个波长复用起来在单根光纤中传输，也可实现单根光纤双向传输，在长途大容量传输时可以节约大量光纤。另外，对已建成的光纤通信系统扩容方便，只要原系统的功率余量较大，就可进一步增容而不必对原系统作大的改动。

（4）降低器件的超高速要求

随着传输速率的不断提高，许多光电器件的响应速度已明显不足，使用 WDM 技术可降低对一些器件在性能上的极高要求，同时又可实现大容量传输。

（5）高度的组网灵活性、 经济性和可靠性

WDM 技术有很多应用形式，如长途干线网、广播分配网、多路多址局域网等。可以利用 WDM 技术选择路由，实现网络交换和故障恢复，从而实现未来的透明、灵活、经济且具有高度生存性的光网络。

6.4.3 OTN

1. OTN 基本概念

由于 SDH 和 WDM 无法满足传送数据业务的需求，人们在充分分析了 SDH 和 DWDM 两种传送技术的基础上，提出了 OTN（Optical Transport Network，光传送网）（SDH+DWDM）技术体制。更为确切地讲，OTN 是将 SDH 的业务灵活配置、强大网络管理机制和 DWDM 的波长级透明传输优势有机结合而产生的一个传送大颗粒宽带业务的大容量传送网。

OTN 是基于波分复用技术，由一组通过光纤链路连接在一起的光网元组成的网络，能够提供基于光通道的用户信号的传送、复用、路由、管理、监控以及保护。具体地讲，OTN 是利用光纤将光网络的各个网元互连起来，使来自不同用户的数据通过网元交换或路由到 OTN，从而实现数据传输的光网络。

2. OTN 网络

OTN 技术可支持基于单向点到点、双向点到点、单向点到多点的光层连接类型。采用 OTN 终端复用设备可以组成线型拓扑，引入 OTN 交叉连接设备后可以组成线型、环型和格型等多种拓扑结构的网络。

OTN 技术在长途网和本地/城域网中都可以应用，网络示意图如图 6-24 所示。

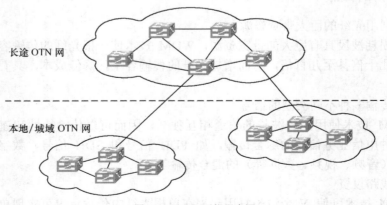

图 6-24 OTN 网络示意图

长途网中的 WDM 系统应逐步引入 OTN 交叉功能，优化 WDM 系统的组网方式，降低网络建设成本。与客户层设备（SDH 设备，路由器等）的互联接口可采用 SDH、以太网和 OTN 等接口。

在本地网/城域网中 OTN 终端复用设备与城域波分设备结合应用。OTN 交叉连接设备应覆盖核心层和汇聚层，实现 ODU0，ODU1，ODU2 等多种交叉颗粒的调度。由于本地业务种类丰富，OTN 设备需要提供多种业务接口，包括 SDH，OTN 和以太网等客户接口。

OTN 设备实物如图 6-25 所示。

图 6-25　OTN 设备实物图

6.4.4　PTN

1．PTN 基本概念

随着各种新型的数据业务的迅速发展，使得用户对带宽的需求不断增长。语音、视频和无线业务的 IP 化，企事业单位大客户的虚拟专用网业务应用，对传送网的带宽灵活调度、业务传输质量和运维管理成本等要求日益提升。

作为电信运营网络的基础支撑网络，传送网络始终是为了满足所承载的业务需求并且优先于业务而发展的。传统的非连接特性的 IP 网络和产品，难以保证重要业务的传输质量和性能要求。业务的 IP 化已经从电信网络的边缘逐渐向核心蔓延。在这种趋势下，必然要求传输网络 IP 化，即要求传送网络由电路交换核心向分组交换核心的转换，利用分组交换核心实现分组业务的高效传送。

分组传送网（Packet Transport Network，PTN）是以分组传送为基础、以分组交换为核心，支持多业务承载，并具备完善的保护和 OAM 管理功能的面向连接端到端的传送技术。

PTN 网络是 IP/MPLS、以太网和传送网三种技术相结合的产物，适用于承载电信运营商的无线回传网络、以太网专线以及 IPTV 等高品质的多媒体数据业务。

2．组网应用

PTN 网络保持核心层、汇聚层、接入层三层结构进行组建。

核心层由传输核心节点组成，是传输网的核心部分，主要负责提供核心节点间的局间中继电路。核心层应能提供大容量的业务调度能力和多业务传送能力，要求具有较高的安全性和可靠性。

汇聚层由汇聚节点与核心节点之间的网络组成，负责一定区域内业务的汇聚和疏导。汇聚层节点是业务区内所有接入层网络的汇聚中心，承担转接和汇聚区内所有业务接入节点的电路，应能提供较大的业务交叉和汇聚能力，使网络具有良好的可扩展性。

接入层作为各地区传输网的末端，为无线 BTS/Node B 至 BSC/RNC（MSC）及各类数据终端提供传输通道。应具有建设速度快、可靠性好、低成本、保证业务质量等特性。

大中型城市城域传送网核心层采用 WDM/光纤+分组化城域传送网设备，汇聚/接入层采用分组化城域传送网设备组网。现阶段核心、汇聚层宜采用 10GE 设备组网。接入层宜主要采用 GE 设备组网，业务量较大时也可少量采用 10GE 设备组网，如图 6-26 所示。

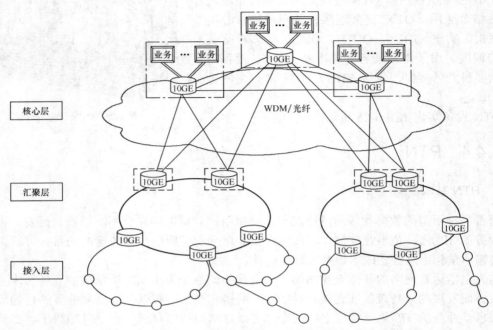

图 6-26　大中型城市城域传送网示意图

6.5　全光网络

6.5.1　全光网的基本概念

在以光复用技术为基础的现有通信网中，网络的各个节点要完成光/电/光的转换，仍以电信号处理信息的速度进行交换，而其中的电子器件在适应高速、大容量的需求上，存在着诸如带宽限制、时钟偏移、严重串话、高功耗等缺点，由此产生了通信网中的"电子瓶颈"现象。为了解决这个问题，人们提出了全光网（AON）的概念。

所谓全光网，是指信号只在进出网络时才进行电/光和光/电转换，而在网络传输和交换的过程中信号始终以光的形式存在。在全光网络中，由于没有光电转换的障碍，所以允许存在各种不同的协议和编码形式，信息传输具有透明性，且无需面对电子器件处理信息速率难以提高的困难。

6.5.2　全光网的特点

基于波分复用的全光通信网可使通信网具备更强的可管理性、灵活性、透明性。它与以往通信系统相比，具有以下优点：

（1）省掉了大量电子器件。全光网中光信号的流动不再有光电转换的障碍，克服传输过程中由于电子器件处理信号速率难以提高的困难，省掉了大量电子器件，大大提高了传输速率。

（2）提供多种协议的业务。全光网采用波分复用技术，以波长选择路由，可方便地提供多种协议的业务。

（3）组网灵活性高。全光网组网极具灵活性，在任何节点利用光波长分插复用器可实现不同节点灵活地上、下不同波长的信道。

（4）可靠性高。由于沿途没有变换和存储，全光网中许多光器件都是无源的，因而可靠性高。

6.6 光纤传输业务

利用光纤传输网开展的电信业务主要是网元出租业务，网元出租业务是采用有偿租用的方式向客户提供各种电信网络元素出租的业务，以满足客户组网及传送信息的需要。电信运营商是提供各种信息传送的物理载体，其基础构成元素主要由终端设备、传输设备、交换设备以及相应的支撑系统等硬件和软件组成，构成电信网络的基本元素称为网元。网元出租的适用对象一般为获国家经营许可证的电信运营服务企业；非经营性使用的党政军机构和企事业单位；也用于电信运营企业之间互连工程建设。

目前许多电信运营企业都有网元出租业务，主要有：管道、光纤、波长、同步网端口、设备出租等。

1．管道出租

管道出租是电信运营企业自建或合建的通信管道出租给承租方的一种业务，通信管道是由埋设在地表下 1.2m 左右深度的管道和人井组成，供通信电缆、光缆等施工和维护。

通信管道是通信建设的重要基础设施。由于管位的限制和建设难度，一经投入使用一般难以再生增量，属紧缺资源；重要地段、桥梁、隧道、市中心繁华地区等建成的通信管道一般均为永久性基础设施，因此通信管道是各电信运营企业提高市场竞争力的核心要素；在组织通信网络时，其规模和数量上是任何一种网络元素无法替代的。

2．通信光纤出租

光纤出租是电信运营企业在已敷设完工可以使用的通信光缆中，将其中的光纤以芯数为单位出租给承租方，承租方可以利用光纤组成不同容量的通信传输系统，一般以 2 芯为一对出租。

通信光纤具有高带、抗干扰、保密性强、安全可靠的性质，是重要的网络元素，同时也是衡量各电信运营商市场竞争力的基础网元。通信光纤可以组成高速率，大容量的通信网络传输系统，组网灵活，是一种投资少见效快的网络元素。

3．波长出租

波长出租是指在光纤上利用波分复用设备分出的子波长，可向用户提供 2.5～10Gbit/s

以上的传输系统，具有带宽宽、价格低的优点。可以提供点到点的传输，也可以作中继传输电路。

4．同步网端口出租

数字同步网是现代通信网络的必要组成部分，它能准确地将同步信息从基准时钟向同一网络各阶层各节点传递，是保证网络定时性能的关键环节。同步网端口又称为时钟端口（可以分为一级时钟、二级时钟、三级时钟）是输出同步时钟信号的接口，主要用于各电信运营企业之间或各专用通信网与电信运营企业互连时同步运行的时钟同步源。

5．设备出租

设备出租业务是指电信运营企业把电信设备（包括应急设备）租给用户，方便用户迅速实现通信的一类业务。用户从电信部门租用的通信设备，由电信部门负责维护，按规定收取设备租用费。

根据用户租用设备的用途和实现的通信方式不同，电信运营企业设备租用业务大致可分为出租甚小天线地球站终端、出租应急卫星通信车、出租视频编解码器、租杆挂线等几类。

6.7　实做项目及教学情境

实做项目一：认识光缆结构
目的和要求：通过光缆实物的开剥，进一步理解光缆的结构。
实做项目二：考察光缆通信线路
目的和要求：通过考察光缆通信线路，认识光缆类型。
实做项目三：认识激光器，测量光功率
目的和要求：通过认识激光器，理解通信用光源，并使用光功率计测量其功率。
实做项目四：参观运营商传输机房或传输实训室
目的和要求：通过参观运营商的传输机房或传输实训室，认知光纤传输设备。

小结

1．光纤通信是以光纤为传输媒质，以光信号为信息载体的通信方式。
2．目前光纤通信的三个实用窗口是 $0.85\mu m$、$1.31\mu m$ 和 $1.55\mu m$。
3．裸光纤是由中心的纤芯和外面的包层构成的，包层的直径是 $125\mu m$。
4．经过两次涂覆后的光纤芯线，即由纤芯、包层、一次涂覆层、二次涂覆层组成。
5．光纤按折射率分布分成阶跃型光纤、渐变型光纤。
6．阶跃型光纤是利用光波的全反射原理，将光波限制在纤芯中向前传播。
7．光波在光纤中传输，随着传输距离的增加而光功率逐渐下降，这就是光纤的传输损耗。光纤损耗大致分为三类：吸收损耗、散射损耗和其他损耗。
8．光纤的色散就是由于光纤中光信号中的不同频率成分或不同的模式，在光纤中传输时，由于速度的不同而使得传播时间不同，因此，造成光信号中的不同频率成分或不同模式到达光纤终端有先有后，从而产生波形畸变的一种现象。包括模式色散、材料色散、波导色散和偏振模色散。

9．对于多模光纤，主要是模式色散。对于单模光纤，不存在模式色散，主要是材料色散。

10．光纤通信系统由光端机、光缆、中继器组成，其中光端机包括光发送机和光接收机两部分。

11．电端机的作用是将低速支路电信号复用成高速信号，然后送往光端机，完成电/光转换，进行传输。

12．光源是光纤通信设备的核心，它的作用是将电信号转换为光信号，并将光信号送入光纤线路中进行传输。

13．光电检测器的功能是实现光信号转换为电信号。

14．中继器是用来放大衰减信号，恢复失真的波形，使光脉冲得到再生。

15．光纤通信系统的码型主要有插入码和分组码。

16．随着现代通信网的发展和用户要求的日益提高，PDH 本身的缺陷，难以适应长距离和大容量数字业务的发展，SDH 应运而生。

17．SDH 的帧格式由 9 行 270×N 列构成，整个帧结构分成段开销，STM-N 净负荷区和管理单元指针三个区域。

18．SDH 是同步复用的，STM-1 的速率是 155Mbit/s，其他速率以 4 为倍数递增。

19．WDM 技术是在一根光纤中同时传输多波长光信号的一项技术。其基本原理是在发送端将不同波长的光信号组合起来，并耦合到光缆线路上的同一根光纤中进行传输，在接收端将组合波长的光信号分开，并作进一步处理，恢复出原信号后送入不同的终端。

20．OTN 是基于波分复用技术，由一组通过光纤链路连接在一起的光网元组成的网络，能够提供基于光通道的用户信号的传送、复用、路由、管理、监控以及保护。

21．分组传送网（Packet Transport Network，PTN）是以分组传送为基础、以分组交换为核心，支持多业务承载，并具备完善的保护和 OAM 管理功能的面向连接端到端的传送技术。

22．全光网是指信号只是在进出网络时才进行电/光和光/电转换，而在网络中传输和交换的过程中信号始终以光的形式存在。

思考题与练习题

6-1　光纤通信有什么优点？

6-2　目前光纤通信的三个工作窗口是多少？各有什么特点？

6-3　光纤的结构如何组成，对折射率有什么要求？

6-4　光纤是如何分类的？

6-5　光纤的数值孔径有什么含义？

6-6　什么叫光纤损耗？造成光纤损耗的原因是什么？

6-7　什么叫光纤色散？试分析造成光脉冲展宽的原因？

6-8　试分析光纤工作波长为什么选择 1.55μm、1.31μm 和 0.85μm 三个工作窗口。

6-9　简述光纤通信系统组成。

6-10　光纤通信系统对光源的要求是什么？常用的光源有哪些类型？

6-11　光纤通信系统对光电检测器的要求是什么？

6-12　光中继器的作用是什么？

6-13　画图表示 SDH 的帧格式。

6-14　解释波分复用的概念。

6-15　什么是 OTN？

6-16　什么是 PTN？如何组网？

6-17　什么是全光网？

6-18　搜集光纤通信发展过程中大事件资料。

第 7 章

微波通信和卫星通信

本章教学说明
- 主要介绍微波通信系统的概念、特点
- 概要介绍微波通信系统的组成、抗衰落技术及应用
- 重点介绍卫星通信系统的概念、特点
- 概要介绍卫星通信系统的组成、多址技术及应用

本章内容概述
- 微波通信
- 卫星通信
- 微波与卫星通信业务及应用

本章学习重点、难点
- 微波通信的概念
- 卫星通信的概念和特点
- 卫星通信的多址方式

本章学习目标
- 掌握微波通信和卫星通信的概念和特点
- 了解微波通信系统和卫星通信系统的基本组成
- 理解主要的微波通信和卫星通信过程
- 了解微波通信和卫星通信的发展和应用

本章实做要求及教学情境
- 卫星电视接收机的安装与调试
- GPS 导航定位

本章建议学时数：4 学时

微波通信是在 20 世纪 40 年代开始使用的无线电通信技术，可分为模拟微波通信和数字微波通信两类。模拟微波通信早已被数字微波通信所取代。数字微波通信曾经与卫星通信、光纤通信一起作为通信的三大传输手段。

7.1 微波通信

本节主要讲述微波通信的概念和特点，微波通信系统的基本组成，微波站的设备组成及微波的传输特性和抗衰落技术。

7.1.1　微波通信的概念和特点

重点掌握
- 微波频段的划分及波段表示
- 微波通信的概念
- 微波通信的特点

1．微波的频段划分

整个电磁频谱，是包含从电波到宇宙射线的各种波、光和射线的集合。不同频率段分别命名为无线电波（3k～3000GHz）、红外线、可见光、紫外线、x 射线、y 射线和宇宙射线。微波是超高频率的无线电波。由于这种电磁波的频率非常高，故微波又称为超高频电磁波。电磁波的传播速度 v 与其频率 f 波长 λ 有下列固定关系：

$$f \cdot \lambda = v$$

若微波是在真空中传播，则速度为 $v = c = 3 \times 10^8$ m/s。

无线电波的波段划分见表 7-1。

表 7-1　　　　　　　　　　　无线电波波段的划分

名称		英文	波长范围	频率范围
极低频（极长波）		ELF	100000～10000km	3～30Hz
超低频（超长波）		SLF	10000～1000km	30～300Hz
特低频（特长波）		ULF	1000～100km	300～3000Hz
甚低频（甚长波）		VLF	100～10km	3～30kHz
低频（长波）		LF	10000～1000m	30～300kHz
中频（中波）		MF	1000～100m	300～3000kHz
高频（短波）		HF	100～10m	3～30MHz
甚高频（超短波或米波）		VHF	10～1m	30～300MHz
微波	特高频（分米波）	UHF	10～1dm	300～3000MHz
	超高频（厘米波）	SHF	10～1cm	3～30GHz
	极高频（毫米波）	EHF	10～1mm	30～300GHz
	至高频（亚毫米波）	THF	1～0.1mm	300～3000GHz

不包括至高频在内的传统微波频段的波长范围为 1m～1mm，频率范围为 300MHz～300GHz，可细分为特高频（UHF）频段/分米波频段、超高频（SHF）频段/厘米波频段、极高频（EHF）频段/毫米波频段。至高频频段/亚毫米波频段是微波与远红外光波的交叠频段，随着微波通信技术的发展，人们已将微波通信技术的应用研究延伸到至高频。实际工程中常用拉丁字母代表微波小段的名称，例如 S、C、X 分别代表 10 厘米波段、5 厘米波段和 3 厘米波段；Ka、U、F 分别代表 8 毫米波段、6 毫米波段和 3 毫米波段等，详见表 7-2。

表 7-2　　　　　　　　　　　　　　　微波频段的划分

波段	频率范围（GHz）	波段	频率范围（GHz）
UHF	0.30～1.12	Ka	26.50～40.00
L	1.12～1.70	Q	33.00～55.00
LS	1.70～2.60	U	40.00～60.00
S	2.60～3.95	M	50.00～75.00
C	3.95～5.85	E	60.00～90.00
XC	5.85～8.20	F	90.00～140.00
X	8.20～12.40	G	140.00～220.00
Ku	12.40～18.00	R	220.00～325.00
K	18.00～26.50		

2．微波中继通信的概念

微波中继通信（微波接力通信）是利用微波作为载波并采用中继（接力）方式在地面上进行的无线电通信。A，B 两地间的远距离地面微波中继通信系统的中继示意如图 7-1 所示。

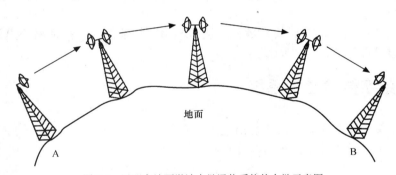

地面

A　　　　　　　　　　　　　　　　　　　　　　　　　　　B

图 7-1　远距离地面微波中继通信系统的中继示意图

对于地面上的远距离微波通信，采用中继方式的直接原因有两个：首先是因为微波波长短，接近于光波，是直线传播具有视距传播特性，而地球表面是个曲面，因此，若在通信两地直接通信，当通信距离超过一定数值时，电磁波传播将受到地面的阻挡，为了延长通信距离，需要在通信两地之间设立若干中继站，进行电磁波转接。其次是因为微波传播有损耗，随着通信距离的增加信号衰减，有必要采用中继方式对信号逐段接收、放大后发送给下一段，延长通信距离。

微波中继通信可以用来传送长途电话信号、宽频带信号（如电视信号）、数据信号、移动通信系统基地站与移动业务交换中心之间的信号等，还可用于山区、湖泊、岛屿等特殊地形的通信。

3．微波通信的特点

（1）通信频段的频带宽，传输信息容量大

微波频段占用的频带约 300GHz，而全部长波、中波和短波频段占有的频带总和不足

30MHz。一套微波中继通信设备可以容纳几千甚至上万条话路同时工作，或传输电视图像信号等宽频带信号。

（2）通信稳定、可靠

当通信频率高于 100MHz 时，工业干扰、天电干扰及太阳黑子的活动对其影响小。由于微波频段频率高，这些干扰对微波通信的影响极小。数字微波通信中继站能对数字信号进行再生，使数字微波通信线路噪声不至于逐站积累，增加了抗干扰性。因此，微波通信较稳定和可靠。

（3）接力传输

在进行地面上的远距离通信时，针对微波视距传播特性和传输损耗随距离增加的特性，必须采用接力的方式，发端信号经若干中间站多次转发，才能到达接收端。

（4）通信灵活性较大

微波中继通信采用中继方式，可以实现地面上的远距离通信，并且可以跨越沼泽、江河、高山等特殊地理环境。在遭遇地震、洪水、战争等灾祸时，通信的建立及转移都较容易，这些方面比有线通信具有更大的灵活性。

（5）天线增益高、方向性强

当天线面积给定时，天线增益与工作波长的平方成反比。由于微波通信的工作波长短，天线尺寸可做得很小，通常做成增益高，方向性强的面式天线。这样可以降低微波发信机的输出功率，利用微波天线极强的方向性使微波传播方向对准下一接收站，减少通信中的相互干扰。

（6）投资少、建设快

与其他有线通信相比，在通信容量和质量基本相同的条件下，按话路公里计算，微波中继通信线路的建设费用低，建设周期短。

7.1.2　数字微波通信系统

了解

- 数字微波通信系流的组成
- 微波通信系统的工作过程

数字微波通信系统的组成可以是一条主干线，中间有若干支线，其主干线可以长达几百千米甚至几千千米，除了在线路末端设置微波终端站外，还在线路中间每隔一定距离设置若干微波中继站和微波分路站。

1．微波站分类

微波站分为终端站、分路站、枢纽站和中继站。处于主干线两端或支线路终点的微波站称为终端站，在此站可上、下全部支路信号。处于微波线路中间，除了可以在本站上、下某收、发信波道的部分支路信号外，还可以沟通干线上两个方向之间通信的微波站称为分路站。配有交叉连接设备，除了可以在本站上、下某收、发信波道的部分支路信号外，可以沟通干线上数个方向之间通信的微波站称为枢纽站。处于微波线路中间，不需要上、下话路的微波站称为中继站。

2．数字微波通信系统的组成

利用数字微波通信进行通信传输的系统由用户终端、交换机、终端复用/解复用设备、微波站等组成，如图 7-2 所示。数字微波通信系统设备一般是指微波站设备。

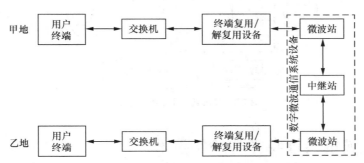

图 7-2　利用数字微波进行通信传输的系统组成示意图

用户终端是逻辑上最靠近用户的输入/输出设备，如电话机、传真机等。用户终端主要通过交换机集中在微波终端站或微波分路站。

交换机的作用是实现本地用户终端之间的业务互通，如实现本地话音用户之间的通话，又可通过微波中继通信线路实现本地用户终端与远地（对端交换机所辖范围）用户终端之间的业务互通。交换机配置在微波终端站或微波分路站。

终端复用/解复用设备的基本功能是将交换机送来的多路信号或群路信号适当变换，送到微波终端站或微波分路站的发信机；将微波终端站或微波分路站的收信机送来的多路信号或群路信号适当变换后送到交换机。在民用数字微波通信中终端复用/解复用设备是脉冲编码调制（PCM）时分复用设备。终端复用/解复用设备配置在微波终端站或微波分路站。

微波站的基本功能是传输来自终端复用设备的群路信号。

3．微波通信系统的工作过程

图 7-2 可用来说明微波通信系统传输长途电话的简单工作过程。甲地发端用户的电话信号，首先由用户所属的市话局送到该端的微波站（或长途电信局）。时分多路复用设备将多个用户电话信号组成基带信号，在微波站的调制/解调设备中，基带数字信号对 70MHz 的中频信号进行调制，调制器输出的 70MHz 中频已调波送到微波发信机，经发信混频得到微波射频已调波，这时已将发端用户的数字电话信号载到微波频率上。经发端的天线馈线系统，可将微波射频已调波发射出去，若甲、乙两地相距较远，需经若干个中继站对发端信号进行多次转发。信号到达收端后，经收端的天线馈线系统馈送到收信机，经过收信混频后，将微波射频已调波变换成 70MHz 中频已调波，再送到调制/解调设备进行解调，即可解调出多个用户的数字电话信号（即基带信号）。再经收端的时分多路复用设备进行分路，将用户电话信号送到市话局，最后到收端的用户终端（电话机），送给乙地用户。

7.1.3　微波站设备

数字微波站的主要设备包括微波发信设备、微波收信设备、微波天线设备、电源设备、监测控制设备等。如图 7-3 所示。

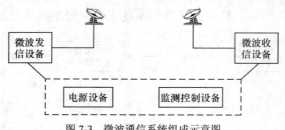

图 7-3　微波通信系统组成示意图

7.1.4　微波的传播特性与补偿技术

了　解

- 无线电波的多径传播特性
- 微波在自由空间的传播损耗
- 影响微波传播损耗的因素
- 电波衰落现象

1．微波的传播特性

（1）无线电波的多径传播特性

无线电波通过多种传输方式从发射天线到接收天线。主要有地波、对流层反射波、电离层反射波和自由空间波。

地波（表面波）传播，就是电波沿着地球表面到达接收点的传播方式，如图 7-4 中的（a）所示。电波在地球表面上传播，以绕射方式可以到达视线范围以外。地面对表面波有吸收作用，吸收的强弱与电波的频率，地面的性质等因素有关。

电离层波（天波）传播，就是自发射天线发出的电磁波，在高空被电离层（60km 以上）反射回来到达接收点的传播方式。如图 7-4 中的（b）所示。电离层对电磁波除了具有反射作用以外，还有吸收能量与引起信号畸变等作用。其作用强弱与电磁波的频率和电离层的变化有关。

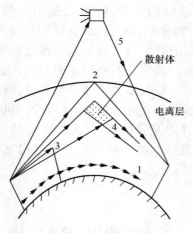

（a）无线电波的传播途径

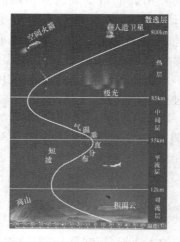

（b）大气层的分层

图 7-4　无线电波的多径传播特性示意图

散射传播，就是利用大气层中对流层和电离层的不均匀性来散射电波，使电波到达视线以外的地方。如图 7-4 中的（b）所示。对流层在地球上方约十几 km 内，是异类介质，反射指数随着高度的增加而减小。

自由空间（外层空间）传播，就是无线电在对流层，电离层以外的外层空间中的传播方式。如图 7-4 中的（b）所示。这种传播方式主要用于卫星或以星际为对象的通信中，以及用于空间飞行器的搜索，定位，更踪等。自由空间波又称为直达波，沿直线传播，用于卫星和外部空间的通信；陆地上的视距传播也看作是自由空间波，考虑到地球表面的弯曲，视线距离通常为 50km 左右，如图 7-4 中的（b）所示。

（2）微波在自由空间的传播损耗

无线电波在自由空间的传播是电波传播研究中最基本、最简单的一种。自由空间是满足下述条件的一种理想空间。

① 均匀无损耗的无限大空间；

② 各向同性；

③ 电导率 $\sigma=0$，

$$介电常数\ \varepsilon=\varepsilon_0=\frac{1}{36\pi}\times10^{-9}\ （F/m），$$

$$磁导率\ \mu=\mu_0=4\pi\times10^{-7}\ （H/m）。$$

应用电磁场理论可以推出，在自由空间传播条件下，传输损耗 L_s 的表达式为：

$$L_s（dB）=32.45+20\lg f（MHz）+20\lg d（km）$$

$$（或=92.45+20\lg f（GHz）+20\lg d（km））$$

其中 d 为收、发天线间的距离，f 为工作频率。

从自由空间损耗公式可以看出传播距离 d 和使用频段 f 成反比。

设发射功率为 P_t，发射天线增益为 G_t（dB），发端馈线系统损耗为 L_{ft}（dB）；发端分路系统损耗为 L_{bt}（dB）。接收功率为 P_r；接收天线增益为 G_r（dB），收端馈线系统损耗为 L_{fr}（dB），收端分路系统损耗为 L_{br}（dB）。

在自由空间传播的条件下，接收机的输入电平为：

$$P_r(dBm)=P_t(dBm)+(G_t+G_r)-(L_{ft}+L_{fr})-(L_{bt}+L_{br})-L_s$$

警　示

$$功率电平=10\log\frac{P_{输出}}{P_{输入}}\ （dB）$$

$$绝对功率电平=10\log\frac{P_{输出}}{1mw}\ （dBm）$$

（3）影响微波传播损耗的因素

影响微波传播损耗的主要因素有以下几个方面。

① 大气吸收衰减

大气中的分子具有磁偶极子，水蒸气分子具有电偶分子，它们能从微波中吸收能量，使微波产生衰减。

一般说来，水蒸气的最大吸收峰在 $\lambda=1.3cm$ 处，氧分子的最大吸收峰则在 $\lambda=0.5cm$ 处。对于频率较低的电磁波，站与站之间的距离是 50km 以上时，大气吸收产生的衰减相对于自由空间产生的衰减是微不足道的，可以忽略不计。

② 雨雾衰减

由于雨雾中的小水滴会使电磁波产生散射，从而造成电磁波的能量损失，产生散射衰减。一般来讲，10GHz 以下频段雨雾的散射衰耗并不太严重，通常 50km 两站之间只有几分贝。但若在 10GHz 以上，散射衰耗将变得严重，使得站与站之间的距离受到散射的限制，通常只有几千米。

③ 地面反射的影响

在微波的传输过程中，除了大气，气候对其传播产生影响以外，地面的影响也是较大的，主要表现在以下几个方面。

● 树林、山丘、建筑物等建筑物能够阻挡一部分电磁波的射线，从而增加了损耗。

● 平滑的地面和水面可以将一部分的信号反射到接收天线上，反射波与入射波叠加后，有可能相互抵消而产生损耗。

有些时候地面上没有明显的障碍物，此时主要是反射波对直射波产生的影响，反射是电平产生衰落的主要因素。地面反射对电波传播的影响如图 7-5 所示。

根据惠更斯-费涅尔原理，在电波的传输过程中，波阵面上的每一点都看做是一个进行二次辐射的球面波的波源，这种波源称为二次波源。而空间任一点的辐射场都是由包围波面的任意封闭曲面上各点的二次波源发出的波在该点相互干涉、叠加的结果。显然，封闭曲面上各点的二次波源到达接收点的远近不同就使得接收点的信号场强的大小发生变化，为了分析这种变化我们引入菲涅尔区的概念。

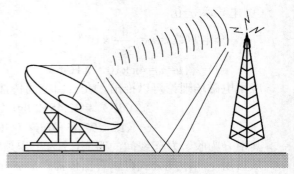

图 7-5　地面反射对电波传播的影响

由图 7-6 可见，r_1+r_2-d 就是 P 点的反射波和直射波的行程差 Δr。在反射点 P 反射波相位反转，满足 $\Delta r=n\lambda/2$（n 为自然数）的反射点 P 所形成的球面为菲涅尔椭球面。

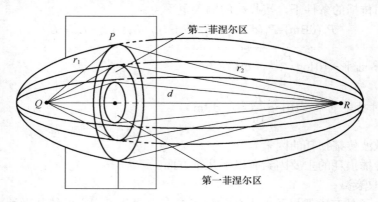

图中：

Q：源点　R：接收点　　P：反射点　　d：源点到接收点（直射波）传播距离

r_1：从源点到反射点距离　　r_2：从反射点到接收点距离

图 7-6　菲涅耳区

当 n 为奇数时，反射波和直射波在 R 点的作用是相同的且是最强的，此时的场强得到加强；当 n 为偶数时，反射波在 R 点的作用是相互抵消的，此时 R 点的场强最弱。过反射点 P 作一垂直直射波的矩形剖面，剖面上 n 相同的点围成的面称为菲涅尔区（第一菲涅尔区为一个圆，其余的菲涅尔区为一个个圆环），随着矩形剖面离源点距离的连续变化，便得到由连续的第一菲涅尔区所组成的一个椭球，称为第一菲涅尔椭球。菲涅尔区的概念对于信号的接收、检测、判断有重要的意义。对于第二菲涅尔区以外的各区域的二次波源到达接收点时，对于接收点的信号场强的作用可近似认为相互抵消，所以对于接收点的信号场强起最重要作用的只是第一菲涅尔区，第一菲涅尔椭球是电波传播的主要通道，一般认为，只要保证第一菲涅尔区的一半不被地形地物遮挡，就可以按照自由空间传播来考虑。

④ 对流层对电波的影响

无线电波在传输过程中，一般都认为自由空间是均匀的介质。然而实际上，电磁波传输的实际介质是大气层，而大气是在不断变化的，这种变化对微波的传输是会产生影响的，特别是距地面约 10km 以下的被称为对流层的低层大气层对微波的传输影响最大。因为对流层集中了大气层质量的 3/4，当地面受太阳照射温度上升时，地面放出的热量使低层大气受热膨胀，因而造成了大气的密度不均匀，于是产生了对流运动。在对流层中，大气的成分、压强、温度、湿度会随着高度的变化而变化，会使得微波产生吸收、反射、折射和散射等影响。我们知道，电磁波在自由空间中的传播速度是 $v = c = 3 \times 10^8$ m/s。在大气中，折射率受大气压力、温度、湿度的不同而会变化。由于大气的折射作用，实际的电波不再是按直线传播，而是按曲线传播，根据折射效果的不同可以分成正折射，负折射和无折射。正折射又可以分成标准折射，临界折射和超折射。

无折射就是大气的折射率不随大气的垂直高度变化而变化。负折射顾名思义就是由于折射率随高度增加而增加，使得电波的传播方向与地球的弯曲的方向相反。正折射的意思当然是恰恰相反。折射的分类如图 7-7 所示。

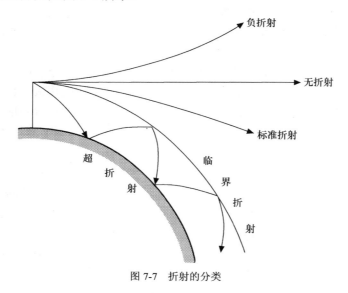

图 7-7 折射的分类

（4）电波衰落现象

微波在空间传输中将受到大气效应和地面效应的影响，导致接收机接收的电平随着时间的变化而不断起伏变化，这种现象称为衰落。

衰落的大小与气候条件，站距的长短有关。衰落的时间长短不一，程度不一。有的衰落持续时间很短，只有几秒钟，称之为快衰落；有的衰落持续时间很长，几分钟甚至几小时则称之为慢衰落。衰落的出现将使得信号发生畸变。接收电平低于自由空间传播电平的称之为下衰落。而接收电平高于自由空间的传播的电平时，则称为上衰落。显然慢衰落和下衰落对微波通信有很大的影响。

2．微波通信常用的补偿技术

重点掌握

* 均衡：分频域均衡和时域均衡两种。
* 分集接收：包括有频率分集、空间分集和混合分集等三种。

　　（1）均衡

　　在 SDH 微波接收设备中一般先使用频域均衡器，后接中频时域均衡器或基带时域均衡器。时域均衡是利用波形补偿法将失真的波形加以校正。频域均衡器主要用于减少频率选择性衰落的影响。有选择性衰落时，收信号的幅度下降较大，时域均衡很难正常工作，所以要和频域配合使用。

　　（2）分集接收

　　在微波中继通信系统中，由于存在多径衰落，使通信可靠性受到严重威胁。采用分集接收技术是抗多径衰落的有效措施之一。所谓分集接收，用两套（或多套）收信设备接收同一个信号由发射设备发射的经两条（或多条）不同路径传播的信号，不会同时发生衰落的两路（或多路）信号，并经过某些处理后，在接收端以一定方式将其合并。这样，当其中一个信号发生衰落时，另外一个（或多个）信号不一定也衰落，只要采用适当的信号合成方法就可保证一定的接收电平，克服或改善衰落的影响。

　　目前，常用的分集接收技术有频率分集、空间分集和混合分集等三种。这三种技术都假设两个（或多个）射频信号在传播过程没有同时发生衰落。

　　频率分集是在发信端将一个信号利用两个间隔较大的发信频率同时发射，在收信端同时接收这两个射频信号后合成，由于工作频率不同，电磁波之间的相关性极小，各电磁波的衰落概率也不同。频率分集抗频率选择性衰落特别有效，但付出的代价是成倍地增加了收发信机，且需成倍地多占用频带，降低了频谱利用率。频率分集示意图如图 7-8 所示。

图 7-8　频率分集示意图

　　空间分集是在收信端利用空间位置相距足够远的两副天线，同时接收同一个发射天线发出的信号。因为电磁波到达高度差为 Δh 的两副天线的行程差不同，所以：某一副天线收到的信号发生衰落时，另一副天线收到的信号不一定也衰落，当 Δh 足够大时（$\Delta h \gg 10^{\lambda}$，$\lambda$ 为入射波波长），则两路收信号差别较大，对几乎所有深衰落都不相关。两路收信号经时延、相位或幅度调整后，将按一定的规则进行合成，以减少电波衰落的影响，同时可以提高收信电平。空间分集需要增加收信机，其频谱利用率比频率分集高。空间分集示意图如图 7-9 所示。

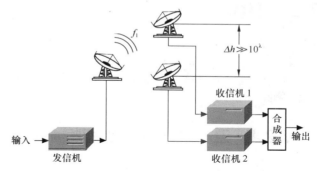

图 7-9　空间分集示意图

　　混合分集是将频率分集与空间分集结合，以保持两种分集的优点。

　　无论采用哪种分集接收技术，都要解决信号合成的问题，常用的信号合成方法有以下三种。

　　① 优选开关法

　　由电子开关切换。开关切换既可在中频进行，也可在解调后的基带上进行。该方法电路简单。

　　② 线性合成法

　　该方法将两路信号经校相后线性相加。这一过程通常在中频上进行，电路比较复杂。当两路信号衰落都不太严重时，该方法对改善信噪比很有利；当某路信号发生深衰落时，其合成效果不如优选开关法。

　　③ 非线性合成法

　　该方法是前面两种方法的综合，即当两路信号衰落都不太严重时，采用线性合成法；当某路信号发生深衰落时，则采用优选开关法。

7.1.5　数字微波通信技术的发展

为何微波通信的应用领域从干线通信传输转为接入传输阶段？

　　微波通信技术问世已有半个多世纪，是在微波频段通过地面视距进行信息传播的一种无线通信手段。最初的微波通信系统都是模拟制式的，它与当时的同轴电缆载波传输系统同为通信网长途传输干线的重要传输手段。早期，我国城市间的电视节目传输主要依靠的就是微波传输，20 世纪 70 年代起研制出了中小容量（如 8Mbit/s，34Mbit/s）的数字微波通信系统，这是通信技术由模拟向数字发展的必然结果。20 世纪 80 年代后期，随着同步数字系列（SDH）在传输系统中的推广应用，出现了 $N\times155$Mbit/s 的 SDH 大容量数字微波通信系统，现在随着光纤通信的发展，微波中继通信系统已被光纤通信系统所替代。

　　随着技术的不断发展，除了在传统的传输领域外，数字微波技术在固定宽带接入领域也越来越引起人们的重视。工作在 28GHz 频段的 LMDS（本地多点分配业务）已在发达国家大量应用，预示数字微波技术仍将拥有良好的市场前景。

　　随着业务网分组化的发展，传送网的分组化也是大势所趋，尤其是随着 3G 和 WiMAX

技术的快速发展，基站的带宽需求急剧增加，基站回传业务将逐步实现分组化。作为传送网一部分的微波网络也不可避免地面临着 IP 化、分组化的变革。

7.2 卫星通信

- 卫星通信的概念
- 卫星通信的特点

重点掌握

7.2.1 卫星通信的概念和特点

1．卫星通信的概念

卫星通信实际上是微波中继传输技术与空间技术的结合。它把微波中继站设在卫星上（称为转发器），线路两端的终点站设在地球上（称为地球站）。因此，卫星通信系统由卫星和地球站两部分组成。地球站实际上是卫星系统与地面通信网的接口，地面用户通过地球站出入卫星系统，形成通信线路。因此，卫星通信是地球上（包括陆地、水面和大气层）多个地球站利用空中人造通信卫星作为中继站而进行的微波通信。

2．卫星通信的特点

（1）通信覆盖面积大，便于多址连接

一颗同步卫星可覆盖地球表面积的 42%左右，在这个覆盖范围内的地球站，不论是地面、海上或空间，都可同时共用这一颗通信卫星来转发信号，即实现双边和多边通信。这种同时实现多个方向、多个地球站之间直接通信的特性称为多址连接。

（2）通信距离远，而通信的成本与通信距离无关

利用静止卫星单跳最大通信距离达 1800km。建站费用和运行费用不随通信站之间的距离不同而改变，这在远距离通信上比光缆等有明显优势。特别是对于边远城市、农村和交通或经济不发达地区利用卫星通信是极为经济有效的。

（3）传输容量大

由于卫星使用微波频段，因而可使用频带宽，通信容量大，适于传送电话、数据、电视等多种业务。一颗卫星的通信容量可达成千上万路电话，其通信容量仅次于光纤通信。

（4）通信线路稳定可靠，通信质量高

卫星通信的电波主要是在大气层以外的宇宙空间传输，而宇宙空间差不多处于理想的真空状态。因此，电波传输比较稳定，受天气、季节或人为干扰的影响小，所以卫星通信稳定可靠，通信质量高，卫星线路的畅通率都在 99.8%以上。

（5）通信灵活

卫星通信不受地形、地貌等自然条件的影响，如丘陵、沙漠、丛林、高空及海洋上都能实现卫星通信。

（6）传输延迟大

在同步卫星通信系统中，从地球站发射的信号经过卫星转发到另一地球站时，单程传播

时间约为 0.27s。进行双向通信时，往返传播延迟约为 0.54s。所以通过卫星打电话时，讲完话后要等半秒钟才能听到对方的回话，使人感到很不习惯。

（7）卫星使用寿命短，可靠性要求高

由于受太阳能电池寿命以及控制用燃料数量等因素的限制，通信卫星使用寿命一般仅为十几年。而卫星发射以后难以进行现场检修，所以要求在卫星的使用寿命期间通信卫星必须是高可靠性的。

7.2.2　卫星通信系统

1．卫星通信系统的组成

卫星通信系统是由通信卫星、地球站和遥测指令分系统和监控管理分系统组成。通信卫星由若干个转发器、数副天线和位置-姿态控制分系统、遥测指令分系统、电源分系统组成，其主要作用是转发各地球站信号。地球站由天线、发射、接收、终端分系统及电源、监控和地面设备组成，主要作用是发射和接收用户信号。跟踪遥测指令分系统是用来接收卫星发来的信标和各种数据，然后经过分析处理，再向卫星发出指令去控制卫星的位置、姿态及各部分工作状态。监控管理分系统对在轨卫星的通信性能及参数进行业务开通前的监测和业务开通后的例行监测与控制，以便保证通信卫星的正常运行和工作。

2．卫星通信系统的线路

在一个卫星通信系统中，各地球站经过通信卫星转发器可以组成多条单跳单工或双跳单工卫星通信线路。单工是指通信的双方分别被固定为发信站和收信站。发信站发送的信号只经一次卫星转发后就被接收站接收的卫星通信线路叫做单跳单工卫星通信线路。发信站发送的信号经过两次卫星转发后被接收站接收的卫星通信线路叫做双跳单工卫星通信线路。卫星通信线路组成如图 7-10 所示。

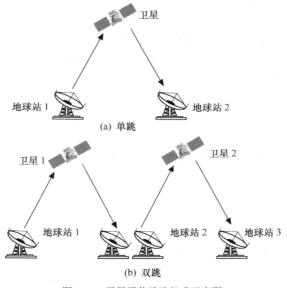

图 7-10　卫星通信线路组成示意图

卫星系统的传输工作就是通过这些卫星通信线路完成的。在卫星通信线路中，把从发信地球站到卫星这一段线路称为上行线路，从卫星到收信地球站这一段线路称为下行线路，上、下行线路合起来就构成一条单工卫星通信线路。当两个地球站都有收发设备和上、下行线路，而且这两条线路共用一个通信卫星转发传播方向相反的信号进行通信，就构成了双工卫星通信线路。

3．卫星通信系统的工作过程

卫星通信系统工作的基本原理如图 7-11 所示。从地球站 1 发出频率为 f_1 的无线电信号，传送到卫星后的微弱的信号被卫星通信天线接收后，首先在转发器中进行放大、变频和功率放大，最后再由卫星的通信天线把放大后的频率为 f_2 的无线电信号发向地球站 2，从而实现两个地球站或多个地球站的远距离通信，图 7-11 中 f_3、f_4 是另一条卫星通信线路所用的频率。需要注意的是，$f_1 \neq f_3$ 且 $f_2 \neq f_4$。举一个简单的例子：如北京市某用户要通过卫星与大洋彼岸的另一用户打电话，先要通过长途电话局，把用户电话线路与卫星通信系统中的北京地球站连通，北京地球站把电话信号发射到卫星，卫星接到这个信号后通过功率放大器，将信号放大再转发到大西洋彼岸的地球站，收端地球站把电话信号取出来，送到受话人所在的城市长途电话局转接给用户。

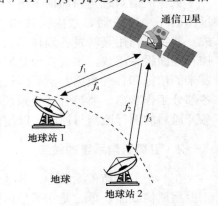

图 7-11　卫星通信过程示意图

电视节目的转播与电话传输相似。但是由于各国的电视制式标准不一样，在接收设备中还要有相应的制式转换设备，将电视信号转换为本国标准。传真、广播、数据传输等业务也与电话传输过程相似，不同的是需要在地面站中采用相应的终端设备。

4．卫星通信系统的分类

卫星通信按卫星的种类及卫星的运动方式可分为同步卫星通信系统与非同步卫星通信系统。两类系统均可实现固定通信业务及移动通信业务。

（1）同步卫星通信系统

地球同步轨道（Geosynchronous Earth Orbit，GEO）卫星通信系统的卫星绕地球的运行周期与地球自转同步，对地球相对静止，又称为静止轨道卫星系统。GEO 的卫星距地球约 35786km，三颗卫星即可以基本覆盖全球。

卫星链路用 L 波段，天线馈线链路采用 C 波段。目前较普遍采用的甚小口径卫星终端站（Very Small Aperture Terminal，VSAT）也属于这类系统。VSAT 由主站、小站和卫星组成，主站使用大型天线，用于 Ku 波段的天线直径为 3.5～8m，用于 C 波段的天线直径为 7～13m；小站天线的直径为 0.3～2.4m。

（2）非同步卫星通信系统

非同步卫星通信系统主要有中轨道卫星系统、椭圆轨道卫星系统及低轨道卫星系统等。该系统适用于以个人手持机为主的移动通信。中、低轨道卫星以每秒几千米的速度快速移动，相对于步行速度（每小时 20～40km）和车辆速度（每小时 80～200km）的移动终端，可以认为移动终端相对静止，而卫星在移动，也就是系统的卫星群在绕地球转动。移动终端与卫星间的移动链路用 L 频段。固定关口站（与地面通信网的接口站）与卫星站间的天线馈线链路用 Ka 频段或 C 频段。

① 中轨道卫星通信系统

中轨道卫星（Medium Earth Orbit，MEO）离地球高度约 10000km 左右。中轨道卫星星座中卫星数量较少，约为十至十几颗，卫星重量为吨级。中轨道卫星采用网状星座，卫星为倾斜轨道。美国 1991 年发射的中轨道 Odyssey 系统，有 12 颗卫星，分布在 3 个轨道平面，每一轨道平面有 4 颗卫星，卫星轨道高度为 10371km。

② 高倾斜椭圆轨道卫星系统

高倾斜椭圆轨道卫星（High Ellipse Orbit，HEO），其离地最远点为 39500～50600km，最近点为 1000～21000km。例如，1956 年前苏联发射成功的 Molniya（闪电）卫星就属于椭圆轨道卫星系统。

③ 低轨道卫星通信系统

低轨道卫星（Low Earth Orbit，LEO）同样也适用于个人手持机，可提供话音及数据业务。LEO 工作在 L 频段，卫星与地面距离为 700～1500km。低轨道卫星星座中的卫星数量较多，约为几十颗，卫星重量小，小 LEO 重量仅几十千克，大 LEO 约几百千克。

低轨道卫星多采用极轨星状星座（卫星轨道通过两极），也有的采用网状星座。星状星座 100%覆盖全球，网状星座覆盖全球的绝大部分。移动链路用 L 频段，网关站链中用 K、Ka 频段。

LEO 已推出的有"铱"系统，有 66 颗卫星，高度 785km，采用极轨星状星座。全球星（Globalstar）系统有 48 颗卫星，高度 1400km，采用网状星座。如图 7-12 所示。

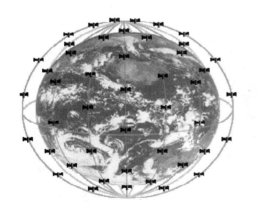

（a）"铱"系统的轨道示意图　　　　　　　（b）全球星系统的轨道示意图

图 7-12　低轨道卫星系统实例

5．卫星通信系统频段的划分

目前卫星通信常用的工作频段有：
UHF 频段：400/200MHz；
L 频段：1.6/1.5GHz；

C 频段：6/4GHz；

X 频段：8/7GHz；

Ku 频段：14/11GHz；

Ka 频段：30/20GHz。

卫星通信常用工作频段中，前边的频率是指地球站向卫星传输的上行频率，后边的频率是指卫星向地球站传输的下行频率。例如，C 频段 6/4GHz，表示上行频率为 6GHz，下行频率为 4GHz。同时，实际工作频段与划分的频率范围略有出入。整个卫星通信工作频段中，1GHz～10GHz 频段，被称为卫星通信频率的"窗口"。窗口中最理想的频段是 C 频段，其典型应用实例是国际通信卫星组织发射的第六代国际通信卫星。

7.2.3 同步通信卫星的设置和可通信区

1．同步通信卫星的设置

通常人们说到通信卫星一般是指同步卫星，同步卫星的轨道是圆形且在赤道平面上，同步卫星离地面约 35786km，飞行方向与地球自转方向相同时，从地面上任意一点看，卫星都是静止不动，这种对地静止的卫星称为同步卫星。利用三或四颗同步卫星，就能够使信号基本覆盖地球的表面。同步通信卫星设置示意图如图 7-13 所示。

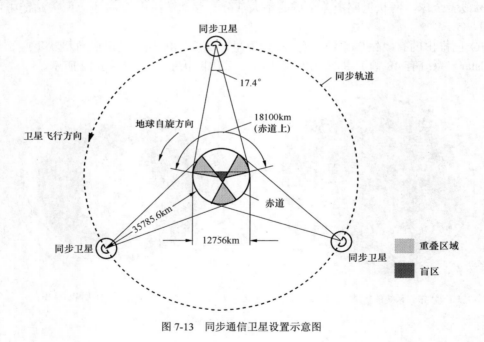

图 7-13　同步通信卫星设置示意图

2．同步卫星的可通信区

从图 7-13 可以看到，同步卫星的覆盖区就是卫星引向地球的切线所包围的区域，也就是地球站天线仰角 $\theta=0°$（与地平线水平）时刚好能看到卫星的边缘线所包围的地面区域。

但是 $\theta=0°$ 时，不能进行有效通信。在 $\theta\geq5°$ 时，才能有效地减少大气吸收和雨、雾产生的衰耗以及地面噪声的影响，进行正常通信。所以，把天线仰角 $\theta=5°$ 时刚好能看到卫星的边缘线所包围的地面区域叫作同步卫星的可通信区。

警　示　地球站天线仰角 $\theta\leqslant5°$ 时，不能进行有效通信。

7.2.4　卫星通信的多址方式

卫星通信的多址方式是指在卫星覆盖区内的多个地球站，通过一颗卫星的中继，建立双址和多址之间的通信。多路复用和多址方式都是利用一条信道同时传输多个信号，不同的是，多路复用是群频即基带信道的复用，而多址方式是射频信道的复用。

探讨　多址方式与多路复用有何区别？请加以讨论。

卫星天线中已应用的多址方式主要有频分多址（FDMA）、时分多址（TDMA）、空分多址（SDMA）和码分多址（CDMA）等方式。

1．频分多址

卫星通信系统使用的频分多址是将通信卫星使用的频带分割成若干互不重叠的部分，再将它们分别分配给各地球站。各地球站按所分配的不同射频载波频率发送信号，接收端的地球站根据不同射频载波频率识别发信站，并从接收到的信号中提取发给本站的信号。频分多址（FDMA）方式可分成多址载波方式和单址载波方式。

多址载波方式是指每个地球站只分配给一个载波，载波频率不同，并且频谱无重叠，因而各站的发射和接收频谱是已知且是确定的，每个地球站利用复用技术将发往不同站的信号安排在不同的群路上，以便各对方站识别并取出发到该站的信号。图 7-14 所示为多址载波方式系统示意图。该系统中共有四个地球站使用同一个卫星转发器，1、2、3、4 四个站的载波频率不同，并且频谱无重叠，如 1 站要与其他三个站同时通信，1 站发出的信号包括2、3 和 4 站的信号，2、3、4 三个站接收机滤出各自站频谱内信号。

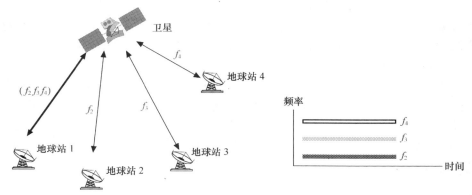

图 7-14　频分多址示意图

单址载波方式是指一个载波仅包含发给一个地球站的信号。一个地球站同多个地球站通信时则发多个载波，这样接收地球站可直接滤波出给它的信号。单址载波改变线路容量比较容易，在地球站数量较多的频分多址卫星通信系统中，多址载波可以减少转发器上载波的个数，从而降低互调对系统的影响。

2．时分多址

时分多址（TDMA）是把卫星转发器的工作时间分割成周期性的时隙，分配给各地球站使用。地球站可以使用相同的载波频率在所分配的时隙内发送信号。接收端地球站根据接收信号的时隙位置提取发给本站的信号。在这种方式中，由于分配给每个地球站的不再是一个特定的载波，而是一个指定的时隙，如 $\Delta T1$、$\Delta T2$、$\Delta T3$……ΔTk 是各地球站在卫星转发器中所占时隙，这样能有效地利用卫星频带而又不使各站信号相互干扰。图 7-15 中设有四个时隙 $\Delta T1$、$\Delta T2$、$\Delta T3$、$\Delta T4$。通常人们把所有地球站时隙在卫星内占有的整个时段叫作卫星的一个帧周期，简称帧，用 T_s 表示，而把各地球站的时隙 ΔTk 叫作分帧。为了实现各地球站的信号按指定的时隙通过卫星转发器转发，就要同步各地球站的发送时间，也就是必须要有一个时间基准，同步是时分多址方式的一个关键问题。

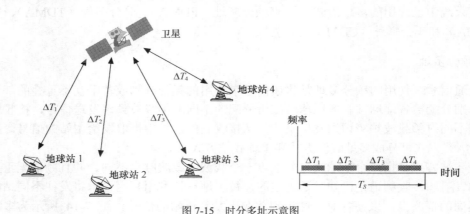

图 7-15　时分多址示意图

3．空分多址

空分多址（SDMA）方式是指在卫星上安装多个天线，这些天线的波束属于点波束，每个天线波束覆盖区分别指向地球表面上的不同区域。不同区域的地球站所发射的电波在空间不会互相重叠，利用天线的波束在空间指向的差异来区分不同地球站。空分多址示意图如图 7-16 所示。

卫星上装有转换开关设备，某区域中某一站的上行信号，经上行波束送到转发器由卫星上转换开关设备将其转换到另一通信区域的下行波束，从而把转发信号传送到此区域的某地球站。如果有几个地球站都在天线同一波束覆盖区，则它们之间的站址识别还要借助频分多址方式或码分多址方式。这种方式要求天线波束的指向应非常准确。

4．码分多址

码分多址（CDMA）卫星通信系统中，各个地球站所发射的载波信号的频率相同，并且各个地球站可同时发射信号，靠不同的地址码来区分不同的地球站。各站的载波信号由该站基带信号和地址码调制，接收站只有使用发射站的地址码才能解调出发射站的信号，其他接收站解调时由于采用的地址码不同，因而不能解调出该发射站的信号。

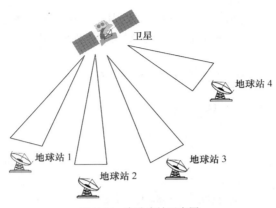

图 7-16 空分多址示意图

码分多址有多种方式，目前应用较多的是直接序列扩频码分多址（DS/CDMA）和跳频码分多址（FH/CDMA）两种。

对于上述各种多址方式，在实际应用中可以取长补短，配合使用。为了更有效地利用有限的通信资源，根据具体情况考虑使用不同的信道分配方式，以便为更多的用户提供服务。

7.3 微波与卫星通信业务及应用

7.3.1 微波通信业务及应用

1. 微波通信业务

因为微波频段很宽，所以微波通信涉及的业务范围较为广泛，其业务包含：UHF、电视频段、卫星通信、雷达、专业集群通信、公众移动通信、PCS 业务、点对点、点对多点、无线宽带业务、无线局域网、蓝牙技术、多路微波分配系统（MMDS）、本地多点分配业务（LMDS）。另外，射频识别技术（RFID）、工科医（ISM）及家用电器等非通信设备也使用了一定的微波频段，随着物联网的发展，这也将成为微波通信业务的范围。

2. 数字微波通信系统的应用

数字微波通信系统的主要应用场合如下。

（1）干线光纤传输的备份及补充

如点对点的 SDH 微波、PDH 微波等。主要用于干线光纤传输系统在遇到自灾害时的紧急修复，以及由于种种原因不适合使用光纤的地段和场合。

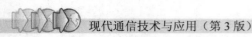

（2）边远地区和专用通信网中

如农村、海岛等边远地区和专用通信网中为用户提供基本业务的场合，这些场合可以使用微波点对点、点对多点系统，微波频段的无线用户环路也属于这一类。

（3）城市内的短距离直线连接

如移动通信基站之间、基站控制器与基站之间的互连、局域网之间的无线联网等。既可使用中小容量点对点微波，也可使用无需申请频率的微波数字扩频系统。

（4）无线微波接入系统

可将微波技术用于的宽带业务接入（如 LMDS 等）。

7.3.2　卫星通信业务及应用

1．卫星通信业务

（1）卫星移动通信业务

卫星移动通信业务是指地球表面上的移动地球站或移动用户使用手持终端、便携终端、车（船、飞机）载终端，通过由通信卫星、关口地球站、系统控制中心组成的卫星移动通信系统实现用户或移动体在陆地、海上、空中的通信业务。

卫星移动通信业务主要包括话音、数据、视频图像等业务类型。

卫星移动通信业务的经营者必须组建卫星移动通信网络设施，所提供的业务类型可以是一部分或全部。提供跨境卫星移动通信业务（通信的一端在境外）时，必须经过国家批准设立的国际通信出入口转接。提供卫星移动通信业务经过的网络，可以是同一个运营者的网络，也可以由不同运营者的网络共同完成。

（2）卫星国际专线业务

卫星国际专线业务是指利用由固定卫星地球站和静止或非静止卫星组成的卫星固定通信系统向用户提供的点对点国际传输通道、通信专线出租业务。卫星国际专线业务有永久连接和半永久连接两种类型。

提供卫星国际专线业务应用的地球站设备分别设在境内和境外，并且可以由最终用户租用或购买。

卫星国际专线业务的经营者必须自己组建卫星通信网络设施。

（3）卫星转发器出租、出售业务

卫星转发器出租、出售业务是指根据使用者需要，在中华人民共和国境内将自有或租有的卫星转发器资源（包括一个或多个完整转发器、部分转发器带宽等）向使用者出租或出售，以供使用者在境内利用其所租赁或购买的卫星转发器资源为自己或他人、组织提供服务的业务。

卫星转发器出租、出售业务经营者可以利用其自有或租用的卫星转发器资源，在境内开展相应的出租或出售的经营活动。

（4）国内甚小口径终端地球站（VSAT）通信业务

国内甚小口径终端地球站（VSAT）通信业务是指利用卫星转发器，通过 VSAT 通信系统中心站的管理和控制，在国内实现中心站与 VSAT 终端用户（地球站）之间、VSAT 终端用户之间的语音、数据、视频图像等传送业务。

国内甚小口径终端地球站通信业务经营者必须自己组建 VSAT 系统，在国内提供中心站与 VSAT 终端用户（地球站）之间、VSAT 终端用户之间的语音、数据、视频图像等传送业务。

2．卫星通信的应用

（1）VSAT 卫星通信系统

甚小口径卫星终端站（Very Small Aperture Terminal，VSAT）意译应是"甚小天线地球站"。由于源于传统卫星通信系统，所以也称为卫星小数据站（小站）或个人地球站（Personal Earth Station，PES），这里的"小"字指的是 VSAT 卫星通信系统中小站设备的天线口径小，通常为 0.3～2.4m。VSAT 卫星通信系统具有灵活性强、可靠性高、使用方便及小站可直接装在用户端等特点，利用 VSAT 用户数据终端可直接和计算机联网，完成数据传递、文件交换、图像传输等通信任务，从而摆脱了远距离通信地面中继站的问题。使用 VSAT 作为专用远距离通信系统是一种很好的选择。目前，广泛应用于银行、饭店、新闻、保险、运输、旅游等部门。

由众多甚小天线地球站组成的卫星通信网，叫作 VSAT 网。

根据业务性质 VSAT 网可分为以数据通信为主的 VSAT 网、话音通信为主的 VSAT 网、以电视接收为主的 VSAT 网三类。VSAT 网的网络结构有星型、网状或者星型/网状混合三种。VSAT 星型网的网络结构示意图如图 7-17 所示。

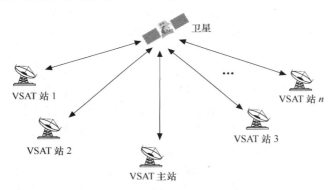

图 7-17　VSAT 星状网的网络结构示意图

星状网由一个主站和若干个 VSAT 小站组成。通过卫星主站可与任一小站直接通信，各个 VAST 站之间必须通过主站转接才能互相通信，这种网主要用于数据传输；网状网中各站无主次之分（去掉图 7-17 中的 VAST 主站即可），通过卫星任意两个 VSAT 站都能直接互相通信，这种网主要用于话音传输。一个网内可有数十、数百甚至数千个 VAST 站。

（2）卫星移动通信系统

卫星移动通信系统是陆地蜂窝移动通信系统的扩展和延伸，在偏远的地区、山区、海岛、受灾区、远洋船只及远航飞机等通信方面更具独特的优越性。卫星移动通信系统，按所用轨道分，可分为静止轨道（GEO）和中轨道（MEO）、低轨道（LEO）卫星移动通信系统。GEO 系统技术成熟、成本相对较低，目前可提供业务的 GEO 系统有 INMARSAT 系统、北美卫星移动系统 MSAT、澳大利亚卫星移动通信系统 Mobilesat 系统；LEO 系统具有传输时延短、路径损耗小、易实现全球覆盖及避开了静止轨道的拥挤等优点，目前典型的系统有"铱"系统 Iridium、全球星系统 Globalstar 等；MEO 则兼有 GEO、LEO 两种系统的优缺点，典型的系统有 Odyssey、AMSC、INMARSMT-P 系统等。另外，还有区域性的卫星移动系统，如亚洲的 AMPT、日本的 N-STAR、巴西的 ECO-8 系统等。

LEO 卫星移动通信系统能够提供面向个人的移动通信。LEO 卫星移动通信系统在地球上空 500～2000km 处设置一系列卫星（20～70 颗）。高度越低，最小仰角越大，需要的卫星数越多，但适应了手机的低功率的要求，手机可以做得很小。同时，由于高度大大降低，传输时延可以减小到 5～35ms。每天大约有十分钟可以看到卫星，每颗卫星都有多个点波束照射地面。这种方案的好处是减小了卫星和用户终端的功率要求，从而降低卫星成本并允许用户使用低成本便携手机；缺点是需要对几十颗卫星进行跟踪，有些 LEO 方案还需要有卫星间和波束间的越区切换，增加了整个系统（特别是卫星系统）的复杂性。

简单介绍一下原美国摩托罗拉公司的"铱"系统和美国 Loral Qual-comm 卫星业务公司的全球星系统。

① "铱"系统

"铱"系统原计划采用 77 颗低轨道小型智能卫星均匀分布在 7 条极地轨道上，通过微波链路构成一个全球性移动个人通信系统。卫星数量与铱元素外层电子数相等，故称为"铱"系统。经改进后采用 66 颗低轨道卫星和 6 条极地轨道即可覆盖全球，但仍称为"铱"系统。卫星重量为 700kg，高度为 780km，采用 6 个极地轨道平面，每个轨道平面 11 颗卫星，其中有 1 颗备用空闲卫星，每个轨道平面倾角 86.4°。

"铱"系统采用数字蜂窝设计，类似于今天的陆地蜂窝移动通信系统，不同之处是卫星点波束形成的蜂窝区在飞速移动跨越用户，而不是用户跨越蜂窝区。蜂窝区之间也有越区切换功能。

② 全球星系统

全球星系统采用 48 颗低轨道卫星，8 个轨道平面，每个轨道平面 6 颗卫星，其中一颗是备用空闲卫星，每个轨道平面倾角 52°，相邻轨道卫星间相移 7.5°，轨道高度为 1400km，每一覆盖区有 3～4 颗卫星覆盖，每颗卫星与用户保持连接 10～12 分钟，然后，通过软切换方式转到另一颗卫星。轨道周期 2 小时，天线指向精度±1°。

与"铱"系统相比，全球星系统采用非极地轨道方式，即倾斜轨道方式，所用卫星数比"铱"系统少 18 颗，但由于卫星倾角使得其在北纬 50°和南纬 50°之间具有较好的覆盖能力，而覆盖区包括了全球的绝大部分人口居住区，因而能够覆盖全球 98%的人口。

全球星系统采用先进的 CDMA 接入技术，全球星系统的组网思想与"铱"系统不同，其网络拓扑结构简单，卫星系统只是简单的中继器而已，不单独组网，而与地面网联合组网，因而，没有复杂的星上处理能力，也无需星间交叉链路，所有呼叫建立、处理和选路均由地面有线或无线网完成，可以充分利用地面公用电话网基础设施（有线和蜂窝网）作传输和交换，因而，整个系统的成本很低。

（3）直播卫星系统

直播卫星业务（Direct Broadcasting Satellite Service，DBS）通常是指采用地球同步轨道卫星，以大功率辐射地面某一区域，向小团体及家庭传送电视娱乐、多媒体数据等信息，服务于广大用户的一种卫星广播业务。与传统通信卫星相比，直播卫星具有卫星波速窄，能够全面覆盖某一国家或地区；卫星辐射功率大，一般 EIRP（等效全向辐射功率）大于 48dBw；用户天线小，数量大，典型接收天线口径为 0.5～1.0m，造价低廉等特点。

ITU 为卫星规定了广播业务的专用频段（BSS），数字卫星直播有了两种技术选择，其一是利用固定通信卫星（FSS）开展直接到家（DTH）业务，其二是通过专用大功率广播电视专用卫星开展直播卫星业务（DBS），为了避免电波的"溢出"和相互的干扰，每一个国家申请的直播卫星轨道位置、频道数，以及相邻卫星的间隔、调制方式、带宽等参数，都被明确的指配。

卫星电视系统中的用户，都直接从同步卫星接收信号。信号以数字形式在微波频段进行广播。DBS 是从 DTH 卫星服务发展而来。DBS 用户需要安装一个直径为 0.6～0.9 米天线接收器和一个机顶盒。天线接收器从卫星直接接收微波信号。机顶盒输出可以被电视机接收的信号。

在我国，中国直播卫星有限公司统一管理和运营"中卫 1 号"、"鑫诺 1 号"、"鑫诺 3 号"、"中星 6B"和"中星 9 号"等在轨卫星和"鑫诺 4 号"、"鑫诺 5 号"及"鑫诺 6 号"等多颗替补卫星资源（"鑫诺 4 号"、"鑫诺 5 号"和"鑫诺 6 号"分别是"鑫诺 2 号"、"鑫诺 1 号"和"鑫诺 3 号"的替补卫星）。卫星技术在我国一直以来只被作为一种传输手段应用到广电产业中，即广电系统利用卫星转发器进行节目传送，然后通过各种有线网络或者无线系统集体接收，最后分配到各家各户。

"中星 9 号"（如图 7-18 所示）直播卫星机顶盒确定采用 ABS-S 标准，不能接收其他频率和标准的卫星电视节目。"中星 9 号"直播卫星目前主要应用于"村村通"工程，有效扩大了农村广播电视覆盖面，解决了近亿农民听广播难、看电视难的问题。

（4）全球卫星导航系统

① GPS 系统

GPS 即全球定位系统（Global Positioning System）是美国为满足军事战略需要从二十世纪七十年代开始研制，历时二十余年，耗资 200 亿美元，于 1994 年全面建成的，具有在海、陆、空进行全方位实时三维导航与定位能力的新一代卫星导航与定位系统。全球定位系统由空间部分、地面监控部分和用户接收机三大部分组成。

空间部分使用 24 颗高度约 20200km 的卫星组成卫星星座。如图 7-19 所示。24 颗卫星均为近圆形轨道，运行周期约为 11 小时 58 分，分布在六个轨道面上（每轨道面四颗），轨道倾角为 55 度。在地球上的任何地面位置、任何时间都可观测到四颗以上的卫星。

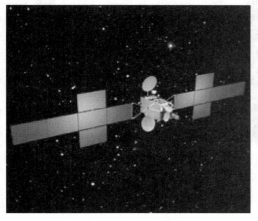

图 7-18　"中星 9 号"直播卫星

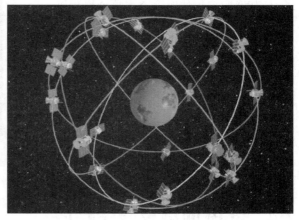

图 7-19　GPS 全球定位系统示意图

② GLONASS 系统

1995 年俄罗斯耗资 30 多亿美元，完成了 GLONASS 导航卫星星座的组网工作。原理和方案都与 GPS 类似，GLONASS 星座由 21 颗工作星和 3 颗备份星组成，所以 GLONASS 星座共由 24 颗卫星组成。如图 7-20 所示。

　　24 颗星均匀地分布在 3 个近圆形的轨道平面上，这三个轨道平面两两相隔 120 度，每个轨道面有 8 颗卫星，同平面内的卫星之间相隔 45 度，轨道高度 19100km，运行周期 11 小时 15 分，轨道倾角 64.8 度。地面控制部分全部都在俄罗斯领土境内。

　　③ 北斗系统

　　北斗卫星导航系统 [BeiDou（COMPASS）Navigation Satellite System]是我国正在实施的自主研发、独立运行的全球卫星导航系统。北斗卫星导航系统由空间段、地面段和用户端段三部分组成。空间段即卫星系统。地面段包括主控站、注入站和监测站等若干个地面站。用户段由北斗用户终端以

图 7-20　GLONASS 卫星系统

及与美国 GPS、俄罗斯 GLONASS 等其他卫星导航系统兼容的终端组成。

　　我国成功发射了 2 颗"北斗导航试验卫星"，建成北斗导航试验系统（第一代系统）。这个系统具备在中国及其周边地区范围内的定位、授时、报文和 GPS 广域差分功能，并已在测绘、电信、水利、交通运输、渔业、勘探、森林防火和国家安全等诸多领域逐步发挥作用。

　　2000 年我国正在建设的北斗卫星导航系统空间段由 5 颗静止轨道卫星和 30 颗非静止轨道卫星组成。30 颗非静止轨道卫星又细分为 27 颗中轨道（MEO）卫星和 3 颗倾斜同步（IGSO）卫星组成，27 颗 MEO 卫星平均分布在倾角 55 度的三个平面上，轨道高度 21500km，如图 7-21 所示。提供两种服务方式，即开放服务和授权服务（属于第二代系统）。开放服务是在服务区免费提供定位、测速和授时服务，定位精度为 10 米，授时精度为 50 纳秒，测速精度 0.2 米/秒。授权服务是向授权用户提供更安全的定位、测速、授时和通信服务以及系统完好性信息。我国正在实施北斗卫星导航系统建设，2012 年年底，北斗卫星导航系统已形成覆盖亚太大部分地区的服务能力。2015 年前将发射新一代北斗导航卫星，组建覆盖全球的北斗卫星导航系统，将于 2020 年形成全球覆盖的服务能力。

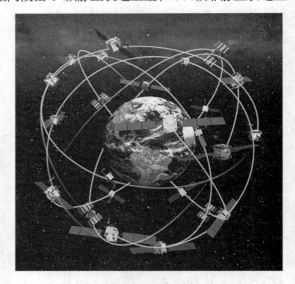

图 7-21　北斗卫星导航系统示意图

7.4　实做项目及教学情境

7.4.1　数字卫星电视接收

实做项目一：数字卫星电视接收机的安装与调试

目的：

（1）掌握卫星接收天线系统的工作原理和组成。

（2）学会数字卫星电视接收机的安装与调试。

要求：

（1）进行卫星接收天线的安装。数字卫星电视接收天线结构示意图如图 7-22 所示。

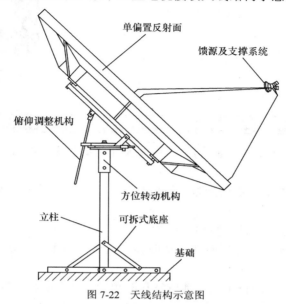

图 7-22　天线结构示意图

（2）进行卫星接收天线的定位。

（3）进行卫星接收天线与数字卫星接收机及电视机的连接。如图 7-23 所示。

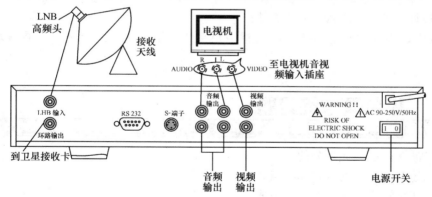

图 7-23　数字卫星接收机的连接示意图

（4）进行数字卫星接收机的设置。

7.4.2　GPS 导航定位

实做项目二：GPS 导航定位

目的：

（1）了解 GPS 导航定位系统的工作原理和组成。

（2）能够正确使用 GPS 导航定位系统。GPS 终端见图 7-24。

要求：

（1）建立地标。

（2）利用 GPS 测量目的地方位、航向、速度和距离等。

图 7-24　GPS 终端

 ## 小结

1．微波中继通信(微波接力通信)是利用微波作为载波并采用中继（接力）方式在地面上进行的无线电通信。

2．数字微波站的主要设备包括微波发信设备、微波收信设备、微波天线设备、电源设备、监测控制设备等。

3．微波的抗衰落技术包括均衡和分集接收。

4．卫星通信是地球上（包括陆地、水面和大气层）多个地球站利用通信卫星作为中继站而进行的微波通信。

5．卫星通信系统是由通信卫星、地球站和遥测指令分系统和监控管理分系统组成。

6．卫星通信按卫星的种类及卫星的运动方式可分为同步卫星通信系统与非同步卫星通信系统。两类系统均可实现固定通信业务及移动通信业务。

7．卫星通信的多址方式主要有频分多址（FDMA）、时分多址（TDMA）、空分多址（SDMA）和码分多址（CDMA）等方式。

8．VSAT、卫星移动通信系统、直播卫星系统和卫星导航定位是卫星通信系统的主要应用。

 ## 思考题与练习题

7-1　微波波段是如何划分的？

7-2　简述微波通信的概念和特点。

7-3　简述微波通信系统的基本组成。

7-4　试述产生电波衰落的原因以及主要的抗衰落技术。

7-5　简述卫星通信的概念和特点。

7-6　简述卫星通信系统的基本组成。

7-7　试述同步卫星的设置和可通信区。

7-8　简述卫星通信的多址方式。

7-9　简述卫星通信系统的主要应用。

第 8 章

接入网

本章教学说明

- 主要介绍接入网的概念、特点
- 主要介绍 xDSL、PON 等接入网技术
- 概要介绍 LMDS、WLAN、HFC、电力线上网等接入网技术

本章内容概述

- 接入网的概述
- xDSL 技术
- 光接入网
- 无线接入技术
- 其他接入技术
- 宽带接入业务

本章学习重点、难点

- 接入网的概念和特点
- ADSL 技术
- EPON 和 GPON 技术

本章学习目标

- 掌握接入网的概念和特点
- 熟悉主要的接入网技术

本章实做要求及教学情境

- ADSL/FTTH 宽带安装与配置
- WLAN 组网与配置

本章建议学时数：6 学时

8.1 接入网概述

重点掌握

- 接入网的定义
- 接入网在电信网的位置

1. 接入网的概念

整个电信网可以划分为核心网、接入网和用户驻地网（Customer Premises Network，CPN），其中 CPN 属用户所有。接入网介于核心网和用户驻地网之间，完成将用户接入到核心网的任务。图 8-1 描述了接入网在电信网中的位置。

图 8-1　接入网与用户驻地网、核心网的关系示意图

接入网常被比喻为信息高速公路到用户的"最后一公里"，这是因为在绝大多数情况下从交换局或业务节点到用户终端的距离不超过 4km，在城市多数情况可能平均只有 1 英里（约为 1.61km），鉴于接入网是业务接入的"瓶颈"，是网络数字化的最后一段，"最后的一公里"的称谓由此而来。

接入网的概念是 20 世纪 90 年代提出来的，电信网经过多年的发展，所采用的技术和提供的业务等各方面都发生了巨大变化，传统的用户环路随着无源光网络等新技术的引入，既增加了用户环路的功能，也使之变得更加复杂。于是"接入网"的概念便应运而生。1995年 7 月 ITU-T 根据电信网的发展演变趋势，通过了关于接入网的建议书，提出了用户接入网（简称接入网）的概念。描述了接入网的功能结构、接入类型、业务节点、网络管理接口等相关内容，接入网才有了一个较为公认的定义。

根据国际电联关于接入网框架建议书（G.902），接入网是指核心网侧的业务节点接口（SNI）和用户侧的相关用户网络接口（UNI）之间的传输设施，为在用户环路上传送电信业务提供所需的承载能力。

SNI 是接入网和业务节点之间的接口。接入网与用户间的 UNI 接口能够支持目前网络所能够提供的各种接入类型和业务。

从电信业本身来看，现有的电信网的框架将从电路交换及其组网技术逐步转向以 IP 为基础的新框架，电信网承载的业务逐渐从以电话为主转向以数据业务为主。宽带化和 IP 化是核心网发展的趋势，同时又是接入网发展的方向，由此提出了 IP 接入网的概念。

根据 IP 接入的特殊性，ITU-T 对 IP 接入网定义是：在 IP 用户和 IP 业务提供者（ISP）之间提供对 IP 业务的接入能力所需的网络实体的集合。这里网络实体是指具有特定能力的包括软硬件在内的一个子系统。IP 接入网需要提供 IP 接入传送功能、IP 接入功能和 IP 接入网系统管理功能。IP 接入功能是指 ISP 的动态选择、网络地址翻译、授权认证、计费等。

2．接入网的特点

接入网有着不同于核心网的如下一些特点。

（1）业务量密度低。核心网是高度互连的网络，可以应付很高密度的业务量需求。用户接入电路业务量密度极低。统计结果显示核心网中继电路的占用率通常达 50%以上，而住宅用户电路的占用率仅 1%以下。可见与投资核心网相比投资接入网相对成本高。

（2）成本差异大。接入网需要覆盖所有类型的用户，于是就造成了成本上的极大差异。

（3）成本与业务量无关。核心网的总成本可根据对业务量的预测进行最佳的配置。而接入网中，采用特定的接入技术时，用户的接入成本与其业务量基本无关。

（4）运行环境恶劣。核心网的主要设备，如交换机和复用传输设备多安装在环境可控的机房内，保持在一定的温度和湿度条件下。而接入网设备往往安装在不可控的环境下（如路边）工作在恶劣环境下，所以在技术上和机械保护上需要很多特殊措施。

（5）技术变化较慢。核心网的技术变化周期很短，传统的接入网技术变化周期长。但是随着 IP 化、宽带化的发展，接入网新技术种类也很多。

8.2 xDSL 技术

- DSL 技术的分类
- ADSL 的系统结构
- ADSL 的频段分配

8.2.1 xDSL 技术概述

1. DSL 技术

数字用户线（DSL）技术是基于普通电话线的宽带接入技术，它在同一铜线上分别传送数据和语音信号，数据信号并不通过电话交换机设备，减轻了电话交换机的负载，使用 DSL 技术上网并不需要缴付另外的电话费，DSL 接入网连接示意图如图 8-2 所示。

由于受话音终端接口带宽的限制，DSL 在双绞线上传输话音和数据时，话音使用了 4kHz 以下的带宽，数据信号并不经过电话交换机设备，通过在双绞线两端加装调制解调器，利用 4kHz 以外的带宽，从而在双绞线上传输话音的同时可实现高速数据传输。

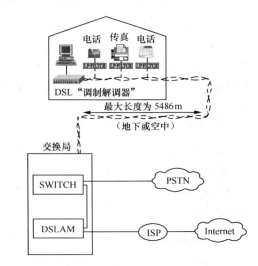

2. xDSL 技术的分类

xDSL 技术是对多种用户线高速接入技术的统称，其传输速率与传输距离成反比。xDSL 包括 ADSL、HDSL、VDSL、SDSL、RADSL 等。它们主要的区别体现在信号传输速率和距离的不同，以及上、下行速率对称性的不同这两个方面。

DSLAM: DSL 接入多路复用器　　　　ISP: 接入服务商
PSTN: 公用电话交换网　　　　　　 SWITCH: 交换机

图 8-2 DSL 接入网连接示意图

xDSL 技术主要有以下几种。

（1）高比特率数字用户线

高比特率数字用户线（High bit-rate digital subscriber line，HDSL）是在无中继的用户环路网上使用无负载电话线提供高速数字接入的传输技术，最早出现于 20 世纪 80 年代末，是 DSL 技术中比较成熟的一种，由于其性价比高，所以电信公司通常用它通过无中继的非屏蔽双绞线来连接企业用户。HDSL 能够在现有的普通电话双绞铜线（两对或三对）上全双工传输 2Mbit/s 速率的数字信号，无中继传输距离达 3～5km。

HDSL2 是 HDSL 技术的升级版本，它可以单线提供速率为 160kbit/s～2.3Mbit/s、距离达 4km 对称传输，若用 2 对双绞线，传输速率可翻一番，距离也可提高 30%。

（2）不对称数字用户线

不对称数字用户线（Asymmetrical digital subscriber line，ADSL）是在无中继的用户环路网上，使用有负载电话线提供高速数字接入的传输技术。其特点是可在现有的任意双绞线上传输，误码率低，下行数字信道速率可达 12Mbit/s，上行数字信道可传送最高 1Mbit/s。

（3）甚高比特率数字用户线

在 ADSL 基础上发展起来的甚高比特率数字用户线（Very high bit-rate digital subscriber line，VDSL），可在很短距离的双绞铜线上传送比 ADSL 更高速的数据，其最大的下行速率为 52Mbit/s，对应传输线长度不超过 300m；当下行速率在 13Mbit/s 以下时，传输距离可达 1.5km，上行速率则为 1.6Mbit/s 以上。和 ADSL 相比，VDSL 传输带宽更高，而且由于传输距离缩短，所以码间干扰小，数字信号处理技术简化，成本显著降低。

（4）对称数字用户线

对称数字用户线（Symmetrical digital subscriber line，SDSL）是对称的 DSL 技术，可以看作 HDSL 的一个变种，与 HDSL 的区别在于只使用一对铜线。SDSL 可以支持各种上、下行通信速率相同的应用，提供速率最高为 2.3Mbit/s 时，可以实现距离为 3km 左右的对称传输。

（5）速率自适应数字用户线

速率自适应数字用户线（Rateadaptive digital subscriber line，RADSL）提供的速率范围与 ADSL 基本相同，也是一种提供高速下行、低速上行并保留原语音服务的数字用户线技术，与 ADSL 区别在于：RADSL 的速率可以根据传输距离动态自适应，当距离增大时，速率降低。现在广泛使用的 ADSL 业务主要采用 RADSL 技术。

8.2.2　ADSL 技术

ADSL 是 DSL 技术中应用最广的一种，因为 ADSL 技术可以利用已有的电话用户线（一对双绞线），同时传输电话信号和高速数据信号，而且高速数据信号的上、下行速率是非对称的，其上行速率比下行速率小，非常适合大多数住宅用户上网时的下载数据量远大于上载数据量的特点。

1. 基本原理

ADSL 在现有双绞线上传送高速非对称数字信号，只需在双绞线两侧各装一个 ADSL Modem 即可提供高速数字通道，其系统结构如图 8-3 所示。

图 8-3 中的 DSLAM（Digital Subscriber Line Access Multiplexer）是局端 DSL 接入模块，用于汇聚各 ADSL 用户的数据。DSLAM 设备包括局端 ADSL Modem 的功能。在 ADSL Modem 中使用带通调制方式，可以将高速数字信号安排在普通电话频段的高频侧。在局端和用户端各通过由一个高通滤波器和一个低通滤波器所组成的 3 端口的分离器来实现高速数字信号和电话信号的合路和分离。ADSL 系统在下行方向使用较高频率，而在上行方向用户发送机工作在较低频率。这样可以保证用户侧的串音比对称传输系统低很多，从而确

保传输距离。ADSL 还采用自适应的数字均衡器来调节与每一对双绞线的适配并跟踪由于温度、湿度或连续干扰源所引起的任何变化。

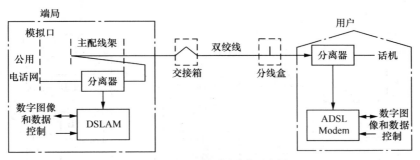

图 8-3 ADSL 的系统结构示意图

2．频段分配

为了在同一双绞线上传输两个方向的信号，ADSL 系统通常采用频分复用（FDM）方式分隔两个方向的信号，如图 8-4 所示。它把普通电话双绞线的频率划分为三个频段：话音频段（0.3～3.4kHz）、上行频段（32～134kHz）和下行频段（181～1100kHz）。话音频段用来传话音；上行频段用来传上行数据；下行频段用来传下行数据。

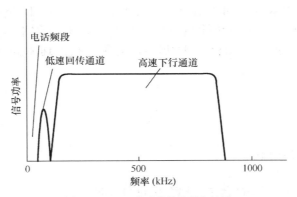

图 8-4 ADSL 线路信号的频分复用

FDM 方式的缺点是占据较宽的频率范围，而双绞线的衰减随频率升高而迅速增加，因而，FDM 方式的传输距离有较大局限性。为了充分利用双绞线衰减的频率特性，目前倾向于允许高速的下行通道与低速的上行通道重叠使用，两者之间的干扰可利用非对称回波消除器来消除。

最新的 ADSL2+将高频段扩展到 J2.208MHz。

8.2.3 VDSL 技术

从局端光线路终端（OLT）的高速数字信号通过光纤传输到远端的光网络单元（ONU），经 ONU 进行光电转换后，再使用 VDSL 技术经双绞线送到用户。VDSL 技术仍旧在一对铜质双绞线上实现信号传输，无须铺设新线路或对现有网络进行改造。用户一侧的安装也比较简单，只要用分离器将 VDSL 信号和话音信号分开，或者在电话前加装滤波器就能够使用。VDSL 的系统结构如图 8-5 所示。

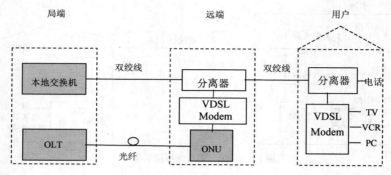

图 8-5　VDSL 系统结构示意图

　　VDSL 技术也采用频分复用的方式，将电话信号和 VDSL 的上、下行信号放在不同的频带内传输。低频段可以用来传输普通电话，中间频段可以用来传输上行数字信道的控制信息，而高频段则可以用来传输下行信道的图像或者高速数据信息。在发送端，各类不同的业务信号被调制到不同的频段，经过双绞线传输到接收端，再通过解调和滤波，各个原始信号可以再生。因此，只需在局端和用户端配置 VDSL Modem，电话业务通过分离器和耦合器加入信道，高速数据利用 VDSL 下行信道送至用户端。利用 VDSL 技术既可以非对称传输也可以对称传输，非对称下行数据的速率为 6.5～52Mbit/s，上行数据的速率为 0.8～6.4Mbit/s，对称数据的速率为 6.5～26Mbit/s，传输距离为 300～1500m。

8.3　光接入网

重点掌握
- 光接入网的概念
- 光接入网应用类型
- 两种主要的 PON 技术：EPON 和 GPON

8.3.1　光接入网概述

1．光接入网的概念

　　所谓光接入网（Optical Access Network，OAN）就是采用光纤传输技术的接入网，泛指本地交换机或远端模块与用户之间采用光纤通信或部分采用光纤通信的系统。

　　根据接入网室外传输设施中是否含有源设备，OAN 又可以划分为无源光网络（Passive Optical Network，PON）和有源光网络（Active Optical Network，AON）。AON 采用电复用器分路，PON 采用光分路器分路。在接入网中主要是无源光网络。

　　光接入网（OAN）包含与同一光线路终端（OLT）相连的多个光分配网（ODN）和光网络单元（ONU），如图 8-6 所示。PON 网络的 ODN 是无源的，而 AON 的 ODN 是有源的。

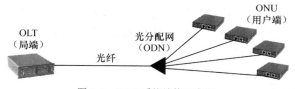

图 8-6 OAN 系统结构示意图

2．应用类型

按照 ONU 在光接入网中所处的具体位置不同，可以将 OAN 划分为三种基本不同的应用类型，如图 8-7 所示。下面分别讲述各自的优点和缺点以及适用场合。

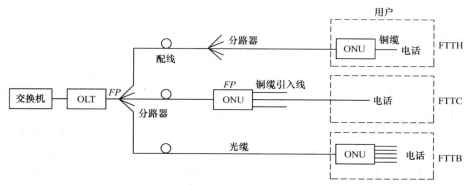

图 8-7 光接入网的应用类型

（1）光纤到路边（FTTC）

在 FTTC（Fiber to the Curb）结构中，ONU 设置在路边的人孔或电线杆上的分线盒（DP）处，有时也可能设置在交接箱（FP）处，但通常为前者。此时从 ONU 到各个用户之间的部分仍为双绞线铜缆。若要传送宽带图像业务，则这一部分可能会需要同轴电缆。

FTTC 结构主要适用于点到点或点到多点的树型拓扑。利用 FTTC、同轴电缆或其他媒质可以把信号从路边传递到家中或办公室里。FTTC 代替了普通旧式电话服务，能够只通过一条线就可以完成电话、有线电视、因特网接入、多媒体和其他通信业务的分发。

（2）光纤到楼（FTTB）

FTTB（Fiber to the Building）也可以看作是 FTTC 的一种变型，不同处在于将 ONU 直接放到大楼内（通常为居民住宅或企事业单位办公楼），再经多对双绞线将业务分送给各个用户。FTTB 是一种点到多点结构，通常不用于点到点结构。FTTB 的光纤化程度比 FTTC 更进一步，光纤已敷设到楼，因而更适于高密度用户区。

（3）光纤到家（FTTH）和光纤到办公室（FTTO）

在原来的 FTTC 结构中，如果将设置在路边的 ONU 换成无源光分路器，然后，将 ONU 移到用户家即为 FTTH（Fiber to the Home）结构。如果将 ONU 放在大企事业单位用户终端设备处并能提供一定范围的灵活的业务，则构成所谓的光纤到办公室（Fiber to the Office，FTTO）结构。考虑到 FTTO 也是一种纯光纤连接网络，因而可以归入与 FTTH 一类的结构。然而，由于两者的应用场合不同，结构特点也不同。FTTO 主要用于大企事业用户，业务量需求大，因而结构上适于点到点或环型结构。而 FTTH 用于居民住宅用户，每个用户的业务量小，因而经济的结构是点到多点方式。总的看，FTTH 结构是一种全光纤网，即从本地交换机一直到用户全部为光连接，中间没有任何铜缆，也没有有源电子设备，是真正全透明的光网络。

8.3.2　PON 技术

1. PON 技术概述

无源光网络（PON）技术有 APON、EPON、GPON 等。APON（ATM Passive Optical Network）是指基于 ATM 的 PON 技术，EPON（Ethernet Passive Optical Network）是指基于以太网的 PON 技术，GPON（Gigabit-Capable Passive Optical Network）是吉比特的 PON 技术。

（1）APON 技术

ITU-T 于 1996 年 6 月通过了第一个有关 PON 的国际建议 G.982，其主要目标是对 2Mbit/s 以下接入速率的窄带 PON 系统进行定义。1996 年，由 13 家大型网络运营商同它们的主要设备供应商组成了 FSAN（Full Service Access Network）联盟，其目标是要为 PON 设备定义一个通用的标准。FSAN 联盟制定了一个 155Mbit/s 的 PON 系统技术规范，它采用 ATM 作为传输协议，故被称为 APON，1999 年被 ITU-T 采纳成为 ITU-T G.983 系列标准，这是第一个 PON 的国际标准。随着网络业务种类和流量的迅速发展，APON 标准后来得到了加强，可支持 622Mbit/s 的传输速率，同时加上了动态带宽分配、保护等功能，能提供以太网接入、视频发送、高速租用线路等业务。2001 年年底，FSAN 将 APON 改名为 BPON，意为宽带的 PON，以避免人们产生 APON 只能提供 ATM 业务的误解。

（2）EPON 技术

2000 年 12 月，IEEE 成立了 802.3 EFM（Ethernet in the First Mile）研究组，开始致力于开发可广泛应用于接入网市场的以太网协议标准，与此相应的，业界有 21 个网络设备制造商发起成立了 EFMA（Ethernet in the First Mile Alliance），提出了 EPON 技术标准。EFM 标准 IEEE 802.3ah 在 2004 年 6 月批准通过。

（3）GPON 技术

2001 年 FSAN 联盟也开始了进行 1Gbit/s 以上速率的 PON 标准研究，GPON 最早由 FSAN 于 2002 年 9 月提出，ITU-T 在此基础上于 2003 年 3 月完成了 ITU-T G.984.1 和 G.984.2 的制定，2004 年 6 月完成了 G.984.3 的标准化。最终形成了 GPON 的标准族。

2. EPON/GPON 技术的比较

（1）网络结构

GPON 和 EPON 都采用点到多点拓扑结构的无源光接入技术，由局端的 OLT（光线路终端）、用户侧的 ONU（光网络单元）以及分光器组成，其典型结构为树形结构。

（2）封装格式

EPON 和 GPON 最大的区别是业务数据封装格式不同。EPON 在以太网之上提供多种业务，业务数据封装成以太网帧后经由 PON 传输；GPON 能将任何类型和任何速率的业务以 ATM 信元或 GEM（GPON 的成帧格式）帧格式统一封装后经由 PON 传输，GEM 帧长度可

变，提高了传输效率，因此能更简单、通用、高效地支持全业务。

（3）带宽

EPON 可以提供上、下行对称的 1.25Gbit/s 的带宽，并且随着以太网技术的发展可以升级到 10Gbit/s；GPON 提供 1.244Gbit/s 和 2.488Gbit/s 的下行速率和所有标准的上行速率。

（4）传输距离

GPON 和 EPON 的传输距离都可达 20km。

（5）分光比

EPON 支持的分光比最大可达 64；GPON 支持的分光比最大可达 128。

（6）带宽分配和服务质量（QoS）

EPON 和 GPON 都具有对带宽分配和 QoS 的一套完整的体系。可以对每个用户进行带宽分配，并保证每个用户的 QoS。

（7）技术和设备复杂性

EPON 的相对成本低，维护简单，容易扩展，易于升级。EPON 在传输途中不需电源，没有电子部件，因此容易铺设，长期运营成本和管理成本的节省很大；EPON 系统对局端资源占用很少，模块化程度高，系统初期投入低，扩展容易。

GPON 的技术相对复杂，设备成本较高。GPON 具有 QoS 保障的多业务和强大的操作维护管理能力等，这在很大程度上是以技术和设备的复杂性为代价换来的，从而使得相关设备成本较高。

归纳思考

- PON 网络结构有几种？
- EPON 和 GPON 的区别。

8.4 无线接入技术

重点掌握

无线接入技术的分类：
- 固定无线接入
- 移动无线接入

8.4.1 无线接入技术概述

1. 无线接入的概念和分类

无线接入是指在交换节点到用户终端之间的传输线路上，部分或全部采用了无线传输方式。无线接入技术主要包括微蜂窝技术、蜂窝技术、微波点对多点技术和卫星通信技术。由于无线接入技术无需敷设有线传输媒质，具有很大的灵活性，是有线接入技术的不可或缺的补充。根据用户终端的移动性，可以分为固定无线接入和移动无线接入。与移动通信系统相比，无线接入技术主要完成用户和已有电信网之间的信息传输，不需要建立完整的通信系统。

（1）固定无线接入。

固定无线接入的用户终端是固定的或只有有限的移动性。固定无线接入系统包括：多路多点分配业务（Multichannel Multipoint distribution service，MMDS）、本地多点分配业务（Local Multipoint distribution service，LMDS）等。原有的固定无线接入系统是作为 PSTN/ISDN 网的无线延伸而发展起来的，但是随着 LMDS 和 MMDS 等宽带无线接入系统的出现，固定无线接入在多媒体数据传输以及 Internet 应用等方面显示了强大的实力，已经成为城市接入网建设的辅助方案之一。固定无线接入的特点包括：

① 用户终端一般不具备移动性；

② 对某一特定地域的固定用户提供接入；

③ 没有越区切换和漫游的功能；

④ 工作频率高；

⑤ 提供高的传输容量和多业务。

（2）移动无线接入。

移动无线接入是指用户终端能够在较大范围内移动的同时进行通信的接入技术。它主要为移动用户提供服务，其用户终端包括手持式、便携式、车载式电话等。主要的移动无线接入系统包括：移动卫星系统、集群系统和无线局域网（Wireless LAN，WLAN）等。移动无线接入的特点包括：

① 用户终端具有移动性；

② 可以实现越区切换和漫游的功能；

③ 工作频率一般较固定无线接入要低；

④ 传输容量一般较固定无线接入要低。

2．无线接入系统的结构及功能

典型的无线接入系统主要由基站、用户单元和用户终端等几个部分组成。无线接入系统结构如图 8-8 所示。

（1）基站

基站通过无线收发信机提供与用户单元之间的无线信道，并通过无线信道完成话音呼叫和数据的传递。基站与用户单元之间的无线接口可以使用不同技术，并决定整个系统的特点，包括所使用的无线频率及其一定的适用范围。

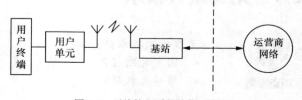

图 8-8　无线接入系统结构示意图

（2）用户单元

用户单元与基站通过无线接口相接，并向用户终端透明地传送业务。对于固定无线接入方式，用户单元与用户终端一般是分离的。根据所能连接的用户终端数量的多少，固定用户单元可分为单用户单元和多用户单元。单用户单元只能连接一个用户终端，适用于用户密度低、用户之间距离较远的情况；多用户单元则可以支持多个用户终端，一般较常见的有支持 4 个、8 个、16 个和 32 个用户的多用户单元，多用户单元在用户之间距离很近的情况下（比如一个楼上的用户）比较经济。对于移动无线接入方式，用户单元与用户终端一般是合为一体的。

（3）用户终端

用户终端就是接收和发送业务数据的用户侧终端设备。

8.4.2　本地多点分配业务

探讨

本地多点分配业务适合哪些应用场合？

1．LMDS 的概念

LMDS 属于无线固定接入手段，是在近年来逐渐发展起来的一种工作于 10GHz 以上频段的、宽带无线点对多点接入技术。所谓"本地"是指单个基站所能够覆盖的范围，LMDS 因为受工作频率电波传播特性的限制，单个基站在城市环境中所覆盖的半径通常小于 5km；"多点"是指信号由基站到用户端是以点对多点的广播方式传送的，而信号由用户端到基站则是以点对点的方式传送；"分配"是指基站将发出的信号（可能同时包括话音、数据及 Internet、视频业务）分别分配至各个用户；"业务"是指系统运营者与用户之间的业务提供与使用关系，即用户从 LMDS 网络所能得到的业务完全取决于运营者对业务的选择。

LMDS 是一种微波通信方式，利用基站转发数据，LMDS 采用蜂窝单元，以毫米波（如 28GHz）的频率向用户提供 VOD、广播和会议电视、电视购物等宽带业务。LMDS 基站主要由带扇形天线的收发信机及控制器组成（见图 8-9），其典型蜂窝半径为 4～10km，在每个扇区传输交互式的数字信号，信号到达用户室外单元后，将微波（如 28GHz）信号转换成中频（如 595MHz）信号，在室内用同轴电缆将数字信号送至机顶盒（STB）。LMDS 为某些布线施工困难的地区提供宽带接入和双工能力。

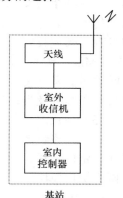

图 8-9　LMDS 基站组成

LMDS 的优点包括：

（1）频带宽，可用频谱往往达到 1GHz 以上；

（2）采用点对多点微波传输；

（3）可支持双向话音、数据及视频图像等多种业务；

（4）可支持从 64kbit/s 到 2Mbit/s，甚至高达 155Mbit/s 的用户接入速率；

（5）具有很高的可靠性，被称为是一种"无线光纤"技术。

LMDS 的主要缺点是：覆盖区范围有限且存在来自其他小区的同信道干扰。因为系统要求工作在高频段，所以即使发射机和接收机位置固定，交通工具和周围环境（如树叶、降雨）也会造成信号衰落。

在不同国家或地区，电信管理部门分配给 LMDS 的具体工作频段及频带宽度有所不同，其中大约有 80%左右的国家将 27.5～29.5GHz 定为 LMDS 频段。

2．LMDS 系统的组成

一个完善的 LMDS 网络是由基础骨干网络、基站、用户端设备以及网管系统 4 部分组成，如图 8-10 所示。

（1）基础骨干网络

基础骨干网络又称为核心网络。为了使 LMDS 系统能够提供多样化的综合业务，该核心网络可以由光纤传输网、ATM 交换或 IP 交换等核心交换平台以及与 Internet、公共电话网（PSTN）的互连模块等组成。

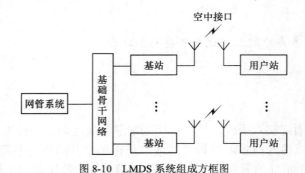

图 8-10　LMDS 系统组成方框图

（2）基站

基站直接连接电信骨干网络。由于 LMDS 可支持 ATM 协议（无线 ATM），通过使用无线 ATM 协议，可以使链路效率得到提高。基站负责进行用户端的覆盖，并提供骨干网络的接口，包括 PSTN、Internet、ATM、帧中继等。基站实现信号在基础骨干网络与无线传输之间的转换。基站设备包括与基础骨干网络相连的接口模块、调制与解调模块及通常置于楼顶或塔顶的微波收发模块。

LMDS 系统的基站采用多扇区覆盖，使用在一定角度范围内聚焦的扇形天线来覆盖用户端设备。基站覆盖半径的大小与系统可靠性指标、微波收发信机性能、信号调制方式、电波传播路径以及当地降雨情况等许多因素密切相关。

（3）用户端设备

用户端设备的配置差异较大，不同的设备供应商有不同的选择。一般说来都包括室外单元（含定向天线、微波收发设备）与室内单元（含调制与解调模块以及与用户室内设备相连的网络接口模块。

LMDS 无线收发双工方式大多数为频分双工（FDD）。下行链路一般通过时分复用（TDM）的方式进行复用；上行链路可通过时分多址（TDMA）、频分多址（FDMA）等多址方式实现多个用户端设备与基站之间的通信。FDMA 对于大量的连续非突发性数据接入较为合适；TDMA 则适于支持多个突发性或低速率数据用户的接入。LMDS 运营者应根据用户业务的特点及分布来选取适合的多址方式。

（4）网管系统

网管系统是负责完成告警与故障诊断、系统配置、计费、系统性能分析和安全管理等功能。与传统微波技术不同的是，LMDS 系统还可以组成蜂窝网络的形式运作，向特定区域提供业务。

8.4.3　无线局域网

1．WLAN 的基本概念

（1）WLAN 的概念

WLAN 是利用无线技术实现快速接入以太网的技术。是计算机网络与无线通信技术相结合的产物，它利用无线多址信道为用户提供无线局域网的接入，并为通信的移动化、个人化和多媒体应用提供了潜在的手段。

无线局域网的基础还是传统的有线局域网，是有线局域网的扩展和替换。无线局域网与有线网络相比，存在很多不足，最为重要的就是安全问题。

无线局域网主要包括 Wi-Fi 和 HomeRF 等技术，还有欧洲的 HyperLAN1/2 技术，都工作在免许可证的 ISM 频段。Wi-Fi 技术由于在性能和价格方面的优势，已成为无线局域网最为广泛的标准，以至于 Wi-Fi 常被人们当做无线局域网的代名词。HomeRF 技术主要针对家庭无线局域网，采用简化的 IEEE 802.11 协议标准和 DECT，支持语音和数据。

（2）无线局域网标准（IEEE 802.11）及 Wi-Fi 联盟

IEEE 802.11 系列标准是国际电工电子工程学会（IEEE）为无线局域网络制定的标准。该系列标准主要针对 WLAN 的媒体访问控制层（MAC）和物理层。IEEE 802.11 委员会只制定标准。

Wi-Fi 联盟通过对加盟厂商的 WLAN 兼容产品进行品牌认证，以改善基于 IEEE 802.11 标准的无线网络产品之间的互通性。通常人们将使用 IEEE 802.11 系列标准的网络称为 Wi-Fi。

（3）我国无线局域网的安全标准（WAPI）及 WAPI 联盟

考虑到 Wi-Fi 产品的安全因素及国内业界的经济利益，我国提出了一个完全自主知识产权的无线局域网标准安全协议，就是无线局域网鉴别和保密基础结构（WLAN Authentication and Privacy Infrastructure，WAPI）。WAPI 协议是针对 IEEE 802.11 标准中的有线等效保密（Wired Equivalent Privacy，WEP）协议的安全问题，充分考虑了各种应用模式而制定的新的安全机制。与 Wi-Fi 联盟类似，国内业界的企业成立 WAPI 联盟以推行 WAPI 产品的兼容认证。

2．WLAN 系列标准

下面主要介绍 IEEE 802.11 系列标准，并简单介绍 IEEE 802.11 系列标准的安全协议。

（1）IEEE 802.11 系列标准

IEEE 802.11 系列标准主要区别在于物理层不同，IEEE 802.11 系列标准主要技术指标比较见表 8-1。

表 8-1　　　　　　　　　　　IEEE 802.11 系列标准主要技术指标比较

标准名称	工作频段	最高传输速率
IEEE 802.11	2.4GHz 或红外	2Mbit/s
IEEE 802.11b	2.4GHz	11Mbit/s
IEEE 802.11a	5GHz	54Mbit/s
IEEE 802.11g	2.4GHz	54Mbit/s
IEEE 802.11n	2.4GHz 或 5GHz	300Mbit/s
IEEE 802.11ac	5GHz	1Gbit/s

（2）IEEE 802.11 系列标准的安全协议

除原 IEEE 802.11 标准中的 WEP 安全协议和我国提出的 WAPI 协议，IEEE 进一步提出了新一代 WLAN 安全标准 IEEE 802.11i。WPA（Wi-Fi Protected Access，Wi-Fi 保护访问）和 WPA2 是"Wi-Fi 联盟"制定的基于 IEEE 802.11i 标准的安全加密方式。WEP 标准将被 WAP/WAP2 逐步取代。

3．无线局域网的拓扑结构

无线局域网的拓扑结构可归结为两类：无中心也叫对等式（Peer to Peer）拓扑和有中心（Hub-Based）拓扑。

（1）无中心拓扑

无中心拓扑的网络如图 8-11 所示，又称 Ad hoc 网络，或自组织网络、无固定设施网络等。无中心拓扑的网络要求网络中任意两个站点均可直接通信，通信时，可由其他用户终端进行数据的转发。采用这种拓扑结构的网络一般使用公用广播信道，各站点都可竞争公用信道。

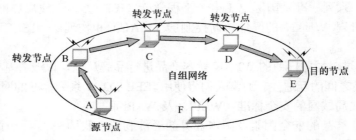

图 8-11　无中心拓扑

这种结构的优点是网络抗毁性好、建网容易、且费用较低。但当网中用户数（站点数）过多时，信道竞争成为限制网络性能的要害。并且为了满足任意两个站点可直接通信的要求，网络站点布局受环境限制较大。因此，这种网络拓扑结构适用于用户数相对较少的情况。

（2）有中心拓扑

在有中心拓扑结构中，要求一个无线站点充当中心站，所有站点对网络的访问均由其控制。有中心拓扑的网络如图 8-12 所示，一个基本服务集 BSS 包括一个基站和若干个移动站，所有的站在本 BSS 以内都可以直接通信，但在和本 BSS 以外的站通信时，都要通过本 BSS 的基站。基本服务集内的基站叫作接入点 AP（Access Point），它就是中心站。一个基本服务集可以是孤立的，也可通过接入点 AP 连接到一个主干分配系统 DS（Distribution System），然后再接入到另一个基本服务集，构成扩展的服务集 ESS（Extended Service Set）。

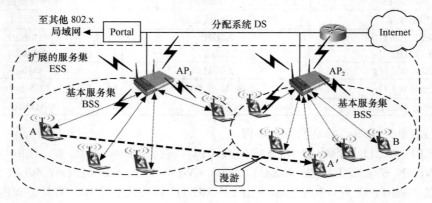

图 8-12　有中心拓扑

这样，当网络业务量增大时网络吞吐性能及网络时延性能不至于剧烈恶化。由于每个站点只需在中心站 AP 覆盖范围内就可与其他站点通信，故网络中心点布局受环境限制也小。此外，中心站 AP 为接入有线主干网提供了一个逻辑接入点。

有中心网络拓扑结构的弱点是抗毁性差，中心站点的故障容易导致整个网络瘫痪，并且中心站点的引入增加了网络成本。在实际应用中，无线局域网往往与有线主干网络结合起来使用。这时，中心站点 AP 充当无线局域网与有线主干网的转接器。

在较大规模的 WLAN 网络中，由于 AP 数量很多，为便于维护管理，往往引入 AC（Access Point Controller，AP 控制器）设备，采用 AC+AP 结构，即利用 AC 集中管理其管理区域内的 AP。AC 负责把来自不同 AP 的数据进行汇聚并接入 Internet，同时完成 AP 设备的配置管理、无线用户的认证、管理及宽带访问、切换、安全等控制功能。

8.5 其他接入技术

8.5.1 HFC 技术

HFC（Hybrid Fiber-Coax）是指采用光纤传输系统与同轴电缆分配网相结合的宽带传输平台。随着技术的发展，HFC 网特指利用混合光纤同轴来进行宽带数字通信的 CATV 网络。

与传统的 CATV 网相比，HFC 网络结构无论从物理上还是逻辑拓扑上都有重要变化。HFC 网中的光纤节点位置与电话网中的远端节点相对应。光纤节点到用户端的 Cable Modem 之间是传统 CATV 网的同轴电缆分配网络。Cable Modem 连接电话、电视机和电脑等。HFC 系统如图 8-13 所示。

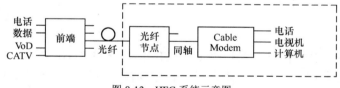

图 8-13　HFC 系统示意图

HFC 与 CATV 的基本区别是能够在原有的单向 CATV 网上实现双向通信业务，特别是电话业务，因而有人称这为电缆电话（CAP）。

HFC 可以提供宽带上网业务，但在用户侧需要配置电缆调制解调器（Cable Modem，CM，或称线缆调制解调器）。Cable Modem 通常至少有两个接口，一个用来接墙上的有线电视端口，另一个与计算机相连。通过 Cable Modem 系统，用户可在有线电视网络内实现 Internet 访问、IP 电话、视频会议、视频点播、远程教育、网络游戏等功能。Cable Modem 的传输速度一般可达 3～50Mbit/s，距离可以是 100km 甚至更远。

8.5.2 电力线接入技术

电力线通信技术（Power Line Communication，PLC）是指利用电力线传输数据和话音信号的一种通信方式，终端用户只需要插上电源插头，就可以实现网络接入。PLC 的基本原理是指利用电网低压线路实现数据、语音、图像等多媒体业务信号的高速传输，把数据信号加载于电力线进行传输，接收端的调制解调器再把信号从电流中解调出来，并传送到计算机等终端设备，以实现信息的传递。

PLC 利用电力线作为通信载体，加上一些 PLC 局端和终端调制解调器，将原有电力网变成电力线通信网络，将原来所有的电源插座变为信息插座。其中，终端调制解调器负责将来自用户的数据通过电力线路传输到 PLC 局端设备，局端设备将信号解调出来接入外部的 Internet。PLC 可以提供 4.5～45Mbit/s 的高速网络接入。

8.6　宽带接入业务

目前三大运营商均可提供以下三类宽带接入业务。

1．ADSL 业务

ADSL 业务可提供最大上行 1Mbit/s，下行 12Mbit/s 的数据速率，可同时上网和打电话。目前，根据用户需求，运营商可提供下行 1Mbit/s、2Mbit/s、4Mbit/s 和 8Mbit/s 的带宽。

ADSL 业务又分为固定 IP 上网方式和 PPPOE（虚拟拨号）上网方式两种。前者的资费要高于后者。

固定 IP 上网方式：只需一次设好 IP 地址、子网掩码、DNS 与网关后即可 24 小时在线。非常适合网吧等商业用户及中小企业使用。由于用户拥有固定或真实的 IP，可以相对方便地向 Internet 上的其他用户提供信息服务。

PPPOE（虚拟拨号）上网方式：用配备的 ADSL 拨号软件输入账号、密码、通过身份验证后，获得一个动态的 IP 地址，即可上网。适合家庭用户和小型企业使用。虚拟拨号上网分住宅用户与商业用户两种业务。

2．FTTx 业务

目前 FTTx 业务主要有两种实施方案：FTTB+LAN 和 FTTH。

FTTB+LAN 是利用数字宽带技术，光纤直接到楼内机房，再通过 LAN 的形式连接到各个用户。FTTB+LAN 采用专线接入，无需拨号，LAN 接入和配置局域网一样简单，只要配置好 IP 地址、子网掩码、DNS 和网关即可。在 LAN 中利用带宽资源共享方式，提供网络接入的业务。LAN 技术成熟，网线及中间设备的价格比较便宜，同时可以实现 1Mbit/s、10Mbit/s、100Mbit/s 的平滑过渡，很多新建的住宅小区都采用这种方式。

FTTB+LAN 只是针对宽带上网提出的方案，一般不能为用户提供电话服务。FTTH 可以采用 GPON 或 EPON 方式实现光纤到户，同时为用户提供电话、数据和视频服务，在用户端实现真正的三网融合。

3．WLAN 业务

WLAN（无线局域网）业务是通过基于无线局域网传输技术向用户提供上网、无线办公应用等服务，可以满足用户的无线上网需求的业务。目前 WLAN 最高速率可达 11Mbit/s。

WLAN 可实现 IP 电话、局域网互连、虚拟专业网（VPN）、视频点播（VOD）等基于无线接入的增值业务。

8.7 实做项目及教学情境

8.7.1 开通宽带业务

实做项目一：开通 ADSL 宽带业务并接入 Internet

目的：

（1）了解 ADSL 业务流程。

（2）掌握用户端设备（ADSL Modem 和分离器）的安装和设置。

要求：

（1）正确连接 ADSL 设备、计算机和电话。

（2）建立 PPPoE 宽带连接，访问 Internet。

实做项目二：开通 FTTH 宽带业务并接入 Internet

目的：

（1）了解 FTTH 业务流程。

（2）掌握用户端设备（光猫）的安装和设置。

要求：

（1）正确连接光猫、计算机和电话。

（2）建立 PPPoE 宽带连接，访问 Internet。

8.7.2 WLAN 组网与配置

实做项目三：组建无中心 WLAN 网络

目的：

（1）了解无中心 WLAN 的组网结构。

（2）掌握无中心 WLAN 的接入和配置。

要求：

（1）根据图 8-14 组建无中心 WLAN 网络。

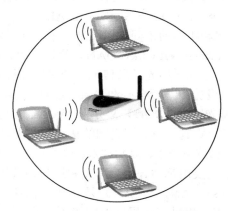

图 8-14   无中心 WLAN 网络

（2）完成无中心 WLAN 网络的配置。

实做项目四：组建有中心 WLAN 网络

目的：

（1）了解有中心 WLAN 的组网结构。

（2）掌握有中心 WLAN 的接入和配置。

要求：

（1）根据图 8-15 组建有中心 WLAN 网络。

（2）完成有中心 WLAN 网络的配置。

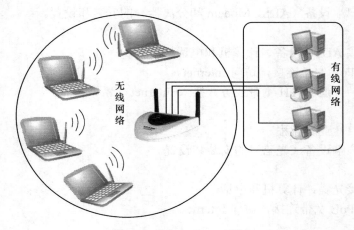

图 8-15　有中心 WLAN 网络

 小结

1．接入网介于核心网和用户驻地网之间，完成将用户接入到核心网的任务。

2．IP 接入功能是指 ISP 的动态选择、网络地址翻译、授权认证、计费等。

3．接入网技术可分为 xDSL 接入技术、光接入技术、无线接入技术等。

4．DSL 包括 ADSL、HDSL、VDSL、SDSL、SRADSL 等，一般统称为 xDSL。它们主要的区别体现在信号传输速率和距离的不同，以及上、下行速率对称性的不同这两个方面。

5．光接入网（Optical Access Network，OAN）就是采用光纤传输技术的接入网，泛指本地交换机或远端模块与用户之间采用光纤通信或部分采用光纤通信的系统。

6．根据接入网室外传输设施中是否含有源设备，OAN 可以划分为无源光网络（PON）和有源光网络（AON）。无源光网络（PON）又分为 APON、EPON、GPON 等。

7．无线接入是指在交换节点到用户终端之间的传输线路上，部分或全部采用了无线传输方式，其采用的技术主要包括微蜂窝技术、蜂窝技术、微波点对多点技术和卫星通信技术。

8．典型的无线接入系统主要由基站、用户单元和用户终端等几个部分组成。

9．无线局域网（Wireless LAN，WLAN）是计算机网络与无线通信技术相结合的产物，它利用无线多址信道为用户提供无线局域网的接入，并为通信的移动化、个人化和多媒

体应用提供了潜在的手段。

10．无线局域网的拓扑结构可归结为两类：无中心也叫对等式（Peer to Peer）拓扑和有中心（Hub-Based）拓扑。

 思考题与练习题

8-1　试述接入网的概念。

8-2　试述接入网在整个通信网中的位置。

8-3　试述接入网的特点。

8-4　为何接入网常被称为"最后一公里"？

8-5　什么是 IP 接入网？

8-6　试述主要的接入网技术。

8-7　试述 DSL 技术原理。

8-8　什么是光接入网？

8-9　什么是 PON？

8-10　试比较 EPON 与 GPON。

8-11　试述无线接入网的概念。

8-12　什么是 LMDS？

8-13　什么是 WLAN？

8-14　什么是无中心 WLAN？什么是有中心 WLAN？

8-15　你目前（或未来）看好的接入网技术是哪种？请说明理由。

第四篇
发 展 篇

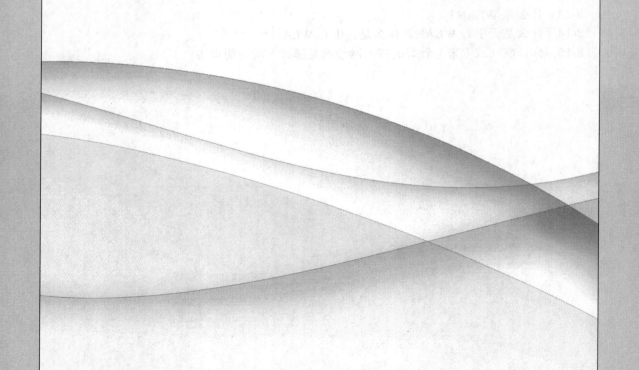

第 9 章

网络融合与发展

本章教学说明

- 简要介绍通信网络的发展
- 重点介绍三网融合的概念
- 重点介绍下一代网络技术
- 概要介绍 VoIP 技术
- 概要介绍 IPTV 技术
- 概要介绍移动多媒体广播电视技术

本章内容概述

- 通信网络的发展
- 三网融合的概念
- 下一代网络与软交换技术
- IP 多媒体子系统
- VoIP 技术
- IPTV 技术
- 移动多媒体广播电视

本章学习重点、难点

- 下一代网络的基本概念及特征
- 软交换的网络结构及实现
- IP 多媒体子系统
- VoIP 技术
- IPTV 技术
- 移动多媒体广播电视

本章学习目标

- 了解三网融合的概念
- 掌握下一代网络的特征及结构
- 理解软交换的基本思想
- 理解 IMS 的发展及演进
- 掌握 VoIP 的工作原理及关键技术
- 掌握 IPTV 的概念和业务
- 了解 IPTV 系统结构和关键技术
- 了解移动多媒体广播电视的概念及应用

本章实做要求及教学情境

- VoIP 业务体验
- IPTV 业务体验
- 移动多媒体广播电视业务体验
- 下一代网络及业务调查

本章学时数：4 学时

本章主要讲述三网融合前景下的下一代网络的关键技术——软交换和 IP 多媒体子系统（IMS），并分别介绍 VoIP 和 IPTV、移动多媒体广播电视等网络融合的应用。

9.1 通信网络的发展演进

9.1.1 网络融合的趋势

1. 网络融合的目标

20 世纪是电话的时代。然而 20 世纪 90 年代信息革命的浪潮，伴随着建设信息高速公路的号角声，信息和知识爆炸式的增长，特别是互联网商用化后的迅猛发展，使传统的电信业受到巨大的震动和冲击。冲击带给我们的启示是，问题的核心在于"信息"。在信息和知识已成为社会和经济发展的战略资源和基本要素的时代中，人们更加需要信息，需要随时随地地获取信息，原来点对点的电话通信已远不能满足需求。人们要通过信息化来推进国民经济和社会的发展，来开创新的工作方式、管理方式、商贸方式、金融方式、思想交流方式、文化教育方式、医疗保健方式以及消费与生活方式。

启动于 20 世纪 90 年代的信息革命相当于 19 世纪的工业革命，完成从工业化向信息化的过渡，工业社会向信息社会的过渡。2003 年信息社会世界峰会的《原则宣言》庄重宣告：建设一个以人为本、广泛包容和面向发展的信息社会的共同愿望与承诺。并把信息社会描述成为一个"……人人可以创建、获取、使用和分享信息与知识，使个人、社区和各国人民均能充分发挥自己潜力并持续提高人民生活品质"的社会。人类走向信息社会的目标已经取得国际共识，方向十分明确。

归纳思考

无所不在的信息需求，推动了网络融合，下一代网络的目标是：

- 任何事物都可以使用通信网
- 任何地方都能使用通信网
- 任何时间都能使用通信网
- 任何方式（融合 WLAN/WiMAX、有线、3G 等）

2. 下一代网络演进

为实现信息社会这一目标，下一代网络（NGN）应建立在各种技术与系统融合的框架下，如图 9-1 所示。

图 9-1 中下一代网络是一个建立在 IP 技术基础上的新型公共电信网络，能够容纳各种

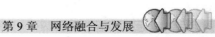

形式的信息，在统一的管理平台下，实现音频、视频、数据信号的传输和管理，提供各种宽带应用和传统电信业务，是一个真正实现宽带窄带一体化、有线无线一体化、有源无源一体化、传输接入一体化的综合业务网络。

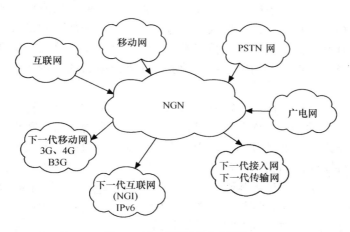

图 9-1　下一代网络的总体框架

　　未来网络技术面临前所未有的发展机遇与挑战，这主要体现在：随着新技术（3G、4G、EPON/GPON 等）的不断发展，带宽、性能将进一步提升；WLAN 技术发展和应用的迅速蔓延；IPv6 的应用使很多应用变成现实。多业务融合智能网络为业务创新奠定了基础平台，如图 9-2 所示。

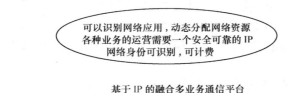

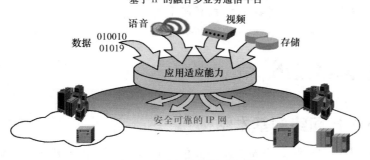

图 9-2　多业务融合的智能网络

　　多业务融合的智能网络推动了固定网与移动网的融合 FMC（Fixed Mobile Convergence）和全球化的进程。移动通信的发展正朝着为人类提供多样化、多媒体化、个性化服务的目标交汇。

9.1.2　三网融合

随着经济和技术的发展，人们对通信服务的需求已不再是简单的话音或单项的视频，而是更快速、更丰富、交互式的宽带多媒体业务。传统的电信网，以及新兴的有线电视网和计算机互联网在网络资源、信息资源和接入技术方面虽有各自的特点和优势，但建设之初均是面向特定的业务，任何一方基于现有的技术都不能满足用户宽带接入和综合接入的需要，用户只能从不同的服务提供商获得所需的各类业务。在网络融合的大趋势下，目前我们要实现的是三网融合。

所谓三网融合，是指电信网、计算机网络和广播电视网的融合，目前三网融合并不是指上述 3 个网络的物理上的合一，而是指可以在同一个网上实现语音、数据和视频 3 种业务，并能够实现 3 个网络之间的业务互通。对用户而言，就是指只用一条线路可以实现打电话、看电视、上网等多种功能，如图 9-3 所示。

三网融合有以下 3 个重要技术基础。

第一，成熟的数字化技术。即语音、数据、图像等信息都可以通过编码成"0"和"1"的比特流进行传输和交换，这是三网融合的基本条件。

第二，采用统一的 TCP/IP 协议。只有基于独立 IP 地址，才能实现点对点、点对多点的互动，才能使得各种以 IP 为基础的业务能在不同的网上实现互通。

第三，光通信技术。只有光通信技术才能提供足够的信息传输速率，保证传输质量，光通信技术也使传输成本大幅下降。此外，软件技术的发展，使得三大网络及其终端都能通过软件变更，最终支持各种用户所需的特性、功能和业务。

图 9-3　三网融合示意图

- 三网融合的技术手段、目标和意义。
- 三网融合后，业务接入方式有何不同？

探讨

9.2　下一代网络技术

9.2.1　下一代网络的基本结构

NGN 自提出以来，一直是业界普遍关注的热点与焦点，各国政府、行业组织和标准化机构包括 ITU、ETSI、IETF、3GPP 及 UMTS 论坛等都对其进行了相关的研究。下一代网络的基本结构如图 9-4 所示。

NGN 是基于分组的网络，能够提供电信业务；利用多种宽带能力和 QoS 保证的传送技术；其业务相关功能与其传送技术相独立；NGN 使用户可以自由接入到不同的业务提供商；NGN 支持通用移动性。

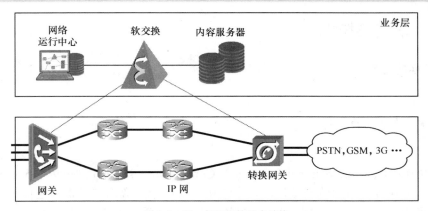

图 9-4 下一代网络的基本结构

从业务层面看，下一代网络（NGN）将主要是以 IP 为基础的分组网。

软交换的基本含义就是将呼叫控制功能从媒体网关（传输层）中分离出来，通过软件实现基本呼叫控制功能，从而实现呼叫传输与呼叫控制的分离。

NGN 是从传统的以电路交换为主的 PSTN 逐渐演进到以分组交换为主的网络，它承载原有 PSTN 的所有业务，同时把大量的数据传输转移到 IP 网络上以减轻 PSTN 的负荷，又以 IP 技术的新特性增加和增强了许多新老业务。传统电信网络将逐步成为分组骨干网的边缘部分。

涉及业务网层面，下一代网络实际涉及了从核心网、城域网、接入网、用户驻地网到各种业务网的所有网络层面：从数据交换角度则是软交换，从互联网角度则是下一代业务网，从移动网角度则是 3G，从传送层角度则是下一代智能光传送网。

与传统的网络不同，NGN 在统一的网络架构上解决各种综合业务的灵活提供能力。一般认为，NGN 是业务驱动的、基于统一协议的、基于分组的网络，可以提供包括话音、数据和多媒体等各种业务的综合开放的网络构架，它将传统交换机的功能模块分离成为独立的网络部件，各个部件可以按相应的功能划分各自独立发展；部件化使得原有的电信网络逐步走向开放，运营商可以根据业务的需要，自由组合各部分的功能产品来组建新网络。部件间的协议接口基于相应的 IP 协议，使得各种以 IP 为基础的业务都能在不同的网上实现互通。

传输层是网络的物理基础，主要提供网络物理安全保证以及业务承载层节点之间的连接功能，另外也可直接提供 L1 VPN 业务，带宽和电路批发业务，光纤基础设施和波长出租业务等。

承载层是分组网络，提供分组寻址、统计复用及路由功能。提供为不同业务或者用户所需的网络 QoS 保证和网络安全保证。

业务层根据不同的业务特点和属性，例如实时业务、非实时业务，提供与业务有关的编址、控制协议、媒体处理等功能。业务层可以提供传统的电信网业务、增值业务，可以是由承载层直接支持的业务，也可以是由传输层直接支持的业务等。

网络运行管理系统提供包括网络管理、计费系统、认证功能等在内的功能。

NGN 通过各个层之间的分离和协作共同为用户提供话音、数据、多媒体等各种业务，并实现分组传输、控制分离、业务与网络分离（提供开放接口）、端到端的 QoS、安全性等。

归纳思考

从总体趋势看，下一代网络的核心层功能结构将趋向扁平化的两层结构，即业务层上具有统一的 IP 通信协议，传送层上具有巨大的传输容量。

9.2.2　软交换技术

1. 软交换的思想

了　解

● **软交换的思想**

　　国际软交换组织（International Softswitch Consortium，ISC）自 1999 年 5 月成立以来，致力于提供一个开放分布的体系结构，体系结构支持语音、数据和多媒体通信与多提供商互通。软交换思想正是在下一代网络建设的强烈需求下孕育而生的。软交换思想吸取了 IP、ATM、IN 和 TDM 等众家之长，完全形成分层的全开放的体系架构。

　　软交换是网络演进以及下一代分组网络的核心设备之一，它独立于传送网络，主要完成呼叫控制、资源分配、协议处理、路由、认证、计费等主要功能，同时可以向用户提供现有电路交换机所能提供的所有业务，并向第三方提供可编程能力。

　　软交换作为下一代网络的发展方向，不但实现了网络的融合，更重要的是实现了业务的融合，具有充分的优越性，真正向着"个人通信"的宏伟目标迈出了重要的一步，即在任何时间（Whenever）、任何地点（Wherever）与任何人（Whoever）进行通信。

　　交换机是目前电信设施的基础元件。传统的交换机在当今带宽要求日益苛刻的情况下，成了发展的瓶颈，其原因有以下两点。一是现有的电话系统是在主叫和被叫之间建立一条专用的通路，而用户在通信中不可能每时每刻都有信息传送，因而对单次通信来说提供的带宽又常常是过剩的。二是传统的呼叫请求要通过汇接局路由，而目前采用的交换机费用昂贵。软交换则能克服上述不足。

　　基于软交换技术的下一代网是业务驱动的网络，通过呼叫控制、媒体交换及承载的分离，实现了开放的分层架构，各层次网络单元通过标准协议互通，可以各自独立演进，以适应未来技术的发展。运营商则可以选择最适合自己的网络构件，以更多的创新和更低的成本，构建自己的网络解决方案，确立自己的业务发展立足点。

　　软交换体系具有强大的业务能力，通过标准的应用编程接口（API），支持第 3 方业务创建，使得专业化的业务提供商可以方便地进入电信运营领域，利用各自的优势为特定用户群提供量身定做的个性化业务，从而为构成电信级的、良性循环的下一代网络价值链建立基础，进一步促进电信业务的繁荣。

　　软交换要求把呼叫控制功能从媒体网关（传输层）中分离出来，通过软件实现连接控制、翻译和选路、网关管理、呼叫控制、带宽管理、信令、安全性和生成呼叫详细记录等功能，把控制和业务提供分开。软交换提供了在包交换网中与电路交换相同的功能，因此，软交换也称为呼叫代理或呼叫服务器。

2. 基于软交换的网络体系结构

　　软交换网络体系结构分成媒体接入层、传输服务层、控制层和业务应用层。与传统电信网络体系结构相比，其最大的不同就是把呼叫的控制和业务的生成从媒体层中分离出来。基于软交换的网络体系结构如图 9-5 所示。

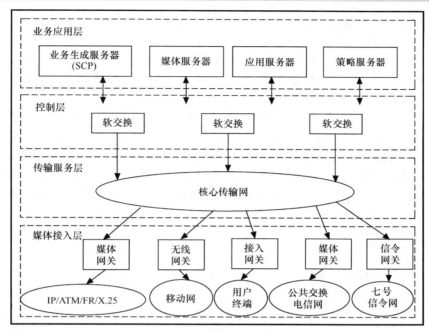

图 9-5　基于软交换的网络体系结构

（1）媒体接入层

媒体接入层主要实现异构网络到核心传输网以及异构网络之间的互连互通，集中业务数据量并将其通过路由选择传送到目的地。

媒体网关用来处理电路交换网和 IP 网的媒体信息互通。它作为媒体接入层的基本处理单元，负责管理 PSTN 与分组数据网之间的互通，媒体、信令的相互转换，包括协议分析、语音编解码、回声消除、数字检测和传真转发等。

信令网关负责将电路交换网的信令转换成 IP 网的信令，根据相应的信令生成 IP 网的控制信令，在 IP 网中传输。信令网关提供 SS7 信令网络和分组数据网络之间的交换，其中包括协议 ISUP 和 TCAP 等的转换。

无线网关则负责移动通信网到分组数据网络的交换。

（2）传输服务层

传输服务层完成业务数据和控制层与媒体接入层间控制信息的集中承载传输。

（3）控制层

控制层决定呼叫的建立、接续和交换，将呼叫控制与媒体业务相分离，理解上层生成的业务请求，通知下层网络单元如何处理业务流。

软交换通过提供基本的呼叫控制和信令处理功能，对网络中的传输和交换资源进行分配和管理，在这些网关之间建立起呼叫或是已定义的复杂的处理，同时产生这次处理的详细资料。

（4）业务应用层

业务应用层则决定提供和生成哪些业务，并通知控制层做出相应的处理。

业务应用层中的应用服务器提供了执行、处理和生成业务的平台，负责处理与控制层中软交换的信令接口，提供开放的 API 用于生成和管理业务。应用服务器也可单独生成和提供各种各样增强的业务。

媒体服务器用于提供专用媒体资源（IVR，会议，传真）的平台，并负责处理与媒体网关的承载接口。

应用服务器和软交换之间的接口采用 IETF 制定的会话发起协议（Session Initiation Protocol，SIP），软交换可以通过它将呼叫转至应用服务器进行增强业务的处理，同时应用服务器也可通过该接口将呼叫重新转移到软交换设备。

由上可见，软交换是下一代网络的控制功能实体，为下一代网络提供具有实时性要求的业务呼叫控制和连接控制功能，是下一代网络呼叫与控制的核心。软交换技术的核心思想是硬件软件化，通过软件来实现原来交换机的控制、接续和业务处理等功能，各实体间通过标准化协议进行连接和通信，便于在 NGN 中更快地实现各类复杂的协议，更方便地提供业务。软交换设备是多种逻辑功能实体的集合，提供综合业务的呼叫控制、连接以及部分业务功能，是 NGN 中语音/数据/视频业务呼叫、控制、业务提供的核心设备。

3．软交换的功能

软交换作为新、旧网络融合的关键设备，必须具有以下功能。

（1）媒体网关接入功能

媒体网关接入具有适配功能，它可以连接各种媒体网关，如 PSTN/ISDN 的 IP 中继媒体网关、ATM 媒体网关、用户媒体网关、无线媒体网关、数据媒体网关等，完成 H.248 协议功能。同时还可以直接与 H.323 终端和 SIP 客户端终端进行连接，提供相应业务。

（2）呼叫控制功能

呼叫控制功能是软交换的重要功能之一。它完成基本呼叫的建立、维持和释放，所提供的控制功能包括呼叫处理、连接控制、智能呼叫触发检出和资源控制等。

（3）业务提供功能

由于软交换在网络从电路交换向分组交换演进的过程中起着十分重要的作用，因此软交换应能够支持 PSTN/ISDN 交换机提供的全部业务，包括基本业务和补充业务；同时还应该可以与现有智能网配合，提供现有智能网提供的业务。

（4）互联互通功能

目前存在两种比较流行的 IP 电话体系结构，一种是 ITU-T 制定的 H.323 协议，另一种是 IETF 制定的 SIP 协议标准，两者是并列的、不可兼容的体系结构，均可以完成呼叫建立、释放、补充业务、能力交换等功能。软交换可以支持多种协议，当然也可以同时支持这两种协议。

重点掌握

- 软交换是与业务无关的，它是在基于 IP 的网络上提供电信业务的技术。
- 软交换的设计思想是业务、控制与传送、接入分开，各实体间通过标准协议进行连接和通信，能更灵活地提供业务。

9.2.3　IP 多媒体子系统

1．IP 多媒体子系统概述

为了利用新的技术更快捷、经济的创建业务，3GPP 在 Release 5 版本提出了 IP 多媒体子系统（IP Multimedia Subsystem，IMS）的概念。IMS 由所有在 IP 多媒体会话基础上提供 IP 多媒体应用的核心网网元组成。IMS 将 IP 技术引入到电信级领域，采用水平分层的架构，实现了承载、控制和业务的分离。

运营商能够在一个基于统一的会话控制及公共的网络资源之上的通用的业务平台中快速地部署业务。图 9-6 所示为传统业务与基于 IMS 的业务提供架构的比较。

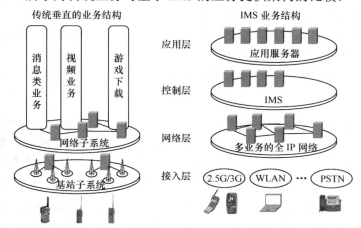

图 9-6　传统业务与基于 IMS 的业务提供架构的比较

IMS 将呼叫控制和业务实现引入到一个水平结构的系统中，由于网络层、控制层和业务应用的清晰分工，业务应用的数据和网络资源可以非常便捷地共享，业务提供不再受限于网络，业务的开发集中在应用层的应用服务器（AS），这样运营商和第三方开发商可集中精力最大限度地为用户提供满意的服务，而且业务开发周期和平均业务成本将大大降低。

虽然 3GPP 制定 IMS 的最初目的是为了使 IP 技术与移动通信相融合，但由于 IMS 的接入无关性，凡是可以提供 IP 接入的网络，如 xDSL、WLAN 等都可以接入到统一的 IMS 网络。因此，IMS 成为移动网与固定网融合（FMC）的核心。

IMS 采用的会话控制是基于 SIP 协议的，它具有接入无关性和向上提供标准开放的业务控制接口。

IMS 具有会话管理、承载控制、漫游、计费、安全、QoS 管理等完备的核心网功能。

2．IMS 业务

IMS 业务是一套利用多媒体为用户提供服务的应用技术。利用 IMS 可以实现的业务有：消息类业务、多媒体呼叫、增强型呼叫管理、群组业务、信息共享、在线游戏以及娱乐类业务等。这些业务一般是利用会话初始协议（SIP）和会话描述协议（SDP）提供给用户的。见表 9-1。

表 9-1　　　　　　　　　　　　　　IMS 所支持的多媒体业务

业务类别	业务细分		
A：消息类	即时消息	群组文本聊天	即时 MMS
B：多媒体呼叫类	多媒体呼叫	视频电话	
C：增强呼叫管理类	多个身份	状态信息	
D：群组类	多媒体群组呼叫	聊天室	无线一键通
E：信息共享类	网络会议应用	日程	白板
F：移动游戏类	服务器类游戏	实时 P2P 游戏	
G：娱乐类	个人信息传送	事件监控（比赛结果，股票）	

9.2.4　IMS、NGN、软交换的关系及网络演进

从技术上看，软交换和 IMS 均符合 NGN 控制与传送分离的要求，与软交换技术相比较，IMS 将控制功能做了进一步分离和完善。

目前规模商用的 NGN 都是以软交换技术为核心，并且主要应用于固定网络，由于其不支持通用移动性，不能称为真正的 NGN。

IMS 虽然最初是 3GPP 为移动通信领域提出的，但由于其满足接入无关性，同样可以适用于固定接入方式。

归纳思考

- 网络演进是一个渐进的过程，在向实现固定网络和移动网络融合的 NGN 的演进中，将是软交换和 IMS 并存的局面，而 IMS 是网络演进的最终方向。
- 未来 NGN 会是以 IMS 为核心控制网络，同时补充其他控制协议、业务应用网络等协议和网络，实现固定网络和移动网络融合的体系。

网络融合是下一代网络（NGN）的重要特征。3GPP 首先提出的 IP 多媒体子系统（IMS）具有采用 SIP 协议进行呼叫控制、与接入无关、能够灵活提供多种业务等优点，得到了 ETSI、ITU-T 等国际标准化组织、全球通信网络产品供应商与电信运营商的关注，被认为是实现移动网与固定网融合（FMC）、互联网与通信网融合，发展 NGN 的必经之路。

在网络融合的发展趋势下，基于 IMS 的网络融合方案的目的是使 IMS 成为基于 IMS 会话的通用平台，同时支持固定和移动等多种接入方式，实现固定网和移动网的融合。IMS 能提供端到端的多媒体通信，将丰富多彩的 Internet 业务直接移植到移动通信网络中，同时也方便新业务的开发，降低运营成本，促进业务快速发展。

IMS 的应用主要集中在下述 3 个方面。

（1）在移动网络的应用。主要是在移动网络上利用 IMS 实现多媒体增值业务。

（2）在软交换架构的基础上，为用户提供业务融合的应用。

（3）网络的融合，这是 IMS 的引入所带来的最突出的应用。固定和移动的融合主要体现在业务层、控制层、传送层和终端等多个层面上，通过网络的不同层面的融合实现业务融合的要求。

① 业务层的融合：采用开放的、标准的应用编程接口 API 可以实现将软交换的核心网络和业务功能相分离，形成独立的业务模块化设计。

② 控制层的融合：实现控制和承载的相互分离，控制层面由统一的设备实现对语音和多媒体呼叫的支持。

③ 核心传送层的融合：对于传送层可以采用全 IP 传输的方法，使固定和移动网络共用一个核心传送网络。

④ 终端的融合：对固定网络增加无线接入的设备和终端，使固网用户具备移动通信能力；对移动用户，可以使用复合式的多模终端，使其可以方便的接入这多个网络，获取融合的业务服务。

最理想的实现融合的方式是选择在控制层，这样能够由统一的控制设备同时控制固定和移动用户的业务，并用统一的媒体网关提供各种接口，支持移动和固定用户的接入。但目前，从网络的现实考虑，还很难将固定和移动这两方面相互独立的设备实现融合，可行的方法是考虑实现业务层和终端的融合。

重点掌握

固定和移动 NGN 的融合是在各个层次的融合，包括：
（1）业务平台的融合——统一的移动/固定业务平台；
（2）核心控制的融合——通用统一会话控制层；
（3）核心网络的融合——统一的 IP 承载平台；
（4）接入网络的融合——是实现融合 NGN 的基础。

9.3　网络融合业务与应用

9.3.1　VoIP

1．VoIP 的概念

VoIP（Voice over Internet Protocol）指的是将模拟的声音信号经过压缩与封包之后，以数据封包的形式在 IP 网络的环境进行语音信号的传输。也称为互联网电话、网络电话或 IP 电话。

从网络组织来看，目前比较流行的方式有两种：一种是利用 Internet 网络进行的语音通信，我们称之为网络电话；另一种是电信运营商利用 IP 技术，通过专线点对点联接进行的语音通信。两者比较，前者具有投资省，价格低等优势，但存在着无服务等级和全程通话质量不能保证等重要缺陷。该方式多为计算机公司和数据网络服务公司所采纳。后者相对于前者来讲投资较大，价格较高，但因其是专门用于电话通信的，所以有一定的服务等级，全程通话质量也有一定保证。该方式多为电信运行商所采纳。

探讨

- VoIP 与普通电话实现方式有何区别？
- VoIP 是如何通过互联网打普通电话的？

2．VoIP 的工作原理

（1）VoIP 系统组成

VoIP 系统由媒体网关（MG）、软交换平台（含媒体网关控制器、媒体服务器）等部分组成。媒体网关（MG）分为：AG（接入网关）、TG（中继网关）和 SG（信令网关），如图 9-7 所示。

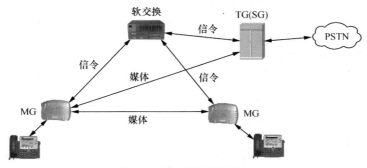

图 9-7　VoIP 系统结构示意图

VoIP 系统媒体网关（MG）的主要功能是信令处理、协议处理、语音编解码和路由协议处理等，对外分别提供与 PSTN 网连接的中继接口以及与 IP 网络连接的接口。媒体网关由一个媒体网关控制器（也叫作呼叫代理或软交换机）控制，它提供呼叫控制和信令功能。媒体网关和软交换之间的通信依靠一些协议例如 MGCP 或 Megaco 或 H.248 完成。

（2）工作原理

VoIP 是建立在 IP 技术上的分组化、数字化传输技术，其基本原理是：通过语音压缩算法对语音数据进行压缩编码处理，然后把这些语音数据按 IP 等相关协议进行打包，经过 IP 网络把数据包传输到接收地，再把这些语音数据包串起来，经过解码解压处理后，恢复成原来的语音信号，从而达到由 IP 网络传送语音的目的。

VoIP 电话系统把普通电话的模拟信号转换成计算机可联入因特网传送的 IP 数据包，同时也将收到的 IP 数据包转换成声音的模拟电信号。经过 VoIP 电话系统的转换及压缩处理，每个普通电话传输速率占用 8～11kbit/s 带宽，因此在与普通电信网同样使用传输速率为 64kbit/s 的带宽相比，传输 VoIP 电话数是原来的 5～8 倍。

VoIP 的核心与关键设备是 VoIP 媒体网关。VoIP 媒体网关具有路由管理功能，它把各地区电话区号映射为相应的地区网关 IP 地址。这些信息存放在一个数据库中，有关处理软件完成呼叫处理、数字语音打包、路由管理等功能。在用户拨打 VoIP 电话时，VoIP 媒体网关根据电话区号数据库资料，确定相应网关的 IP 地址，并将此 IP 地址加入 IP 数据包中，同时选择最佳路由，以减少传输时延，IP 数据包经因特网到达目的地 VoIP 媒体网关。对于因特网未延伸到或暂时未设立网关的地区，可设置路由，由最近的网关通过长途电话网转接，实现通信业务。

3. VoIP 业务

从 2001 年开始，国内大型企业纷纷利用自己的专网或 VPN 网络搭建自己的 VoIP 系统，以节约企业的通讯费用。IP 电话超市提供的廉价的长途电话服务也属于 VoIP 业务。

近年来，VoIP 的业务提供商通过互联网提供没有服务质量保证的网络电话服务，如：MSN、Skype、QQ 等。这些即时通信服务的提供商，所提供的业务类型有所不同。如 Skype 既可提供免费的点对点即时通信，也可提供付费的 PC2Phone 服务，从而实现廉价的 PC2 Phone 长途呼叫。

VoIP 可以在 IP 网络上廉价的传送语音、传真、视频和数据等业务，如统一消息、虚拟电话、虚拟语音/传真邮箱、查号业务、Internet 呼叫中心、Internet 呼叫管理、电视会议、电子商务、传真和各种信息的存储转发等。

探讨

- IPTV 与数字电视有何区别？
- 组播的优势何在？

9.3.2 IPTV

1. IPTV 的概念

IPTV（Internet Protocol TV）也叫交互式网络电视或交互式个人电视（Interactive

Personal TV），是利用宽带网的基础设施，以家用电视机或计算机作为主要终端设备，集互联网、多媒体、通信等多种技术于一体，通过 IP 协议向家庭用户提供包括数字电视在内的多种交互式数字媒体服务的新技术。

2．IPTV 系统结构

IPTV 系统采用基于 IP 宽带网络的分布式架构，以流媒体内容管理为核心。IPTV 系统主要包括 IPTV 前端系统、IP 承载网络和用户接收终端三个组成部分，如图 9-8 所示。

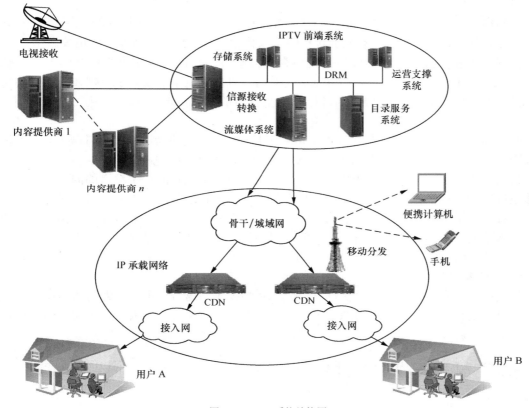

图 9-8　IPTV 系统结构图

IPTV 前端系统主要包括信源接收转换系统、存储系统、流媒体系统、数字版权管理（DRM）系统、运营支撑系统和目录服务系统等，一般具有节目采集、存储与服务等功能。IPTV 系统所使用的网络是以 TCP/IP 协议为主的网络，包括骨干网/城域网、内容分发网和宽带接入网。IPTV 用户接收终端负责接收、处理、存储、播放、转发视/音频数据流文件和电子节目导航等信息。

3．IPTV 业务

IPTV 系统能够提供的业务可以分为以下几类。

（1）直播电视

直播电视业务是指用户可以通过 IPTV 机顶盒接入 IP 网络实时在线观看各种电视节

目，与收看传统电视节目不同的是，用户可以随时订阅个性化节目，随时获得选定的 IPTV 服务提供商提供的电视节目。用户不但可以按名称、类别、时间等通过节目频道搜索功能来找到自己爱看的节目，还能使用电子节目导航（Electronic Program Guide，EPG）功能在不用切换频道的情况下，了解其他频道正在播放的节目，及预知本频道下一时段即将播放的节目。用户也可以把自己所喜爱的频道加入收藏夹，便于下次收看。有的 IPTV 系统还为家庭中的不同成员设有不同的账户，主账户可以对子账户进行功能的管理和限制。此外，在 IPTV 的直播电视节目中还可以提供内容链接服务。

（2）点播电视

点播电视业务是指用户可以通过 IPTV 机顶盒在 IPTV 业务平台提供的 EPG 和检索界面中选择需要的节目进行点播，在播放过程中可以执行快进、快退、暂停、停止等操作。

点播电视业务改变了人们收看传统电视的被动方式，能够满足电视观众的一些特殊需求。此外，在 IPTV 系统中，人们所点播收看的节目内容也不仅仅限于电视、电影等传统电视节目，而是如同网上冲浪似的随时得到 IPTV 提供的各类资讯服务。

（3）时移电视

时移电视业务是指用户在观看数字电视节目时，可以根据需要随时进行暂停或后退/快进等操作，也可以根据 EPG 节目单点播收看几天前的直播过的电视节目。

直播电视的每一个流均是被共享的，只要这些用户是观看同一个频道的同一个节目。在时移电视中频道已经没有实际意义，只是在节目单中还有意义，在生成节目单时为了便于用户的查找，频道将会是节目单目录索引的一部分。在节目点播时，节目才是存储、传输和计费的基本单元。时移电视与点播电视类似，用户具有主动性。但是时移电视观看的节目仅限于 EPG 节目单能够检索到的几天内直播过的电视节目。

（4）IPTV 增值业务

根据用户需求，IPTV 系统可以提供基于 IP 的视频、语音业务以及即时通信服务等增值业务。目前认为比较有市场潜力的 IPTV 增值业务主要有 8 类：个人视频录制、远程教育、信息服务类、游戏类、投票竞猜类、电子商务类、消息类和多媒体通信类等。

9.3.3　移动多媒体广播电视

1．移动多媒体广播电视的概念

2006 年 10 月 24 日，国家广电总局正式颁布了中国移动多媒体广播（俗称手机电视或手持电视）行业标准，确定采用我国自主研发的移动多媒体广播（CMMB）行业标准。CMMB 是英文 China Mobile Multimedia Broadcasting（中国移动多媒体广播）的简称。它是国内自主研发的第一套面向手机、PDA、MP3、MP4、数码相机和笔记本电脑多种移动终端的系统，利用 S 波段卫星信号实现"天地一体"覆盖、全国漫游。

2．CMMB 系统结构

CMMB 采用"天地一体"的技术体系，即：利用大功率 S 波段卫星覆盖全国 100% 国土、利用地面覆盖网络进行城市人口密集区域有效覆盖、利用双向回传通道实现交互，形成单向广播和双向互动相结合、中央和地方相结合的无缝覆盖的系统。CMMB 系统结构如图9-9所示。

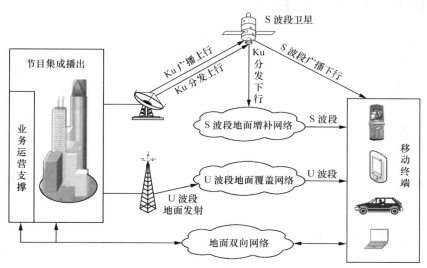

图9-9 移动多媒体广播电视系统结构示意图

在 CMMB 的系统构成中，CMMB 信号主要由 S 波段卫星覆盖网络和 U 波段地面覆盖网络实现信号覆盖。S 波段卫星网络广播信道用于直接接收，Ku 波段上行，S 波段下行；分发信道用于地面增补转发接收，Ku 波段上行，Ku 波段下行，由地面增补网络转发器转为 S 波段发送到 CMMB 终端。为实现城市人口密集区域移动多媒体广播电视信号的有效覆盖，采用 U 波段地面无线发射构建城市 U 波段地面覆盖网络。

3．CMMB 的终端分类

首先，CMMB 的终端设备分为两大类，一类是手机类 CMMB 产品；另一类是非手机类 CMMB 产品，如 GPS、PDA、MP3、MP4 和笔记本电脑等 CMMB 产品。

其次，CMMB 的终端设备又可以分为单向终端和双向终端。单向终端只能接收内容，比如接收电视节目、广播节目、实时股票信息等；双向终端是除了能接收移动多媒体广播内容外，同时还具备上行传输通道的接收终端，做内容点播和信息交互使用，主要是笔记本电脑（通过 USB 接收棒实现）和少量手机。

另外，根据不同的应用场景，终端物理实现形式又可包括一体机和外接模块式两种形态。一体机是将移动多媒体广播电视射频信号的解调、解复用、解密、解码和显示通过单一的终端来实现，外接模块式终端则需要通过 SD 或 USB 接口实现。

4．CMMB 业务

CMMB 将主推下述 3 类业务。

（1）广播电视频道业务。包括中央、省、市的电视与广播。

（2）数据广播业务。包括定时推送的图文、音视频业务和实时推送的交通路况、股市行情等。

（3）互动业务。包括与播出内容相关的投票互动、互动购物、背景资讯等。

9.4　实做项目及教学情境

9.4.1　VoIP 业务体验

实做项目一：使用 VoIP 业务

目的：

（1）熟悉并使用 VoIP 业务。

（2）分析 VoIP 业务的实现原理。

要求：

（1）使用 VoIP 业务。

（2）分析 VoIP 业务的实现原理。

9.4.2　IPTV 业务体验

实做项目二：使用 IPTV 业务

目的：

（1）熟悉并使用 IPTV 业务。

（2）分析 IPTV 业务功能及原理。

要求：

（1）使用 IPTV 业务。

（2）分析 IPTV 业务功能及实现原理。

9.4.3　移动多媒体广播电视业务体验

实做项目三：使用移动多媒体广播电视业务

目的：

（1）熟悉并使用移动多媒体广播电视业务。

（2）分析移动多媒体广播电视功能及原理。

要求：

（1）使用移动多媒体广播电视。

（2）分析移动多媒体广播电视功能及实现原理。

9.4.4　下一代网络及业务调查

实做项目四：调查各运营商软交换及 NGN 的建设及使用情况

目的：

（1）了解下一代网的建设。

（2）理解网络升级改造过程。

要求：

（1）利用互联网提供的各种资源，了解各运营商的建设方案。

（2）通过各种渠道，调研软交换的建设情况，写出调查报告。

小结

1．三网融合是指电信网、计算机网络和广播电视网的融合，目前三网融合并不是指上述三个网络的物理上的合一，而是指可以在同一个网上实现语音、数据和视频三种业务，并能够实现三个网络之间的业务互通。

2．下一代网络 NGN 是一个建立在 IP 技术基础上的新型公共电信网络，能够容纳各种形式的信息，在统一的管理平台下，实现音频、视频、数据信号的传输和管理，提供各种宽带应用和传统电信业务，是一个真正实现宽带窄带一体化、有线无线一体化、有源无源一体化、传输接入一体化的综合业务网络。

3．软交换是与业务无关的，它是在基于 IP 的网络上提供电信业务的技术。软交换的主要设计思想是业务、控制与传送、接入分离。

4．IP 多媒体子系统（IP Multimedia Subsystem，IMS）是在 3GPP 的 Release 5 版本中提出的，是对 IP 多媒体业务进行控制的网络核心层逻辑功能实体的总称。

5．3GPP 制定 IMS 的最初目的是使 IP 技术与移动通信相融合，但由于 IMS 的接入无关性，凡是可以提供 IP 接入的网络都可以接入到统一的 IMS 网络，因此，IMS 成为固定网络、移动网络实现融合的核心。

6．软交换和 IMS 均符合 NGN 控制与传送分离的要求，与软交换技术相比较，IMS 将控制功能做了进一步分离和完善。

7．VoIP（Voice over Internet Protocol）指的是将模拟的声音信号经过压缩与封包之后，以数据封包的形式在 IP 网络的环境进行语音讯号的传输，通俗来说也就是互联网电话、网络电话或者简称 IP 电话的意思。

8．IPTV 是利用宽带网的基础设施，以家用电视机或计算机作为主要终端设备，集互联网、多媒体、通信等多种技术于一体，通过网际协议（IP）向家庭用户提供包括数字电视在内的多种交互式数字媒体服务的新技术。

9．CMMB 是英文 China Mobile Multimedia Broadcasting（中国移动多媒体广播）的简称。它是国内自主研发的第一套面向手机、PDA、MP3、MP4、数码相机、笔记本计算机多种移动终端的系统，利用 S 波段卫星信号实现"天地一体"覆盖、全国漫游。

 思考题与练习题

9-1　简述网络融合的前景及方案。

9-2　什么是三网融合？实现三网融合的技术基础是什么？

9-3　简述下一代网络的基本概念和特征。

9-4　简述软交换的结构和功能。

9-5　简述 NGN 与 IMS、软交换的关系。

9-6　什么是 VoIP？VoIP 有哪几种实现方式？

9-7　什么是 IPTV？IPTV 业务有哪些？

9-8　什么是 CMMB？

本章教学说明
- 主要学习物联网的概念和典型应用
- 重点介绍物联网的关键技术及常见传感器

本章内容
- 物联网的概念及典型应用
- 物联网使用的关键技术
- 常用传感器

本章重点、难点
- 传感器及组网方式

学习本章目的和要求
- 了解什么是物联网
- 了解物联网的关键技术有哪些
- 了解常见传感器的种类和应用场合

本章实做要求及教学情境
- 使用传感器实际组建一个入室告警系统

本章学时数：4 学时

10.1 物联网的基本概念

物联网的基本概念。

重点掌握

　　顾名思义，"物联网就是物物相连的互联网"，物联网的英文名称为 Internet of Things，简称 IOT。2005 年国际电信联盟报告中定义的物联网是可以在任何地点、任何时间、任意物体之间实现互联。物联网就是将物体通过传感技术、识别技术、通过有线无线等方式接入互联网，实现人与物之间，物体与物体之间的联系互动和管理。物联网是通过将现实物体接入互联网使互联网从单纯的信息传递网络变成可与现实世界相连的泛在网。而现在的互联网是指相互连接的计算机网络。

　　物联网的思想最早由 1999 年由麻省理工学院提出。2009 年美国提出了智慧地球的概念，进入 21 世纪后随着互联网和传感技术的快速发展才越来越受到世界各国的重视。近年来获得了长足的发展。我国也提出了"感知中国"计划，各地也相继提出如智慧城市等概念。但无论是智慧城市也好，智慧地球也好，其核心就是物联网。

物联网是个新的概念但物联网不是一个全新的网络。物联网是在互联网的基础上发展而来的，是互联网的应用和扩展。物联网是在互联网和传感器网结合衍生出来的一种新型网络。

物联网在不同的行业不同的人有着不同的解释。物联网可以从广义和狭义两方面来考虑。广义的物联网是指传感器不论是否接入互联网只要是由多个传感器通过网路连接在一起，实现物体信息的采集、传输、控制、数据处理的网络就可以称为物联网。如一栋大楼的温度、湿度、红外、电压电流、门禁等传感器通过局域网联接在一起构成的监控网，不一定接入互联网。也可称为物联网。狭义的物联网是指传感器网络必须接入互联网，通过互联网传输和交换数据。

物联网是由通信网、互联网和传感器网组成的。但和这些网络又不完全相同。通信网着重于人与人之间的信息传递，互联网着重于人与人之间的信息的共享，传感器网着重于物于物之间的互联。而物联网着着重于人于物的互联，通过物联网人类可以真切的感知现实世界。

无论叫未来互联网也好，叫物联网或泛在网也好，名称虽然不同但表达的意思基本一样，就是任何人可以在任何时间任何地点联系到在世界上的任何地方的任何人和任何物体。

物联网要将现实世界和网络世界连接起来，首先就要将现实世界的各种物理量转化为网络可以识别传输处理的电信号。如温度、湿度、电压、电流、位移、流量、色彩、声音等。由传感器将相应的物理量转换为适应网络传输和计算机处理的数据。网络将数据传输到数据处理中心进行处理后将相应的结果或操作指令送到相关的执行设备或管理人员。

由于物联网的应用对象千差万别，应用方式和服务对象也各不相同，因而组成结构也不尽相同。但物联网的体系架构按功能可以划分为三层，分别为感知层（含信息编码层）、网络层、应用层，如图 10-1 所示。感知层负责将现实世界的物体的状态、图像、数据、转化为网络可传输可识别的数据并送至传输网络。网络层负责把这些数据传送到需要的节点。应用层负责对这些数据进行处理和存储，并将结果以及指令发送给相关节点。

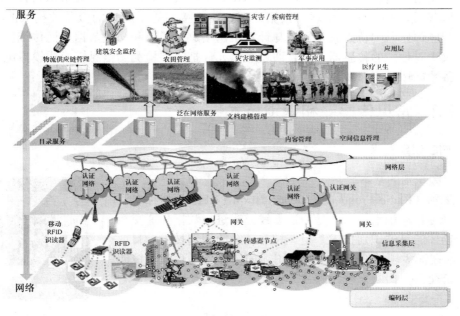

图 10-1　物联网分层结构图

10.2　物联网的关键技术

从物联网的功能和体系架构我们可以知道，物联网技术包括了现实世界信息的感知和获取、网络接入、数据传输、数据处理与存储、以及各种应用及管理。但关键技术可以归纳为4类：感知和识别技术、接入技术、通信和传输技术、数据存储和智能处理技术。

10.2.1　感知和识别技术

感知和识别技术是物联网和现实世界的接口，是物联网的信息来源。感知和识别技术是对各类物体的信息和各种物理量识别、转换、获取的技术。常见的传感器和识别技术如RFID（射频标签）、条形码、二维码、各种物理传感器，化学传感器、生物传感器、各种智能卡、摄像机、照相机等。物联网利用这些设备感知物体和环境的各种信息。传感器和识别设备是物联网的基础。

传感器的作用就是把物体和环境的各种物理量转换成易于测量和传输及处理的电学量。如把温度、流量、红外、位移、速度、重力、磁力等物理量转化成相应的电压或者电流。然后通过模数转换器（A/D转换）将电压或者电流转换为计算机可以处理的数字信号。传感器的种类很多，常见的有温度、湿度、速度、压力、声音、激光等物理量传感器，也有酶传感器、醋酸杆菌传感器、大肠杆菌传感器等生物、微生物传感器，还有二氧化碳、甲烷、氧气、瓦斯传感器等化学传感器。每年都有很多新型的传感器被发明出来。传感器种类很多这里就不一一列举。

不论什么样的传感器组成基本相同，都包括几个最基本的部分：敏感元件、信号调理、A/D转换、数据传输接口等。

物联网使用的传感器我们称为网络智能传感器，网络智能传感器通常指具有低功耗、高可靠性、集模数转换、信号调理、数据处理、网络接口等于一体的微芯片构成的新型传感器。网络智能传感器的特点就是可以与计算机网络进行通信和交换数据。而传统传感器是指模拟仪器仪表时使用的传感器，只是通过敏感元件把需要检测的信息转换成模拟电压或者电流，不具备数据转换能力和数据传输接口及网络接口。

10.2.2　常见传感器和识别技术

1. RFID识别技术

（1）射频识别的基本概念

射频识别（Radio Frequency Identification，RFID）俗称电子标签，是一种自动识别技术。是通过无线方式进行数据传递交换达到识别物体的目的识别技术。是一种非接触的识别技术。目前RFID技术在很多领域的到了广泛应用。如：停车场管理、校园一卡通、公交卡、门禁系统、邮包分拣、铁路货运车辆管理、智能仓库等。

电子标签也称射频卡，如图 10-2 所示，安装在需要识别的

图10-2　RFID内部图

物体上。射频卡从供电方式上又分为有源卡和无源卡两种。有源卡靠卡内电池供电，适应于远距离识别场合，如车辆出入管理，高速收费系统（ETC）。但体积大、造价高。无源卡卡内没有电源，依靠卡内的感应线圈将读写器发射的射频波束转换为电能供射频卡使用。适合于识别距离短、造价要求低、体积小的场合使用。

（2）电子标签的分类

电子标签的分类见表 10-1。

表 10-1　　　　　　　　　　　　　　　　　电子标签分类

分类方式	种类	说明
供电方式	无源卡	卡内无电池供电，利用感应线圈将射频能量转化为直流电源为卡供电，识别距离短，寿命长、体积小、适应高湿、腐蚀性恶劣环境
	有源卡	卡内有电池，识别距离远，体积大。成本高，不适合长期在高湿、腐蚀性环境使用
载波频率	低频卡	分为 125kHz 和 134kHz，用于短距离低成本的应用。如门禁、商品、产品跟踪管理
	高频卡	13.6MHz，应用于传输数据量大的场合，如公交卡、各种付费卡
	超高频卡	频率为 433MHz、915MHz、2.45GHz 和 5.8GHz。应用于长距离识别、要求高速识别的场合，如高速公路不停车收费
调制方式	主动式	用自身的能量主动发送数据给阅读器
	被动式	用调制散射的方式发射数据，利用阅读器的载波调制信号
耦合距离	紧耦合卡	距离小于 1cm
	近耦合卡	距离小于 15cm
	疏耦合卡	距离小于 1m
	远距离卡	1m 到十几米
数据功能	只读卡	只读，卡号无法修改，价格便宜应用于物流，门禁等低成本场合
	读写卡	可读写，可存储少量数据，价格中等
	智能卡	可读写，可加密、数据存储量大，带 CPU，价格较高

（3）RFID 的特点

RFID 具有如下特点。

① 非接触操作，可近距离识别（几厘米),也可远距离识别达几十米，应用方便。

② 体积小，方便携带安装。

③ 寿命长、可在恶劣环境下使用，如粉尘污染环境、腐蚀气体环境、油污环境。

④ 可识别高速物体，也可同时识别多个物体。

⑤ 穿透性好。

⑥ 保密安全、读写器和标签之间有相互认证过程，数据部分可以通过加密算法实现数据安全。

（4）RFID 系统的工作原理

RFID 系统由于应用不同，组成有所差别。但都是由读写器（Reader）和电子标签（Tag）组成。如图 10-3 所示。

图 10-3 中的阅读器通过波束天线发射一个特定频率的电磁波，电子标签进入阅读器工

作范围后，电子标签内的感应线圈产生感应电流，获得的能量供给电子标签的芯片工作。电子标签将自身编码的信息通过自身天线发送给阅读器。阅读器对接收的载波信号进行解调和解码，将解码后的信息送给计算机系统进行数据处理。计算机系统对电子标签的进行查询和判断，并向相应的执行机构发出指令。

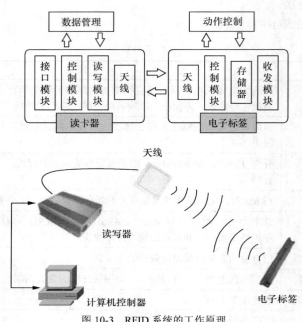

图 10-3　RFID 系统的工作原理

2．条形码识别技术

条形码是指由一组规则排列的条、空及其对应字符组成的标识，如图 10-4 所示。用以表示一定的商品信息的符号，用条形码识读设备的扫描识读。其对应字符由一组阿拉伯数字组成，供人们直接识读或通过键盘向计算机输人数据使用。这一组条空和相应的字符所表示的信息是相同的。为了使商品能够在全世界自由、广泛地流通，企业无论是设计制作，申请注册还是使用商品条形码，都必须遵循商品条形码管理的有关规定。商品条形码的编码遵循唯一性原则，以保证商品条形码在全世界范围内不重复。目前世界上常用的码制有 ENA 条形码、UPC 条形码、二

图 10-4　条形码

五条形码、交叉二五条形码、库德巴条形码、三九条形码和 128 条形码等，而商品上最常使用的就是 EAN 商品条形码。

条形码技术是随着计算机与信息技术的发展和应用而诞生的。它是集编码、印刷、识别、数据采集和处理于一身的新型技术。条形码具有识别率高，成本极低。识读设备简单。

因而使用及其普遍。在工厂、物流和仓储管理中也大量使用条形码作为识别标识。进入大型超市的商品也必须具备条形码标识，如图 10-5 所示。

图 10-5 条形码的应用

3．指纹识别技术

指纹识别技术是一种生物特征识别技术。生物特征识别具有安全可靠，唯一性，难以伪造，保密性好等特点。生物特征识别技术在门禁，上班签到、保密验证、海关、使馆签证等越来越多的场合得到应用。生物特征识别常见的有，指纹识别、虹膜识别、面部识别。

指纹识别是目前应用最广泛的生物特征识别技术。已经开始走入我们的日常生活，是目前生物特征识别技术中应用最广泛，发展最成熟的技术。由于每个人的指纹都具有唯一性。每个人指纹图案、断点和交叉点各不相同，呈现唯一性且终生不变。因此我们就可以把一个人同他的指纹对应起来，通过将他的指纹和预先保存的指纹数据进行比对，就可以验证它的真实身份，这就是指纹识别技术。

指纹纹路是比较复杂的。与人工处理不同，指纹识别并不直接存储指纹的图像。而是经过数学算法进行运算，找出特征，然后进行特征比对。每个指纹都有几个独一无二、可测量的特征点，每个特征点都有 5～7 个特征，我们的十个手指产生最少有 4900 个独立可测量的特征，这足以说明指纹识别是一个非常可靠的鉴别方式。

指纹识别技术有很多种，常见的有光学式（见图 10-6 和图 10-7）、电容式、压感式、射频式等。最常用的是光学指纹识别系统，这种识别技术，结构简单，技术成熟，可靠耐用。但由于光不能穿透皮肤表层（死性皮肤层），所以只能够扫描手指皮肤的表面，或者扫描到死性皮肤层，但不能深入真皮层。在这种情况下，手指表面的干净程度，直接影响到识别的效果。如果，用户手指上粘了较多的灰尘，可能就会出现识别出错的情况。并且，如果人们按照手指，做一个指纹手模，也可能通过识别系统，对于用户而言，使用起来不是很安全和稳定。

图 10-6 光学式指纹考勤机

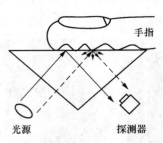

图 10-7　光学式指纹识别原理图

4．压力传感器

压力传感器是最为常见的一种传感器。如日常用的电子称、压强表、高速公路计重收费系统等都要用到压力传感器。压力传感器就是将压力转变为连续的模拟电信号。模拟信号是指在给定范围内或在一段连续的时间间隔内表现为连续的信号。压力传感器实现方式有很多，原理各不相同但常用的主要有以下3种。

（1）压电型压力传感器，它是利用了压电陶瓷压电效应制造而成的，这样的传感器也称为压电传感器，这种传感器可靠性高、成本低、适应范围广。

（2）电阻型压力传感器，它是利用半导体材料在压力下会导致阻抗变化原理制成的。半导体压电阻抗扩散压力传感器，是通过半导体在承受压力时禁带宽度发生变化，导致载流子浓度和迁移率变化。产生压电阻抗效果，从而使阻抗的变化转换成电信号。扩散型半导体压力传感器采用集成电路工艺制成，可以提高性能，改进测量的精度。

（3）电容型压力传感器，它是利用压力情况下传感器电容量会发生变化的原理制成的，如图 10-8 所示。是将玻璃的固定极和硅的可动极相对而形成电容，通过外力（压力）使可动极变形从而导致电容量发生变化，然后将电容量的变化转换成电信号输出。

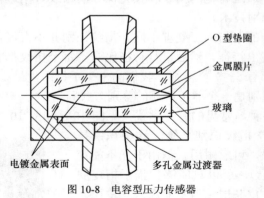

图 10-8　电容型压力传感器

5．声波传感器

声波传感器也是一种最常见的传感器，从频率上可分为音频传感器（话筒就是一种音频传感器）、超声传感器（如医院使用的超声波探头）。从原理上可分为，压电陶瓷式、电容式（手

机、录音笔等便携式设备使用的微型话筒都是电容式，也称为驻极体话筒，见图 10-9）、电磁动圈式（动圈式话筒体积大，但音频还原性好）。

声波传感器可以使用在如环境噪声监测、水下扫描、医学检查、声控节能灯、安保告警、声控录音等场合。

图 10-9　驻极体话筒

6. 红外线传感器

在光谱中波长自 $0.76 \sim 400 \mu m$ 的一段称为红外线，红外线是不可见光线。红外线传感器就是利用红外线的物理性质来进行测量的传感器，如图 10-10 所示。红外线又称红外光，它具有反射、折射、散射、干涉、吸收等性质。世界上任何物质，只要高于绝对零度（$-273.15℃$）的物质都能辐射红外线。

图 10-10　红外线传感器

红外线传感器按工作原理可分为热敏检测元件和光电检测元件。热敏元件应用最多的是热敏电阻。热敏电阻受到红外线辐射时温度升高，电阻发生变化，通过转换电路变成电信号输出。光电检测元件常用的是光敏管，通常由半导体材料制成。

最常见的红外传感器是热释电红外传感器。是由一种高热电系数的材料制成的探测元件。在每个探测器内装入一个或两个探测元件，一般在探测器的前方装设一个特殊的透镜称为菲涅尔透镜，

该透镜用透明塑料制成，将透镜的上、下两部分各分成若干个小窗口，制成一种具有特殊光学系统的。在探测器前方产生一个交替变化的"盲区"和"高灵敏区"，以提高它的探测接收灵敏度。当有人从透镜前走过时，人体发出的红外线就不断地交替从"盲区"进入"高灵敏区"，这样就使接收到的红外信号以忽强忽弱的脉冲形式输入，从而增强了信号强度。传感器顶端开设了一个装有滤光镜片的窗口，这个滤光片可通过光的波长范围为 $7 \sim 10 \mu m$，正好适合于人体红外辐射的探测，而对其他波长的红外线由滤光片予以吸收，这样便形成了一种专门用作探测人体辐射的红外线传感器。它和放大电路相配合，可将信号放大 $70dB$ 以上，这样就可以测出 $10 \sim 20m$ 范围内人的行动。

红外线传感器用途广泛。常用于无接触温度测量，红外测距、短距离通信、气体成分分析和无损探伤，在医学、军事、工业和环境工程等领域得到广泛应用。例如采用红外线传感器远距离测量人体表面温度的温度计，可以使用热成像仪检测导线和机械以发现温度异常的部位，可以在夜间观察野外动物，军事上可以用来为对空导弹制导。红外线也可以用做短距离通信，如家庭使用的电视遥控器等。

10.2.3 接入技术

传感器和识别设备要接入互联网，就要用到接入技术。根据应用系统情况，传感器和识别设备的情况及应用场合条件选择不同的接入技术。当传感器和识别设备数量较多时传感器要首先组成一个传感器网络，然后才接入互联网。传感器网络可以用有线方式组网或者无线方式组网，也可以采用有线与无线方式混合组网。具体采用什么方式组网，要根据现场和具体应用项目的要求选择适合的组网方式。

1. 有线传感器网络技术

有线方式组网有很多优点，供电方便，通常对传感器可以采用有线远端供电，每个采集点传感器不用单设电源。具有可靠性高，抗电磁干扰能力强、传输数据可靠、传输距离远、实时性好，不怕障碍物遮挡等特点。在可靠性和要求较高的工业控制领域内主要使用有线组网方式。

通过有线方式将传感器连接在一起就一定要用到现场总线，现场总线是传感器与数据采集传输系统连接在一起的媒介。现场总线标准有很多种，适应的场合各不相同，见表10-2。

表 10-2　　　　　　　　　　　　现场总线标准

总线名称	特点和适应场合
EIA RS-485 总线	具有极强的抗共模干扰能力，110kbit/s 速率下传输距离可达 1200m，RS-485 支持多点通信，多个驱动器和接收器共享一条信号通道
CAN 总线	是一种串行通信协议。采用差分信号传输，有很强的错误检测能力，通信距离远，因此被用到一些特殊的场合，比如汽车，厂矿等干扰较强的地方
USB 总线	USB 已成为 PC 技术的标准接口，具有传输速率高，拓扑结构灵活（通过集成集线器）等特点，加上 Beckhoff USB 总线，耦合器，在距离较短时，该系统可替代现场总线
Modbus 总线	Modbus 是一种基于主/从结构的开放式串行通讯协议。可非常轻松地在所有类型的串行接口上实现，已被广泛接受
LON 总线	支持多介质的通信，支持低速率的网络，可在重负载情况下保持优良网络性能，支持大型网络等特点。该项技术已广泛应用于楼宇自动化、家庭自动化、保安系统、办公设备、运输设备、工业过程控制等领域
FF 总线	FF 总线的传输介质为双绞线、同轴电缆、光纤和无线电，协议符合 IEC115822 标准，FF 总线分为低速总线（H1）和高速总线（H2）。低速总线的传输速率为 31.25kbit/s，利用不同的双绞线传输距离为 200～1900m，高速总线的传输速率为 1Mbit/s 和 2.5Mbit/s 两种，对应的传输距离为 750m 和 500m。H1 每段节点数最多为 32 个，H2 每段节点数最多为 124 个
以太网总线	以太网可以使用粗、细同轴电缆、屏蔽和非屏蔽双绞线和光纤等多种传输介质进行连接。并且在 IEEE 802.3标准中，为不同的传输媒质制定了不同的物理层标准，不同的传输媒质传输的速率也不同。常用的是 100BASE-TX，100BASE-TX 的传输速率为 100Mbit/s：是一种使用 5 类数据级无屏蔽双绞线或屏蔽双绞线的快速以太网技术。它使用两对双绞线，一对用于发送数据，一对用于接收数据

2. 常用的无线网络接入技术

（1）Wi-Fi 技术

无线组网技术是目前使用非常广泛的组网技术。具有安装灵活方便、不受场地、线路铺设条件等限制的优点。既可以使用在固定物体上也可以使用在移动物体上。既可以通过卫星等技术构成全球性的网络，也可以使用短距离无线技术作为有线网络的接入手段。目前常用的短距离无线组网技术有 Wi-Fi、ZigBee、NFC、蓝牙（Bluetooth）和红外线等。我们只简单介绍 Wi-Fi、ZigBee、NFC 技术。

Wi-Fi 全称Wireless Fidelity，直译为无线保真。是 IEEE 制定的网络通信工业标准又叫 802.11b 标准。它的最大优点就是传输速度较高，可以达到 11Mbit/s 速率，在信号弱时可自动调整为 5.5Mbit/s、2Mbit/s、1Mbit/s。另外它的有效距离也很长，由于 Wi-Fi 使用的 2.4GHz 频段在世界范围内是无需任何电信运营执照的免费频段，因此 Wi-Fi 无线设备提供了一个世界范围内可以使用的，费用极其低廉且数据带宽极高的无线空中接口。Wi-Fi 技术成本低速率高的特点非常符合 3G 时代的应用要求。因此 Wi-Fi 技术在小型移动设备及家庭、机场、饭店、学校等公众场合得到了广泛的使用。是当今使用最广的一种无线网络传输技术。

Wi-Fi 技术的特点如下。

① 覆盖范围广。和蓝牙技术相比，蓝牙技术的电波覆盖范围非常小，半径大约 15m，而 Wi-Fi 的半径则可达 100m。

② 传输速度快。虽然由 Wi-Fi 技术传输的无线通信质量不是很好，数据安全性比蓝牙差一些，但传输速度非常快，802.11a 标准可以达到 54Mbit/s，基本满足了多数用户一般业务的需求。802.11n 理论速率最高可达 600Mbit/s。但限于产业链成熟度（主要是射频芯片），目前最高支持 300Mbit/s。

③ 稳定性和可靠性高。802.11b 在信号弱时可自动调整为 5.5Mbit/s、2Mbit/s、1Mbit/s。速率可变保证了网络的稳定性和可靠性。

④ 环保安全。IEEE 802.11 标准规定发射功率小于 100mW。而通常手机发射功率在 200mW 到 1W。

（2）ZigBee 技术

ZigBee 技术是 ZigBee 联盟制定的一项短距离无线组网技术标准，ZigBee 联盟是一个高速成长的非盈利行业组织，由美国飞思卡尔公司（原摩托罗拉公司半导体部）、荷兰飞利浦公司、日本三菱电气公司、等国际著名半导体生产商、技术提供者、设备制造商以及用户组成。联盟制定了基于 IEEE802.15.4，具有高可靠、高性价比、低功耗的网络应用规格。

ZigBee 技术由于其低成本和低功耗的特点。可以方便的嵌入各类便携式电子产品，应用范围包括民用、商用、公共事业以及工业等领域。

ZigBee 技术是一种近距离、低复杂度、低功耗、低速率、低成本的双向无线组网技术。主要用于距离短、功耗低且传输速率不高的各种电子设备之间进行数据传输。非常适合在数据传输量不大，实时性要求不高的场合使用。

ZigBee 可以工作在全球免费的 2.4GHz 及 868MHz（欧洲）和 915MHz（美国）3 个频段上，分别具有最高 250kbit/s、20kbit/s 和 40kbit/s 的传输速率，它的传输距离在 10～75m 的范围内，但可以继续增加。

作为一种无线通信技术，ZigBee 具有如下特点。

① 低功耗。由于 ZigBee 的传输速率低，发射功率仅为 1mW，而且采用了休眠模式，因此 ZigBee 设备非常省电。同样的使用条件下 ZigBee 设备可以工作几个月，而蓝牙设备只能工作几周。

② 成本低。ZigBee 芯片价格不到两美元，并且 ZigBee 协议是免专利费的。低成本是 ZigBee 被广泛应用的一个关键因素。

③ 时延短。通信时延和从休眠状态激活的时延都非常短，典型的搜索设备时延 30ms，休眠激活的时延是 15ms，活动设备信道接入的时延为 15ms。

④ 网络容量大。一个星状结构的 ZigBee 网络最多可以容纳 254 个从设备和一个主设备，一个区域内可以同时存在最多 100 个 ZigBee 网络，而且网络组成灵活。

⑤ 可靠。采取了碰撞避免策略，同时为需要固定带宽的通信业务预留了专用时隙，避开了发送数据的竞争和冲突。MAC 层采用了完全确认的数据传输模式，每个发送的数据包都必须等待接收方的确认信息。如果传输过程中出现问题可以进行重发。

⑥ 安全。ZigBee 提供了基于循环冗余校验（CRC）的数据包完整性检查功能，支持鉴权和认证，采用了 AES-128 的加密算法，各个应用可以灵活确定其安全属性。

ZigBee 技术采用了自组织网方式，即 ZigBee 模块只要在彼此的通信范围内。通过彼此自动寻找，很快就可以形成一个互联互通的 ZigBee 网络，如图 10-11 所示。而且当模块移动或者遭受干扰联系中断后，模块还可以通过重新寻找通信对象，组成新的网络，这就是自组织网。

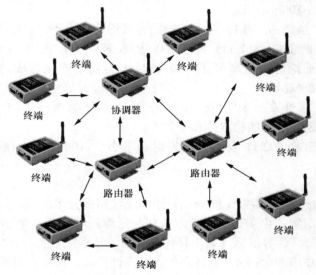

图 10-11　ZigBee 组网图

自组织网网络拓扑是网状网，采用的通信方式是多通道通信，在实际应用现场，由于各种原因，往往并不能保证每一个无线通道都能够始终畅通，当一条通道不能使用时，可通过其他通道保持网络畅通。

ZigBee 采用了动态路由方式，所谓动态路由是指网络中数据传输的路径并不是预先设定的，而是传输数据前，通过对网络当时可利用的所有路径进行搜索，分析它们的位置关系以及远近，然后选择其中的一条路径进行数据传输。在我们的网络管理软件中，路径的选择使用的是"梯度法"，即先选择路径最近的一条通道进行传输，如传不通，再使用另外一条稍远一点的通路进行传输，以此类推，直到数据送达目的地为止。在实际应用现场，预先确定的传输路径随时都可能发生变化，或者因各种原因路径被中断了，或者过于繁忙不能进行及时传送。动态路由结合网状拓扑结构，就可以很好解决这个问题，从而保证数据的可靠传输。

（3）NFC（近距离无线通信技术）

NFC 近场通信技术是由非接触式射频识别（RFID）及互联互通技术整合演变而来。由荷兰飞利浦半导体（现恩智浦半导体）、芬兰诺基亚公司和日本索尼公司共同研制开发。NFC 在单一芯片上结合感应式读卡器、感应式卡片和点对点的功能，能在短距离内与兼容设备进行识别和数据交换。近场通信（Near Field Communication，NFC）是一种短距高频的无线电技术，在 13.56MHz 频率运行于 20cm 距离内。其传输速度有 106kbit/s、212kbit/s 或者 424kbit/s 三种。

目前近场通信已成为 ISO/IEC IS 18092 国际标准、EMCA-340 标准与 ETSI TS 102 190 标准。NFC 采用主动和被动两种读取模式。另外还集成了许多安全功能，非常适用于付款、身份验证类的应用。带有 NFC 模块的移动设备可以起到安全网关的作用。使用者只要将两个带有 NFC 的设备简单靠拢，就可以自动启动网络通信功能传输数据。NFC 的典型应用如手机支付，但是使用这种手机支付方案的用户必须加装 NFC 模块。手机用户凭着配置了支付功能的手机就可以行遍全国。他们的手机可以用作机场登机验证、大厦的门禁钥匙、交通一卡通、信用卡、支付卡等。

NFC 有如下 3 种应用类型。

（1）设备连接。除了无线局域网，NFC 也可以简化蓝牙连接。比如，手提电脑用户如果想在机场上网，他只需要走近一个 Wi-Fi 热点即可实现。

（2）实时预定。比如，海报或展览信息背后贴有特定芯片，利用含 NFC 协议的手机或 PDA，便能取得详细信息，或是立即联机使用信用卡进行票券购买。而且这些芯片无需独立的电源。

（3）移动商务。飞利浦 Mifare 技术支持了世界上几个大型交通系统及在银行业为客户提供 Visa 卡等各种服务。索尼的 FeliCa 非接触智能卡技术产品在中国香港及深圳、新加坡、日本的市场占有率非常高，主要应用在交通及金融机构。

总而言之，NFC 的目标并非是完全取代蓝牙、Wi-Fi 等其他无线技术，而是在不同的场合、不同的领域起到相互补充的作用。

10.2.4　通信和传输技术

物联网是互联网应用的延伸，所以互联网使用的通信和传输技术同样适用于物联网。通信技术的快速发展给物联网的应用提供了有力的支持。使物联网的应用范围更广、应用领域更多。3G、4G、移动互联网的普及都为物联网的应用创建了良好的通信平台。

1．移动通信网

3G 是指第三代数字通信网以其频率规划简单、系统容量大、频率复用系数高、抗多径能力强、通信质量好、软容量、软切换等特点显示出巨大的发展潜力。

与3G相比，4G 是能够传输高质量视频图像，它的图像传输质量与高清晰度电视不相上下。和 3G 相比 4G 系统速率更高，能够以 100Mbit/s 的速度下载，比目前的 3G 速率 2 Mbit/s 也快 50 倍，上传的速度也能达到 20 Mbit/s，并能够满足几乎所有用户对于无线服务的要求。我国制定的 TD-LTE 已正式被确定为 4G 国际标准，这也标志着我国在移动通信标准制定领域再次走到了世界前列。

随着宽带无线接入技术和移动终端技术的飞速发展，各种智能终端大量使用。如各种智能手机、PAD、智能应用终端。人们迫切希望能够随时随地乃至在移动过程中都能方便地从互联网获取信息和服务，移动互联网应运而生并得到了快速发展。

2．移动互联网

移动互联网是移动网络与互联网融合的产物，并且随着两者融合的扩大和深入，能够为用户提供更具移动特性的、更深入到人们生产生活的网络与服务体系。移动互联网以手机、个人数字助理（PDA）、便携式计算机、专用移动互联网终端等作为终端，以移动通信网络（包括 2G、3G、4G 等）或无线局域网（Wi-Fi）、无线城域网（WiMAX）作为接入手段，直接或通过无线应用协议（WAP）访问互联网并使用互联网业务。

移动互联网（Mobile Internet，MI）是一种通过智能移动终端，采用移动无线通信方式获取业务和服务的新兴业态，包含终端、软件和应用 3 个层面。终端层包括智能手机、平板电脑、电子书等。软件层包括操作系统、中间件、数据库和安全软件等。应用层包括娱乐游戏类、各种实用工具、信息媒体类、电子金融、专业应用类等不同应用与服务。移动互联网网络结构如图 10-12 所示。

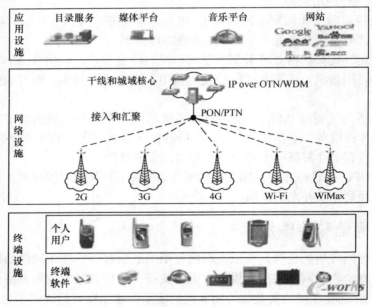

图 10-12　移动互联网网络结构

移动互联网正在快速发展中，各种应用层出不穷。按模式大概可以分为以下几种。

- 移动社交：各种交友服务，社区服务，微信，QQ。
- 移动广告：手机广告，可以使用图片、声音、视频方式。比原来短信广告方式更丰富。可能成为下一代移动互联网繁荣发展的动力因素。
- 手机游戏：将成为娱乐化先锋：随着产业技术的进步，移动设备终端上会发生一些革命性的质变，带来用户良好的体验。可以预见，手机游戏会作为移动互联网的新的盈利模式。
- 手机电视：随着网络带宽的增加，手持电视用户在未来将逐渐扩大。
- 电子阅读：随着手机功能扩展、屏幕更大更清晰、容量提升、用户身份易于确认、付款方便等诸多优势，移动电子阅读正在成为一种新的学习方式。
- 移动定位：服务提供个性化信息：随着随身电子产品日益普及，对位置信息的需求也日益高涨，如儿童、易走失老人可以佩戴带移动定位功能的设备，防止走失。

- 手机搜索：手机搜索引擎整合搜索概念、智能搜索、语义互联网等概念，综合了多种搜索方法，可以提供范围更宽广的垂直和水平搜索体验，更加注重提升用户的使用体验。

- 移动支付：移动支付蕴藏巨大商机。支付手段的电子化和移动化是不可避免的必然趋势，移动支付业务发展预示着移动行业与金融行业融合的深入。

- 移动电子商务：移动电子商务可以为用户随时随地提供所需的服务、应用、信息和娱乐，利用手机终端方便便捷地选择及购买商品和服务。

移动互联网虽然给人们和社会提供了很多便利，然而，移动互联网在移动终端、接入网络、应用服务、安全与隐私保护等方面还面临着一系列的挑战。如移动支付的安全问题就是人们非常忧虑的问题。这些问题不解决将严重影响这些业务的发展应用。

移动互联网安全威胁存在于各个层面，包括终端安全威胁、网络安全威胁和业务安全威胁。智能终端的出现带来了潜在的威胁，如信息非法篡改和非法访问，通过操作系统修改终端信息，利用病毒和恶意代码进行系统破坏。数据通过无线信道在空中传输，容易被截获或非法篡改。非法的终端可能以假冒的身份进入无线通信网络，进行各种破坏活动。合法身份的终端在进入网络后，也可能越权访问各种互联网资源。业务层面的安全威胁包括非法访问业务、非法访问数据、拒绝服务攻击、垃圾信息的泛滥、不良信息的传播等。

移动互联网安全可分为应用安全、网络安全和终端安全 3 个层次。移动互联网安全框架如图 10-13 所示，其中安全管理负责对所有安全设备进行统一管理和控制，基础支撑为各种安全技术手段提供密码管理、证书管理和授权管理服务。

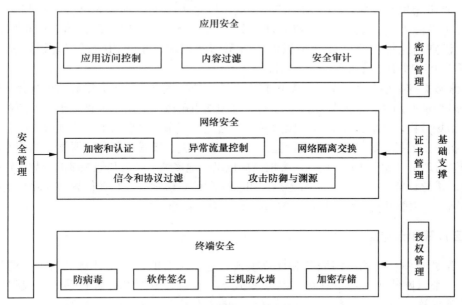

图 10-13 移动互联网安全管理

10.2.5 数据存储和智能处理技术

数据存储和数据智能处理技术是物联网的核心技术。物联网随时产生大量的信息数据，这些数据需要及时快速处理并进行决策分析。同时这些数据也需要进行保存。这就用到智能处理技术，云计算技术。

1．智能处理技术

智能处理技术是指让计算机按照人类的思维方式对信息数据进行处理的技术。让计算机代替人脑，包括自动控制、人工智能技术。

自动控制是指在人不直接操作的情况下，通过控制系统操作受控对象，使受控对象按照设定的规律运行。自动控制技术的应用无处不在，从电气、机械、化工、交通、铁路、航空、钢铁、安保、供水等。都有自动控制装置。

人工智能技术是计算机模拟人类智能行为，如学习、推理、思考、规划等。人工智能主要有3个方面，专家系统、机器学习、和模式识别。

专家系统是一个智能计算机程序系统，其内部存储了某个领域专家大量的知识与经验，能够利用人类专家的知识和解决问题的方法来处理该领域问题。也就是说，专家系统是一个具有大量的专门知识与经验的程序系统。它应用人工智能技术和计算机技术，根据某领域一个或多个专家提供的知识和经验，进行推理和判断，模拟人类专家的决策过程，以便解决那些需要人类专家处理的复杂问题。简而言之，专家系统是一种模拟人类专家解决领域问题的计算机程序系统。

机器学习是模拟人类的学习行为，获取知识，重新组织已有的知识结构不断完善自身的性能。机器学习逐渐成为人工智能研究的核心之一。它的应用已遍及人工智能的各个分支，如专家系统、自动推理、自然语言理解、模式识别、计算机视觉、智能机器人、数据挖掘等领域。

模式识别又称图形识别，就是通过计算机用数学技术方法来研究模式的自动处理和判读。我们把环境与客体统称为"模式"。模式识别是人类的一项基本智能，在日常生活中，人们经常在进行"模式识别"。如我们从远处看见一个人，根据身高、体态就可以识别出是谁。模式识别用途很广泛，如文字识别、汽车车牌识别、指纹识别、声音识别和虹膜识别等。在军事上可以用于导弹的目标识别。

近年来数据挖掘引起了信息产业界的极大关注，数据挖掘就是对大量数据进行分析处理，将这些数据转换成有用的信息和知识。获取的信息和知识可以广泛应用于各种应用，如商务管理，生产控制，市场分析，智慧地球和科学探索等。数据挖掘利用了来自如下一些领域的思想：（1）来自系统分析技术的抽样、估计和假设检验；（2）人工智能、模式识别和机器学习的搜索算法、建模技术和学习理论，如图10-14所示。数据挖掘也迅速地接纳了来自其他领域的思想，这些领域包括最优化、进化计算、信息论、信号处理、可视化和信息检索。一些其他领域也起到重要的支撑作用。特别是，需要数据库系统提供有效的存储、索引和查询处理支持。

2．云计算和云存储

云计算是一种全新的网络服务和计算模式。它将传统的以本地计算机为核心的计算任务转变成了一个以网络为核心的任务。传统模式下，企业建立一套计算机系统不仅仅需要购买硬件等基础设施，还要安装软件，还需要专门的人员维护。此外计算机系统还需要不断升级更新。对于企业来说，计算机等硬件和软件本身并非他们真正需要的，他们需要的是计算机信息系统的服务。对个人来说，我们使用电脑需要安装许多软件，而许多软件是收费的，对不经常使用该软件的用户来说购买是非常不划算的。计算机硬件也需要不断更新扩容。云计算的出现就可以解决这些问题，用户可以从云计算服务商租用到这些软件和计算服务，为用户节省了大量购买软硬件的资金以及时间成本。

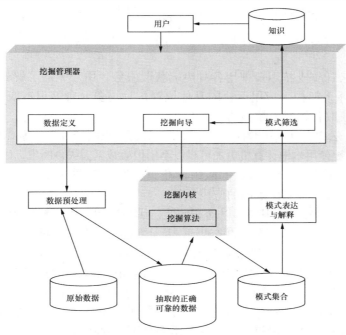

图 10-14　数据挖掘模型

在云计算环境下，用户从购买产品转变到购买服务，因为他们直接面对的将不再是复杂的硬件和软件，而是最终的服务，如图 10-15 所示。用户不需要拥有看得见、摸得着的硬件设施，也不需要为机房支付设备供电、空调制冷、专人维护等等费用，并且不需要等待漫长的供货周期、项目实施等冗长的时间，只需要把钱汇给云计算服务提供商，我们将会马上得到需要的服务。用户不需要不停的更换最新的计算机，只需要有一个简单的能连上互联网的计算机就可以了。

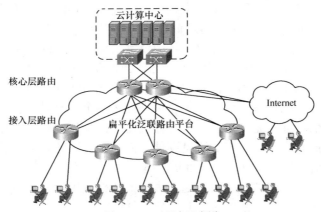

图 10-15　云平台及应用

云计算从用户角度看可以分为 3 种类型；公有云、私有云、和混合云。公有云是指直接向大众或者企事业单位提供服务的。用户提供互联网访问云平台。国内典型的服务商有阿里巴巴、用友、鹏博士、伟库。国际上的有，微软、亚马逊。私有云是指为企业自己服务的云，大的电信集团公司都开始建设自己的云平台。混合云是指企业和客户共同使用的云。

云计算和传统的计算模式相比有很多优势，主要包括如下几点。

（1）超大规模：云平台具有相当的规模，Google云计算已经拥有100多万台服务器，亚马逊、IBM、微软和 Yahoo 等公司的"云"均拥有几十万台服务器。"云"能赋予用户前所未有的计算能力。

（2）虚拟化：云计算支持用户使用各种终端获取服务。用户无需了解云平台的细节，也不用关心计算机的体系架构。应用运行的具体位置，只需要一台笔记本或一个 PDA，就可以通过网络服务来获取各种能力超强的服务。

（3）高可靠性：云平台使用了数据多副本容错、计算节点同构可互换等措施来保障服务的高可靠性，使用云计算比使用本地计算机更加可靠。不用担心数据丢失，断电、硬盘损坏等问题。

（4）通用性：云计算不针对特定的应用，在"云"的支撑下可以构造出千变万化的应用，同一片"云"可以同时支持不同的应用运行。

（5）高可伸缩性："云"的规模可以动态伸缩，满足应用和用户规模增长的需要。

（6）按需服务："云"是一个庞大的资源池，从计算能力到存储空间用户都可按需购买。

（7）极其廉价："云"的特殊容错措施使得可以采用极其廉价的节点来构成云；"云"的自动化管理使数据中心管理成本大幅降低；"云"的公用性和通用性使资源的利用率大幅提升；"云"设施可以建在电力资源丰富的地区，从而大幅降低能源成本。

云计算之所以是划时代的技术，就是它利用计算机集群技术和虚拟技术将数量庞大的计算机组合成计算资源池，通过规模化的共享使用提高了资源利用率。

云计算可以大量节约时间成本、人员成本和硬件成本。例如一个全国性的集团公司，要部署一套计算机应用系统，首先要采购计算机服务器、网络设备（交换机、路由器、防火墙）、机柜、UPS 等设备，然后分发到各省市。各省市分公司要准备安装场地和条件。然后才能安排技术人员去安装调试软件和网络。最少也要几个月时间。而采用云计算方式只需几个小时就可部署完毕，各省市分公司只要一台能联上互联网的计算机就可以开始工作。

云存储是在云计算概念上延伸和发展出来的一个新的概念。是指通过集群应用、网格技术或分布式文件系统等功能，将网络中大量各种不同类型的存储设备通过应用软件集合起来协同工作，共同对外提供数据存储和业务访问功能的一个系统。当云计算系统运算和处理的核心是大量数据的存储和管理时，云计算系统中就需要配置大量的存储设备，那么云计算系统就转变成为一个云存储系统，所以云存储是一个以数据存储和管理为核心的云计算系统。

从用户角度看云存储不是存储，而是服务就如同广域网和互联网一样，云存储对使用者来讲，不是指某一个具体的设备，而是指一个由许许多多个存储设备和服务器所构成的集合体。使用者使用云存储，并不是使用某一个存储设备，而是使用整个云存储系统带来的一种数据访问服务。所以严格来讲，云存储不是存储，而是一种服务。云存储的核心是应用软件与存储设备相结合，通过应用软件来实现存储设备向存储服务的转变。

云安全是云计算发展带来的一个新问题，大量的数据应用和用户集中在云上。安全问题就是用户最关心的问题。这些问题包括如下几个方面。

（1）虚拟化带来的安全问题：云计算使用的虚拟机技术，如果主机受到破坏，主机所管理的客户端服务器也有可能被攻破。如果虚拟网络受到破坏，你们客户端也会受到破坏。一旦主机出现漏洞，所有的虚拟机都会有问题。

（2）数据安全问题：用户数据在使用过程中都要和云打交道。在传输和存储过程中有可能被窃取和拦截。如何保证云计算服务商内部管理和实施有效的安全审计也是用户担心的问题。对数据安全进行监控避免在云计算环境中多用户共存带来的潜在风险。

（3）云平台遭受攻击的安全问题：云平台集中了大量的用户数据和应用。容易成为黑客攻击的对象。一旦遭遇拒绝服务攻击，所有业务都将无法开展。

（4）法律问题：云计算是跨地域平台，用户数据可能分布存储在不同国家。法律的不同也会导致纠纷。

10.3 物联网应用

物联网技术具有良好的适应性，物联网在工业、农业、环保、交通、气象、医疗、家居等领域已经得到了广泛的应用。物联网在各个行业已经有很多应用实例，取得了良好的经济和社会效益。我国在《物联网十二五规划》中选定了九大行业作为重点发展领域。分别是：智能工业、智能农业、智能物流、智能交通、智能电网、智能环保、智能医疗、智能安保、智能家居。本节介绍几个物联网应用实例。

1. 智能农业

物联网在智能农业领域有很多应用，最典型和最成熟的应用是智能温室系统。智能温室由传感器采集接入、视频监控、互联网、计算机智能分析、远程控制和执行机构组成。

通过温度、湿度、土壤含水量、光照、二氧化碳浓度等传感器，将温室环境各种参数通过互联网传输到控制中心，如图 10-16 和图 10-17 所示。控制中心计算机专家系统根据温室各种参数及种植蔬菜品种和生长阶段，对数据进行分析，然后根据分析结果将控制指令通过网络传送给温室的执行机构。执行机构根据指令对温室进行通风、灌溉、调节光照、液体施肥等操作。管理人员也可以远在千里之外用移动终端通过温室内的摄像头观察蔬菜生长情况，及时了解病虫害发生情况。

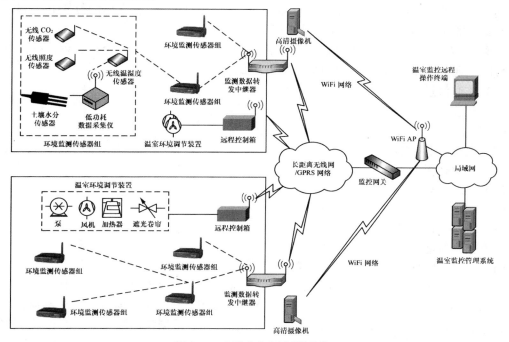

图 10-16 智能农业应用系统结构

图 10-17　智能农业应用场景

2．智能交通

随着机动车辆的快速增加，城市交通问题越来越严重。人、车、路的矛盾也日渐尖锐。如何让道路、车辆发挥最大的作用，保障人员出行和道路畅通。是智能交通要解决的问题。

智能交通系统是一个总称，如图 10-18 所示。智能交通可以是一个专业系统。也可以是一个综合性的信息服务系统。如城市智能道路信号灯系统，就是一个专业的智能交通系统。这个系统可以根据各路口车的流量自动调整信号灯的通行时间，以达到整个城市的最佳道路利用率和通行量。如公交车智能调度系统，每个公交车都安装有 GPS 和摄像头，并通过无线网络传回调度中心计算机系统。调度系统可以实时了解每辆公交车的位置和乘客人数情况。当车辆发生故障或者人员拥堵等紧急情况时可以快速反应。

未来的智能城市交通系统将是一个综合性的信息服务系统：系统将协调公共交通、道路、城际交通、这个系统将至少包括下述 10 个部分：

（1）交通信息采集；

（2）智能决策；

（3）交通信息发布；

（4）电子收费（ETC）；

（5）紧急救援；

（6）货运管理；

（7）智能停车；

（8）公共交通管理；

（9）车辆智能控制。

（10）地铁和轻轨及城际铁路运行信息。

智能交通系统无论综合性的还是专业性的，基本的组成应该包括下述 3 个部分。

（1）交通信息采集系统：包括人工输入界面、GPS 车载定位导航仪器、车辆通行电子信息卡、摄像机、红外雷达检测器、道路线圈检测器、光学检测仪、道路气象信息服务器等。

（2）信息处理分析系统：信息服务器、专家系统、GIS 应用系统、人工干预决策等。

（3）信息发布和引导系统：交通信号灯、电子引导牌、互联网、手机短信、微信平台、交通广播电台、路侧广播、高速公路电子屏、电话服务台等。

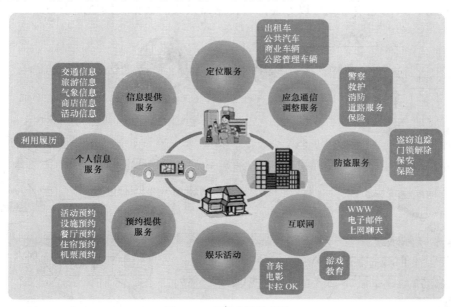

图 10-18 智能交通的应用

3．智能医疗

智能医疗就通过物联网技术，实现患者与医务人员、医疗机构、医疗设备之间的互动，为患者提供便捷的医疗服务。利用传感技术和网络技术，为医生诊断提供不受地域限制远程医疗信息化手段。智能医疗使用如无线网技术、条码、RFID、医学影像数字化等手段，使医疗服务管理智能化。将进一步提升医疗诊疗流程的服务效率和服务质量，提升医院综合管理水平。并大幅度提高医疗资源共享水平，降低公众医疗成本。通过无线传感技术和互联网可全天监测患者健康状况。减少了医院的压力和患者的经济负担。在远程智能医疗方面，可实现病历信息、病人信息、病情信息等的实时记录、传输与处理利用，使得在医院内部和医院之间通过互联网，实时地、有效地共享相关信息。通过电子病历系统医生可以在任何地方都能了解患者的治疗过程和各种化验检查结果，包括 CT 和 X 光片。

物联网技术用于患者健康监测，利用无线联网的便携式测量设备，患者在家庭中就可以进行体征信息的实时跟踪与监控，如心率、呼吸、血压、血氧饱和度，如图 10-19 所示。患者的测量数据会及时传送到医院。如发生紧急情况还可以通过互联网或者手机直接向社区中心报警求助。未来智能医疗将向个性化、移动化方向发展，如智能胶囊、智能护腕、智能健康检测产品将会广泛应用。

4．智能环保监测系统

智能环保数据监测系统是由监测管理中心和远程各个污染源排放监测点组成。可以对分布在不同地点的各个监测点对污染源进行自动采样，并通过 GPRS/CDMA/GSM 等无线网络将监测数据发送到监测管理中心，由监测中心进行相关的分析统计处理，生成实时图形数据、历史数据、曲线分析、报表打印等，以便于掌握污染源排放情况及污染源排放情况。对发生严重的污染情况系统可通过系统报警。环保监测人员也可以通过互联网查看各监测点的数据。由于环保监测点地点分散、环境恶劣，如河流、湖泊、污水排放口、烟筒、有害化学品生产场地等，采用无线方式可以方便的将传感器采集的数据传回监测中心。

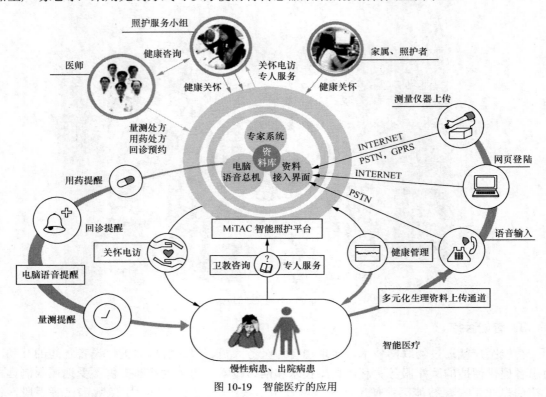

图 10-19　智能医疗的应用

图 10-20 所示为一个实用的智能环保监测系统。

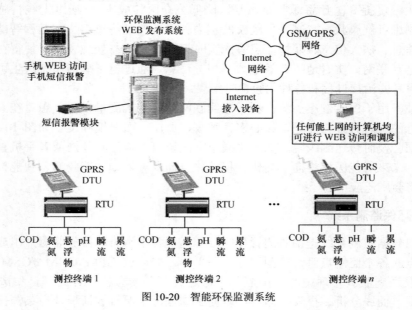

图 10-20　智能环保监测系统

探讨

- 物联网还有哪些应用？

10.4　实做项目与教学情境

实做项目一：使用传感器实际组建一个入室告警系统。
目的要求：理解传感器、无线组网的集成与应用。

 小结

1．物联网就是物物相连的互联网。

2．感知和识别技术是物联网和现实世界的接口，是物联网的信息来源。

3．传感器网络可以用有线方式组网或者无线方式组网也可以采用有线与无线方式混合组网。具体采用什么方式组网，要根据现场和具体应用项目的要求选择适合的组网方式。

4．移动互联网（Mobile Internet，简称 MI）是一种通过智能移动终端，采用移动无线通信方式获取业务和服务的新兴业态，包含终端、软件和应用三个层面。

5．智能处理技术是指让计算机按照人类的思维方式对信息数据进行处理的技术。让计算机代替人脑。

 思考题与练习题

10-1　什么是物联网？

10-2　试述物联网的应用场景及应用方案。

10-3　举例说明传感器种类与应用。

10-4　智能处理是什么，举例说明其应用。

10-5　数据挖掘的应用有哪些？

本章教学说明
- 重点学习移动互联网的概念和特点
- 主要介绍移动互联网应用
- 概括介绍移动互联网技术

本章内容
- 移动互联网概述
- 移动互联网技术
- 移动互联网应用

本章重点、难点
- 移动互联网概念
- 移动互联网核心技术
- 移动互联网应用

本章学习目的和要求
- 掌握移动互联网的概念和特点
- 理解移动互联网架构
- 了解移动互联网核心技术和应用

本章实做要求及教学情境
- 调查国内外移动互联网发展情况
- 考察手机用户上网习惯
- 下载手机钱包，进行手机购物，使用手机支付，理解移动互联网应用

本章学时数：2 学时

11.1 移动互联网概述

互联网的出现开启了人类对信息时代的憧憬；同时，移动通信以其方便、快捷、可移动的特性为人类提供了无处不在的信息交换能力。随着通信技术的不断发展，两项技术的融合产生的新业务——移动互联网使人们享受更丰富便捷信息服务的愿望不再遥不可及。它一出现便受到世界各行业各业的广泛关注，已经成为信息技术研究的重点。

11.1.1 移动互联网的概念

探讨

● 什么是移动互联网？

1．移动互联网定义

目前互联网已经渗透到人们生活的方方面面，同时网络终端也正在智能化，移动化，手机用户利用手机进行搜索、阅读、收发邮件等。这些应用都体现着传统互联网和移动通信正在悄然发生着融合，于是就出现了移动互联网的提法。对于移动互联网的概念，业界有不同的说法，大致为两种观点：一种是移动互联网是互联网的移动接入，移动是接入方式；另一种是移动互联网是移动通信的互联网化，互联网是移动通信的海量内容。无论哪一种的看法，都有其局限性，如第一种观点互联网的移动接入下，无法随时随地、无法提供位置信息等；第二种观点移动通信的互联网化下，无法提供海量的内容、开放问题等。

不管业界的观点如何，在终端产品方面，移动智能终端采用先进的硬件和高性能的操作系统，其完全能够处理互联网的内容和应用；在通信网络方面，移动通信网络的 IP 化，移动通信网络和互联网采用统一的 IP 架构；在业务应用方面，PC 和移动终端的业务应用已经趋于一致，互联网业务应用基本可以用到移动网络中。

虽然目前业界对移动互联网并没有一个统一定义，但对其概念却有一个基本的判断，即从网络角度来看，移动互联网是指以宽带 IP 为技术核心，可同时提供语音、数据、多媒体等业务服务的开放式基础电信网络；从用户行为角度来看，移动互联网是指采用移动终端通过移动通信网络访问互联网并使用互联网业务，这里对于移动终端的理解，既可以认为是手机也可以认为是包括手机在内的上网本、PDA、数据卡方式的笔记本电脑等多种类型。

移动互联网是一项基于各种技术，实现以"人"为中心，提供可以在任何时间、任何地点、以"任何方式"获得统一的信息、数据服务的综合名称。其中，任何时间，决定了服务使用不受时间限制；任何地点排除了空间的限制，具有移动性；任何方式，决定了服务使用的媒介具有多样性，就目前而言，智能手机、上网本、PDA 等移动设备占据较大的终端比例，但随着技术的进步、人类需求的提高，服务运用的媒介将会拓展到人类生活的各个部分，例如，汽车、家具，等等。

2．移动互联网的发展

移动互联网的演进过程如下所述。

（1）移动增值网：是为移动通信系统提供增值服务的网络，属于业务网络，能够提供移动的各种增值服务。

（2）独立 WAP 网站：独立 WAP 网站的出现，标志着独立于移动网络体系外的移动互联网站点，独立性。

（3）移动互联网：是基于互联网技术如 HTTP/HTML 等为基础、以移动网络为承载接入的公共互联网，互联网业务为主。

（4）宽带无线互联网：是移动互联网的高级阶段，可以采用多种无线接入方式，如 3G、WiMAX 等。

移动互联网的产业链如图 11-1 所示。

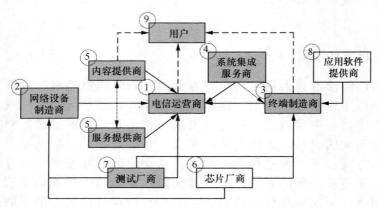

图 11-1　移动互联网的产业链图

终端就是移动互联网的入口，从芯片提供商、终端制造商、操作系统提供商、应用开发商、互联网厂商到运营商，均开始逐步深入到移动互联网终端的定制和开发中。

移动互联网的业务要延伸到用户，终端是最重要的一环。传统的终端厂商通过内置自有业务的方式，将业务传达到用户；芯片商则通过提供参考设计，同时在参考设计中集成常见的业务和运营商定制业务，使得方案商可以更加快速地设计出符合市场需求和用户需要的终端；消费电子商则通过音乐等原有的优势项目切入终端市场，取得快速的渗透；操作系统商通过把握终端操作系统，达成完整控制移动互联网入口的目标，中国联通沃 Phone 操作系统是运营商在这方面渗透的典型案例，中国联通通过对沃 Phone 操作系统的完整掌控，深度预置了自有业务和特色功能，并快速推向市场，同时对于用户的需求，也可快速响应；应用开发商则是通过软硬件的良好集成和对开源操作系统的深度定制，实现类似互联网良好体验的终端；互联网服务提供商以谷歌为代表，已推出了深度集成谷歌业务的 Nexus 系列终端，将互联网服务直接推向移动领域。

技术的进一步发展和 Web 应用技术的不断创新，从技术的角度看待移动互联网的发展经历了 Web1.0 时代、Web2.0 时代、Web3.0 时代。

（1）Web1.0：Web1.0 以静态、单向阅读为主，主要是门户，邮件和搜索，如新浪、搜狐、网易的门户网站的道路，同时腾讯、MSN、GOOGLE 等也走向了门户网络，占据网站平台，延伸由主营业务之外的各类服务。

（2）Web2.0：Web2.0 相对于 Web1.0（传统的门户网站为代表）具有更好的交互性和粘性。Web2.0 并不是一个革命性的改变，而只是应用层面的东西。Web2.0 让用户自己主导信息的生产和传播，从而打破了原来门户网站所惯用的单向传输模式。如新浪推出了互动式的搜索引擎爱问、VIVI 收藏夹、RSS 以及博客服务。

（3）Web3.0：Web 3.0 的最大价值不是提供信息，而是提供基于不同需求的过滤器，每一种过滤器都是基于一个市场需求。如果说 Web 2.0 解决了个性解放的问题，那么 Web 3.0

就是解决信息社会机制的问题，也就是最优化信息聚合的问题。例如，人们只需要输入自己的需求，就可以迅速得到所需信息，甚至一套完整的解决方案。

11.1.2 移动互联网的特点

虽然移动互联网与桌面互联网共享着互联网的核心理念和价值观，但移动互联网有实时性、隐私性、便携性、准确性、可定位的特点，日益丰富智能的移动装置是移动互联网的重要特征之一。从客户需求来看，移动互联网以运动场景为主，碎片时间、随时随地，业务应用相对短小精悍。移动互联网的特点可以概括为以下几点。

（1）高便捷性：移动互联网在任何时间和任何地方，移动用户随时随地接入无线网络，随时体现网络提供的丰富的应用场景。

（2）隐私性：网络、内容、终端、应用的个性化是移动互联网的个性化表现。首先，网络个性化表现在为移动网络对用户所需要的需求、提取的能力和行为的信息的精确反馈，并与 MASHUP 等电子地图、互联网应用技术相结合等。其次，终端个性化表现在个人绑定与消费移动终端，个性化表现能力之强。最后，互联网应用与内容的个性化表现在采用社会化服务、聚合内容、博客、Widget 等 Web2.0 技术与网络个性化和终端个性化相结合，使个性化效应极大释放。

（3）智能感知：移动互联网的设备定位自己现在所在的位置，采集附近事物及声音信息。随着社会的发展和设备的更新，感受到嗅觉、触感、温度等。

（4）用户选择无线上网，是不等同于 PC 互联网。

（5）更广泛的利用触控技术进行操作。

（6）移动通讯设备对其他数码设备的支持。

11.2 移动互联网技术

11.2.1 移动互联网的架构

移动互联网，就是指互联网的技术、平台、商业模式和应用与移动通信技术结合并实践的活动的总称，包括移动终端（端）、移动网络（管）和应用服务（云）三个要素。

下面从业务体系和技术体系来介绍移动互联网的架构。

目前来说，移动互联网的业务体系主要包括如下 3 大类：

一是固定互联网的业务向移动终端的复制，从而实现移动互联网与固定互联网相似的业务体验，这是移动互联网业务的基础；

二是移动通信业务的互联网化；

三是结合移动通信与互联网功能而进行的有别于固定互联网的业务创新，这是移动互联网业务发展方向，移动互联网的业务创新关键是如何将移动通信的网络能力与互联网的网络与应用能力进行聚合，从而创新出适合移动互联网的互联网业务，如图 11-2 所示。

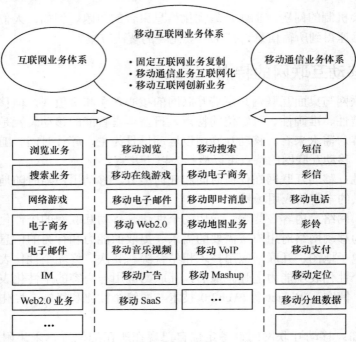

图 11-2 web2.0 移动互联网业务体系

11.2.2 移动互联网核心技术

移动互联网作为当前空旷的融合发展领域，与广泛的技术和产业相关联，纵览当前移动互联网业务和技术的发展，主要涵盖六个技术领域，如图 11-3 所示。由于当前移动互联网的特点集中于终端，各方巨头竞争焦点也在终端，因此智能终端软、硬件技术是移动互联网技术产业中最为关键的技术。

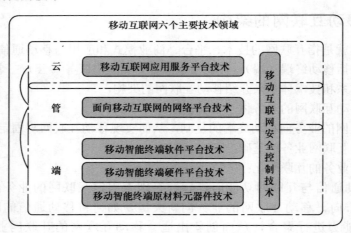

图 11-3 移动互联网技术领域

在移动互联网的整体架构中，终端占了举足轻重的地位，这不仅是由于当前移动互联网处于初期发展阶段，体系林立、平台多样化的原因，更重要的是移动终端的个性化、移动性、融合性的诸多特点本身就是移动互联网发展创新的根本驱动力，对移动互联网的研究不可能绕开终端而仅关注移动互联网业务和服务，不仅如此，终端的软、硬件还是移动互联网研究的最重要部分之一。

1．移动智能终端软件平台技术

目前主流的移动终端软件体系包括 4 个层次：基本操作系统、中间件、应用程序框架和引擎及接口、应用程序。其中基本操作系统包括操作系统内核和对硬件和设备的支持如驱动程序，目前主要流行的操作系统有 iOS，安卓（Andriod）、Windows Phone 等。中间件包括操作系统的基本服务部分，如核心库、数据库支持、媒体支持、音视频编码等。应用程序框架和引擎及接口包括应用程序管理、用户界面、应用引擎，用户界面和应用引擎的接口等。应用程序一般包括两大类：面向 Web 的应用、本地应用。本地应用体系以 iOS+AppStore+Native App 为代表，Web 应用以 HTML5/Widget+Web Store+Web App 为代表。

2．移动智能终端硬件平台技术

处理器芯片是移动智能终端硬件体系的核心部分，智能手机引入的大量应用促生了应用处理芯片（AP），以支持操作系统、应用软件以及音视频、图像等功能的实现，成为智能手机的 CPU。除核心芯片外，终端硬件还包括外设部件，如显示屏、键盘、面板、SD 卡、摄像头、传感器等，目前外设领域创新迅速，既有功能的变化，也有新硬件的添加，如在 iPhone 等新一代智能机中，显示屏由单纯的显示器件变为可触摸的输入类器件，键盘功能从硬实现变成软实现。摄像头和外存储等配件等级不断提升，而重力、方向、温度、距离等传感器逐步被引入中高端智能终端，支持传感类新型应用。

3．移动互联网关键应用服务平台技术

从应用软件的角度来看，有两个趋势较为明显：一是具有本地化特色、深度集成的增强型基础类应用，如增强的电话薄、拨号盘、短彩信等，应在系统层面进行本地化开发并深度集成，避免出现用户安装多个拨号程序、短彩信程序出现的冲突。以拨号盘为例，集成了号码关联、首字母查询、拼音查询以及短彩信、日程、邮件关联的增强拨号盘，应该直接集成进系统，保持其稳定性和一致性；二是运营商业务的替代产品，如米聊、微信、Viper、Tango 等产品，均在进行运营商语音/视频通话业务和短彩信业务的替代，并且具有更好的用户体验。运营商在这方面也推出了相应的新业务，如中国移动飞信、中国电信天翼 MSN 和中国联通沃友、沃信等，其中沃信是基于 3G/Wi-Fi 网络的 IP 语音软件，与以上产品不同的是，沃信绑定了普通的电话号码，以手机号码作为用户标识，从而实现了软实时在线和可呼入，是运营商充分发挥自身优势的产品。

4．面向移动互联网的网络平台技术

移动互联网的网络基础平台涵盖各种（移动终端）接入互联网的基础设施，包括移动通信网络、Wi-Fi、Wimax 等。为应对移动互联网流量激增，全球运营商均积极加强网络建设，奠定未来可持续发展的良好基础。手机上的应用程序正在与浏览器平分移动互联网的服务界面，全球移动应用商店的建设风起云涌，目前来看，涉足应用程序商店运营的已包括终端厂商，操作系统提供商，运营商，互联网公司和终端渠道企业等 5 类企业。

 现代通信技术与应用（第3版）

5．移动互联网安全控制技术

移动互联网快速发展，网络安全问题也日益突出。一方面，互联网上原有的恶意程序传播、远程控制、网络攻击等传统网络安全威胁向移动互联网快速蔓延。另一方面，移动互联网终端和业务与用户个人利益的关联度更高，恶意吸费、用户信息窃取、诱骗欺诈等恶意行为的影响和危害十分突出。

为净化网络环境，促进移动互联网的健康发展，工业和信息化部已于 2011 年印发了《移动互联网恶意程序监测与处置机制》。

6．原材料元器件技术

终端的核心是芯片，从芯片来说，基带处理器将向更高速率演进。同时，未来的芯片将支持 HSPA+/LTE/EV-DO 等多种通信协议，以满足 3G/4G 过渡及多制式的需要。在应用处理器部分，将延续 ARM 架构的演进路线，向多核及 1.5GHz 以上更高处理频率、集成专业图形处理芯片及支持更多硬件架构和标准化接口的方向演进。从移动芯片组来看，则是向多芯片组发展，同时主流芯片将采用 28nm 及更好的工艺。以进一步减小功耗，提高集成度。总体来说，高度集成化、高速率、支持多种操作系统、多制式以及低功耗将是未来的发展方向。

从触摸屏技术的角度来看，投射式电容屏是目前的主流技术。从提升用户体验的角度来看，软性屏幕、触感压力、红外输入和电磁笔是交互方式未来演进的几个重要方向。软性屏幕技术是指屏幕具备柔性，可以卷曲折叠、轻薄等特征，相比普通显示屏，这种屏幕能够支持更多的应用，如作为电子书和电子护照等。

归纳思考
- 移动互联网包括移动终端（端）、移动网络（管）和应用服务（云）三个要素，在整个行业的发展中各自发挥着什么样的作用？
- 移动互联网的核心技术包括哪几个方面？

11.3 移动互联网应用

移动互联网可同时提供话音、传真、数据、图像、多媒体等，是一个以全国性的、以宽带 IP 为技术核心的高品质电信服务。而新一代开放的电信基础网络，是国家信息化建设的重要组成部分。生活中常用有资讯、沟通、娱乐、手机上网业务、WAP 手机上网、移动电子商务、Java 技术应用。

探讨
- 如何用手机进行支付？
- 移动互联网的哪些应用吸引你？

1．移动浏览/下载

移动浏览不仅仅是移动互联网最基本的业务能力，也是用户使用最基本的业务，在移动互联网应用中，即可以作为一个基本的下载业务，也可以为其他的业务提供下载服务，是移

 284

动互联网技术中重要的基础技术。

2．手机阅读

手机阅读是指利用手机为阅读内容承载终端的一种移动阅读行为，用户一般通过手机阅读新闻早晚报、手机小说、手机杂志、手机动漫、资讯等内容。手机阅读方式根据内容形式、内容呈现形式及用户阅读行为 3 种方式进行划分。

内容形式主要包括新闻早晚报、手机小说、手机杂志、手机动漫、资讯（如天气预报、餐饮信息、出行信息、打折信息）、博客、社区等。

内容呈现形式主要包括纯文本阅读、图片阅读（如漫画）、文字+图片（如彩信报）、视听（如听小说、评书、相声、笑话等）、视频（如培训、教育等）等。

用户阅读行为主要包括客户端软件在线阅读、客户端软件离线阅读、通过手机登录 WAP/WWW 网站在线阅读(如空中网小说频道)、通过 PC 登录 WWW 网站，将内容下载至电脑，通过数据线传输至手机进行阅读、通过收取短信/彩信（如新闻早晚报）获取阅读内容。

3．移动电子商务

移动电子商务主要提供的服务有：支付业务、交易、订票、购物、娱乐、无线医疗和移动应用服务。经过多年的探索和实践，中国移动在移动电子商务领域相继推出了移动梦网、手机证券、手机钱包、VIP 电子卡、条码凭证和电子医疗预约挂号等一系列新型移动电子商务业务。

4．移动游戏

移动游戏是指借助手机或 PDA 等终端设备，通过无线网络设施来提供的游戏应用及服务，是基于移动终端设备而开发的游戏应用。从街边的电子游戏，到电视游戏，再到 PC 游戏，无不证明了游戏的强大生命力。在移动终端的好处则在于随身，单机游戏得到整合，电影/电视节目等优质题材丰富游戏类别。

5．无线社区

"有人的地方就有江湖"，换成现代的语言就是"有人的地方就有社区"，因为人与动物最大的区别就是人是群体性动物。互联网社区的发展经历了以话题为中心的新闻组、BBS，个人展示为中心的博客，发展到现在以关系为中心的 SNS。移动互联网经历着类似的发展路线，论坛社区成就了 3G 门户，移动博客则直接为移动 SNS 所取代。相对来说，手机更适合 SNS，因为 SNS 不需要太出色的屏幕展现，更强调个人动态的展示。

6．移动搜索

移动定义为用户使用移动终端（如手机、PDA 等，不包含便携式 PC、上网本等）并通过蜂窝移动通信网络进行信息、资讯、生活、娱乐等内容的搜索应用。

移动搜索按照技术平台分为短信搜索、WAP 搜索、其他搜索（如语音搜索、IM 搜索）目前以 WAP 搜索为主，运营商基于自身较高的资源整理能力对语音搜索极力推进。

移动搜索按照搜索内容分为网页、音乐、游戏、视频、地图、本地、图片、主题等内容的搜索。目前厂商对于网页搜索和其他内容的搜索整合较为重视，以求用户能够快速获得搜索内容。当然用户搜索内容仍以娱乐搜索为主，如音乐、图片、小说等，而厂商对于生活搜索等垂直细分内容的拓展也逐渐开始尝试。

7. 手机音乐

音乐是一个巨大的产业，"有人的地方就有音乐"。音乐创造出了一批又一批的明星，带来了一群又一群的歌迷，也造就了一个又一个的奇迹，如随身听时代的 SONY，mp3 时代的 IPOD。互联网的出现，让音乐的生产和销售变得更为容易，也让音乐盈利模式更为多元化。在移动互联网时代，手机音乐将得到进一步的发展：用户携带音乐变得容易，由冲动变成拥有（音乐）变得更加便捷，有共同音乐兴趣的人交流更为方便——音乐将变得无处不在。例如，中国移动的无线音乐俱乐部。

8. 手机电子邮件

手机电子邮件是指用户电子邮箱与手机终端挂钩，通过使用授权和开通服务，电子邮件即时发送到用户手机终端，方便用户进行电子邮件通信。用户使用便携终端在任何时间、任何地点收发电子邮件。目前 Push mail 是最主流的手机电子邮件服务形式，庞大的用户规模形成了促进手机电子邮件服务的用户基础，目前 WAP 收发邮件和短信通知邮件到达，是手机电子邮件服务的主要方式。

9. 移动即时通信

整合固网和移动网业务，为用户提供一体化服务是运营商的竞争优势。实现即时通信服务与语音服务，数据服务和多媒体服务的有效整合，有助于运营商为用户获取全方位的用户体验，增强用户黏性。目前中国主要的手机即时通讯产品包括：腾讯手机 QQ、中国移动飞信、手机 MSN、随 e 聊和 Pica 等跨手机即时通讯产品。在手机网民使用的手机即时通信产品中，手机 QQ 的渗透率最高。

10. 手机支付

手机支付也称为移动支付（Mobile Payment），是指允许移动用户使用其移动终端（通常是手机）对所消费的商品或服务进行账务支付的一种服务方式。继卡类支付、网络支付后，手机支付俨然成为新宠。

手机支付是指通过手机对银行卡账户进行支付操作，包括：手机话费查询和缴纳、银行卡余额查询、银行卡账户信息变动通知、公用事业费缴纳、彩票投注等，同时利用二维码技术可实现航空订票、电子折扣券、礼品券等增值服务。

11.4　实做项目及教学情境

实做项目一：调查国内外移动互联网发展情况
目的和要求：通过调查，进一步了解移动互联网发展情况以及应用前景。
实做项目二：考察手机用户上网习惯
目的和要求：通过考察手机用户上网习惯，认识手机网民特点和使用移动互联网特点。
实做项目三：使用手机支付业务应用

目的和要求：下载手机钱包，进行手机购物，使用手机支付，理解移动互联网应用。

 ## 小结

1．从网络角度来看，移动互联网是指以宽带 IP 为技术核心，可同时提供语音、数据、多媒体等业务服务的开放式基础电信网络；从用户行为角度来看，移动互联网是指采用移动终端通过移动通信网络访问互联网并使用互联网业务，这里对于移动终端的理解，既可以认为是手机也可以认为是包括手机在内的上网本、PDA、数据卡方式的笔记本电脑等多种类型。

2．移动互联网有实时性、隐私性、便携性、准确性、可定位的特点。

3．移动互联网，就是指互联网的技术、平台、商业模式和应用与移动通信技术结合并实践的活动的总称，包括移动终端（端）、移动网络（管）和应用服务（云）三个要素。

4．移动互联网核心技术包括移动智能终端软件平台技术、移动智能终端硬件平台技术、移动互联网关键应用服务平台技术、面向移动互联网的网络平台技术、移动互联网安全控制技术和原材料元器件技术六个方面。

5．移动互联网的主要应用有移动浏览/下载、手机阅读、移动电子商务、移动游戏、无线社区、移动搜索、手机音乐、手机电子邮件、移动即时通信、手机支付等领域。

 ## 思考题与练习题

11-1　什么是移动互联网？

11-2　移动互联网有什么特点？

11-3　移动互联网产业结构包括哪些行业？

11-4　列举移动互联网的应用领域。

参 考 文 献

1. 谢华. 通信网基础. 北京：电子工业出版社，2003.
2. 李伟章. 现代通信网概论. 北京：人民邮电出版社，2003.
3. 鲜继清，张德民. 现代通信系统. 西安：西安电子科技大学出版社，2003.
4. 赵小林. 网络通信技术教程. 北京：国防工业出版社，2003.
5. 谢希仁. 计算机网络. 大连：大连理工大学出版社，2003.
6. 唐纯贞，严建民，鲁碧英. 电信网与电信业务. 北京：人民邮电出版社，2003.
7. 李昭智. 数据通信与计算机网络. 北京：电子工业出版社，2002.
8. NGN 最近进展与应用模式. 北京：信息产业部电信研究院通信信息研究所，2004.
9. 沈庆国，等. 现代电信网络. 北京：人民邮电出版社，2004.
10. 顾畹仪. 光纤通信. 北京：人民邮电出版社，2006.
11. 中国邮电百科全书编辑委员会. 中国邮电百科全书——电信卷. 北京：人民邮电出版社，1993.
12. 赵宏波，等. 现代通信技术概论. 北京：北京邮电大学出版社，2003.
13. 孙青华，等. 光电缆线务工程（下）-光缆线务工程. 北京：人民邮电出版社，2011.
14. 朱晓荣，等. 物联网与泛在通信技术. 北京：人民邮电出版社，2010.
15. 姚军，毛昕蓉. 现代通信网. 北京：人民邮电出版社，2010.
16. 翁兴旺. 电信业务教程. 北京：北京邮电大学出版社，2009.
17. 薛慧敏. 三网融合背景下手机电视运营模式分析. 声屏世界，2010（07）：63-64.
18. 郑凤等. 移动互联网技术架构及其发展. 北京：人民邮电出版社，2013.
19. 胡世良. 移动互联网:赢在下一个十年的起点. 北京：人民邮电出版社，2012.